创意设计系列教材

三维动画设计与制作

SANWEI DONGHUA SHEJI YU ZHIZUO

主　编　李　佳　赵　鹏

参　编　张文雅　吴成钧　陈　煦

马　跃　程　娟　周　路

图书在版编目（CIP）数据

三维动画设计与制作／李佳，赵鹏主编．—北京：北京师范大学出版社，2012.7
（创意设计系列教材）
ISBN 978-7-303-14655-0

Ⅰ．①三…　Ⅱ．①李…②赵…　Ⅲ．①三维动画软件—教材　Ⅳ．①TP391.41

中国版本图书馆CIP数据核字（2012）第125941号

营销中心电话　010-58802755　58800035
北师大出版社职业教育分社网　http://zjfs.bnup.com.cn
电子信箱　bsdzyjy@126.com

出版发行：北京师范大学出版社　www.bnup.com.cn
北京新街口外大街19号
邮政编码：100875
印　　刷：保定市中画美凯印刷有限公司
经　　销：全国新华书店
开　　本：184 mm × 260 mm
印　　张：13.75
字　　数：300千字
版　　次：2012年7月第1版
印　　次：2012年7月第1次印刷
定　　价：39.00元（含光盘）

策划编辑：周光明　　责任编辑：周光明
美术编辑：高　霞　　装帧设计：华鲁印联
责任校对：李　菡　　责任印制：吕少波

前　言

CG(计算机制图)产业经过多年的发展已经日渐成熟，三维技术也随之发展和提高。由多年从事动画教学一线的高校教师和多年投身于动画项目实践前沿的设计师、动画师组建的团队积累了丰富的教学经验和项目实践经验，为了让广大学生和CG爱好者能够一起分享这份资源，我们携手编写了这本《三维动画设计与制作》。本书的出版也是我们多年来本科院校与高职高专院校合作、高校与企业联合的横向科研成果，希望为更多的学生和CG爱好者提供帮助。

拥有强大功能的3DS Max是目前应用最广的三维建模、三维动画及渲染的制作软件。3DS Max自诞生以来，已获得过超过65个商业奖项，在游戏人物制作、建筑效果模拟、电影特效等方面具有广泛的应用。比较知名的有电影《碟中碟Ⅱ》、《星战前传》、《骇客帝国》以及曾获奥斯卡视觉效果奖的《角斗士》，游戏《古墓丽影》、《帝国时代》、《法老王》等。

目前我国高等职业教育发展较快，已成为我国高等教育的重要组成部分，三维动画的未来发展以及服务于其他相关课程的实践也会逐步深入。为了配合高职高专院校的课程改革与教材建设，我们在撰写本书的过程中，以“传授实战经验，提升职业价值”为目标，强调实战教学，把企业的完整项目带到课堂，让学生们在课堂中模拟实习。

本书为3DS Max 9实训类教程，项目一“客栈”以3DS Max 9中文版为主，这是我们精心挑选的开篇实例。初学者将通过中文版的学习对3DS Max的界面有一个直观感受，逐渐培养起学习软件的兴趣。由于目前行业内很多资料和操作技巧是国外CG大师归纳总结的并且大多数企业的从业人员也都在使用3DS Max英文版软件，因此我们为了让学生更好地与企业需求接轨，应广大3DS Max英文版用户朋友的要求，在项目二、三、四这三个实例中尝试使用3DS Max 9英文版界面进行讲解，为学生全面掌握这一强大工具打下坚实的基础。

本教材包含5个项目，内容包括室外建筑和室内场景、静画和动画的结合，使学习者通过该组项目的练习，掌握3DS Max的建模方法，打灯光、调材质和画贴图的方法，摄像机动画、角色动画的设置和渲染输出的方法，三维动画的制作、粒子系统和空间扭曲的使用等基本操作方法和技巧。

本书的特点如下：

1. 所选项目由浅入深，由静到动，按制作流程进行任务设计，使学习者了解

到制作一个完整项目的工作流程。

2. 使学生掌握在项目制作过程中3DS Max与其他相关软件的联系。

3. 突出技能训练，注重实用；介绍了许多项目制作过程中的技巧。

本书由天津城市职业学院李佳、天津财经大学珠江学院赵鹏主编，负责全书的审核、统稿工作。李佳负责制定本书大纲、编写项目一；赵鹏负责编写项目二、三、四；北京比特视界科技有限公司CG部资深渲染师兼项目经理张文雅参编项目二；天津多维装饰设计有限公司设计师吴成钧参编项目三；Zero's Commune零世工社(北京零世之社数字科技有限公司)美术指导陈煦参编项目四；天津中德职业技术学院马跃编写项目五。景德镇高等专科学校程娟、郑州电子信息工程学校周路参加部分内容编写。

特别感谢北京师范大学出版社对我们的支持，感谢天津市北新动画技术有限公司的李君，北京比特视界科技有限公司CG部副总监李鹏为本书的完成提供了宝贵的资料，我们还要感谢吴海锋、孟蕾、赵越为本书付出的辛勤劳动，在此向大家表示我们最诚挚的感谢！

本书可作为职业院校及普通高等学校数字媒体、艺术设计、动画、游戏、计算机等专业三维动画相关课程的教材，也适合三维动画设计人员以及从事相关专业工作的初中级人员作为自学教材或参考书。

由于编写水平有限，书中难免会有不妥之处，恳请广大读者批评指正。

编者
2012年5月

目录

项目1 客 栈

学习目标

1. 能运用常用建模方法进行场景模型的创建；

2. 能使用平面处理软件进行材质的处理，为场景模型赋予材质；

3. 能为室内场景布灯。

技能要求

1. 熟练使用各种建模方法进行房屋与家具的模型创建；

2. 为场景模型正确赋予材质；

3. 掌握室内及室外场景布灯的基本操作方法。

任务1 制作客栈小楼模型

☆情景描述

这是一间古旧质朴的客栈，店门很旧，窗子是木制的。客栈的生意很冷清，店门的门楣上挂着招牌，黑地金字的木匾上刻着“同福客栈”四个字。

☆相关知识与技能点

1. 能使用标准基本体创建基本模型，并能熟练使用模型制作的常用修改器；
2. 能运用二维对象制作三维模型；
3. 掌握房屋模型的制作基本手法。

☆工作任务

1. 实践操作

1)制作客栈楼房墙体

(1)选择“文件→重置”命令，复位 3DS Max 系统。在主菜单中单击“自定义”|

“单位设置”，打开“单位设置”对话框，在“显示单位比例”组中勾选“公制”选项，并设置单位为“米”或“厘米”。其他模型建立初始也应进行单位设置，整个场景的单位要统一，后面操作步骤中不再赘述。

(2)选择顶视图，按“Alt＋W”键，将当前视图切换为全屏显示。

(3)单击（创建）面板的（图形）按钮，在类别中单击“线”工具，在顶视图中绘制客栈楼房墙体截面图形，并将其所绘的图形命名为“楼墙体”，如图 1.1.1(a)所示。

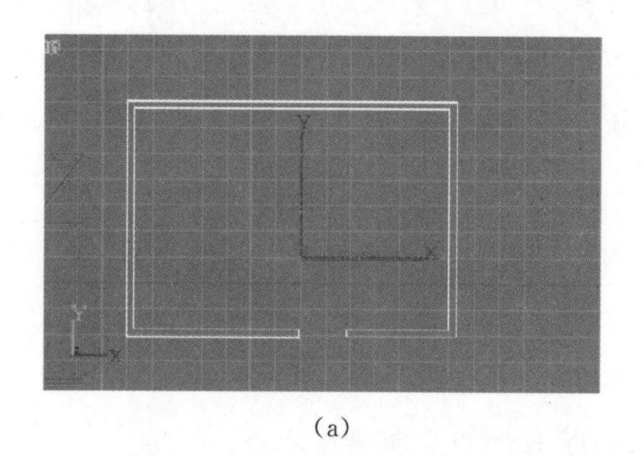

(a)

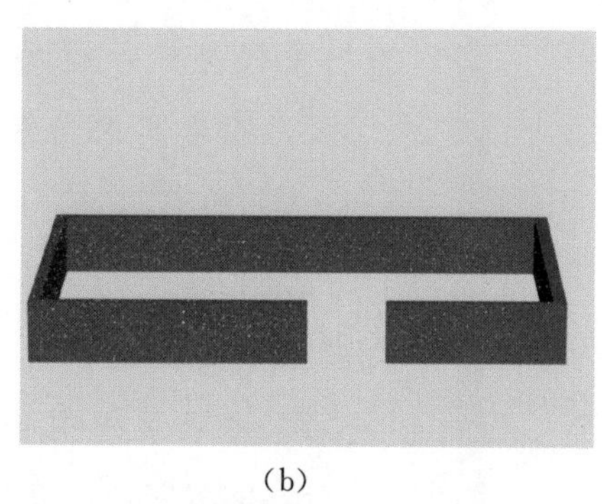

(b)

图 1.1.1

(4)选择“楼墙体”图形物体，进入（修改）面板，为其添加修改器“挤出”，“数量”约为 15，效果如图 1.1.1(b)所示。

(5)右击“楼墙体”物体，在弹出的快捷菜单中执行“转换为→可编辑多边形”命令。

(6)激活顶视图，单击“编辑几何体”栏中的“切割”按钮，在顶视图所示的“楼墙体”物体的截面上进行分割，效果如图 1.1.2 所示。

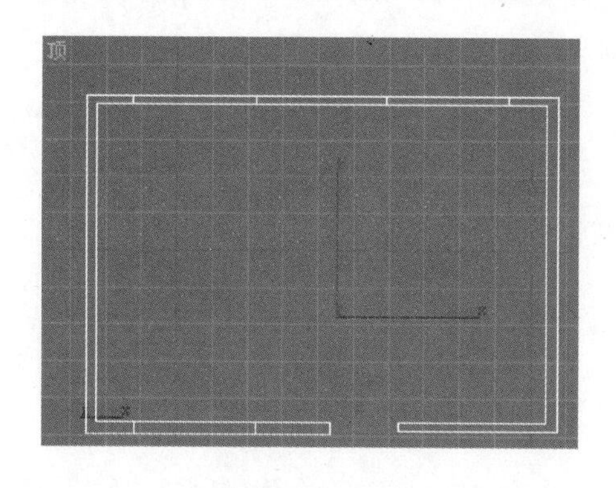

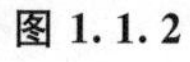

图 1.1.2

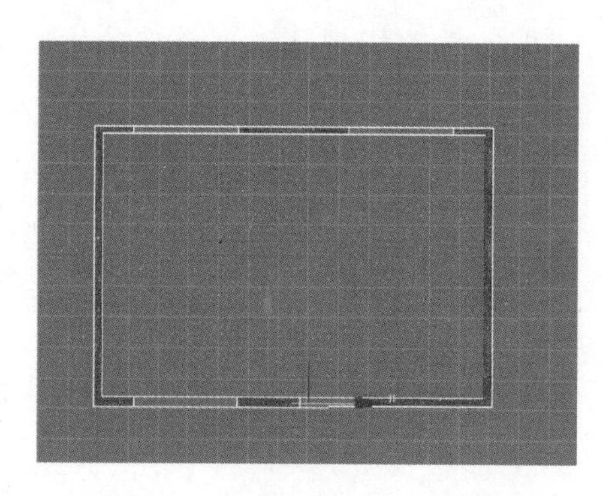

图 1.1.3

(7)选择“可编辑多边形→多边形”子对象层级，按图 1.1.3 所示选择将要挤出的面，单击“编辑多边形”栏中的“挤出”按钮，进行二次挤出操作，效果如图 1.1.4 所示。

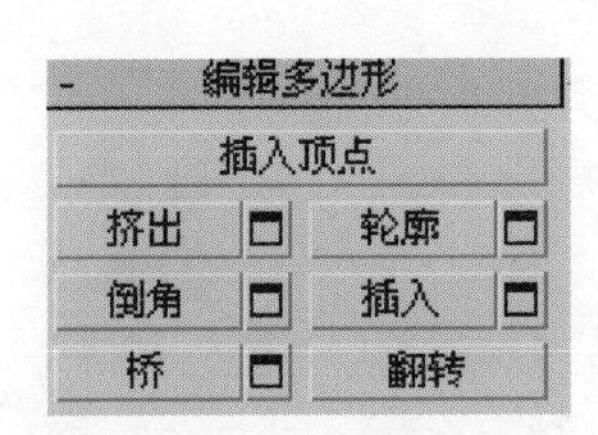

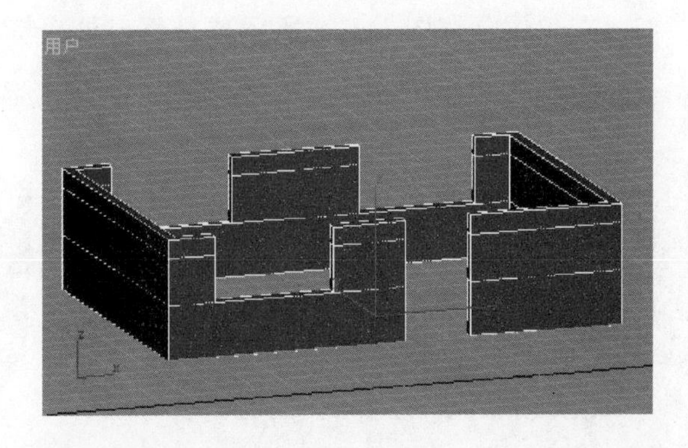

图 1.1.4

(8)激活透视图，单击“编辑多边形”栏中的“桥”按钮，连接窗子的上部分墙体；“桥”命令所需选择的两个相对的面如图 1.1.5 所示。连接后的效果如图 1.1.6 所示。

图 1.1.5

图 1.1.6

(9)激活顶图，按图 1.1.7 中的圆圈所示进行截面的切割；

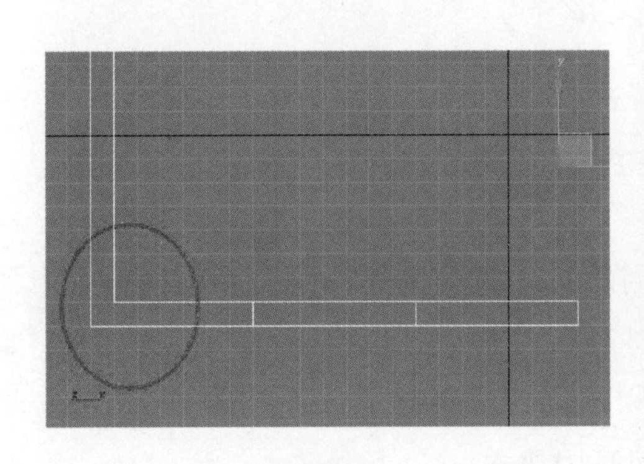

(a)切割前

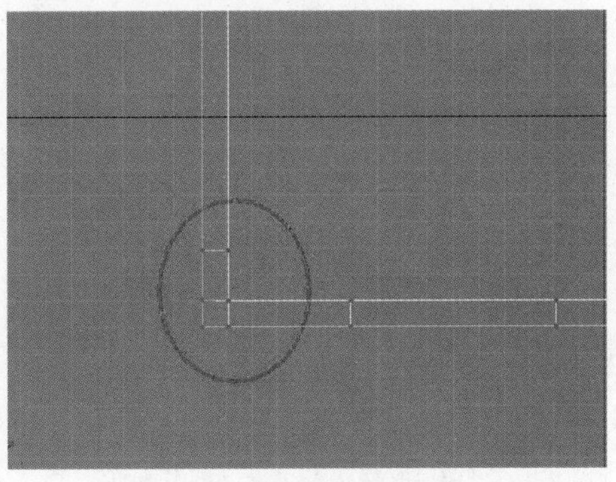

(b)切割后

图 1.1.7

(10)在顶图，按图 1.1.8 所示选择面，再次挤出，挤出效果如图 1.1.9 所示。

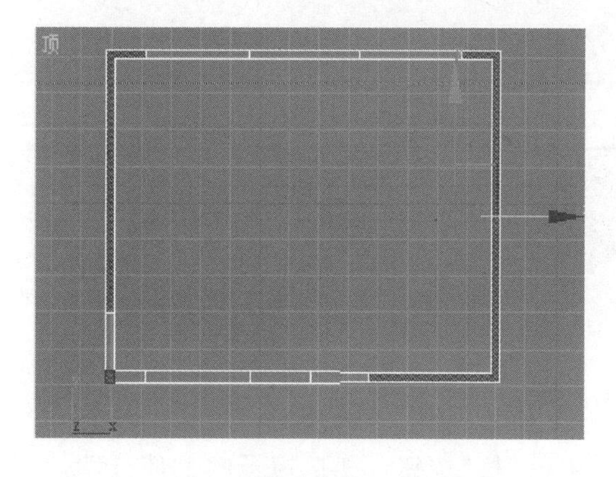

图 1.1.8

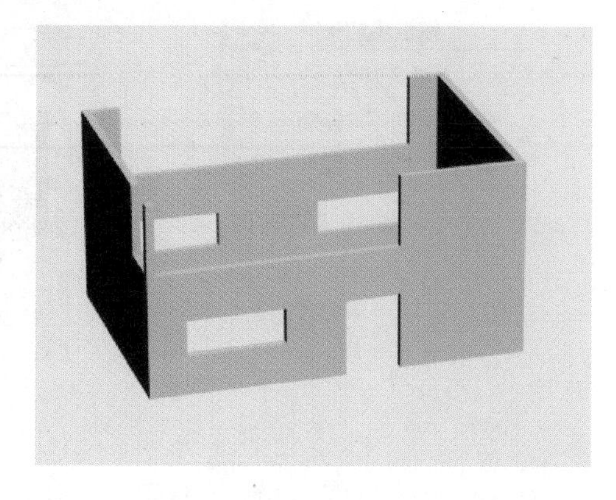

图 1.1.9

(11)选择如图 1.1.10(a)所示的面，单击“桥”按钮进行连接，连接楼房后墙的窗子上墙体；效果如图 1.1.10(b)所示；楼房墙体模型制作完毕。

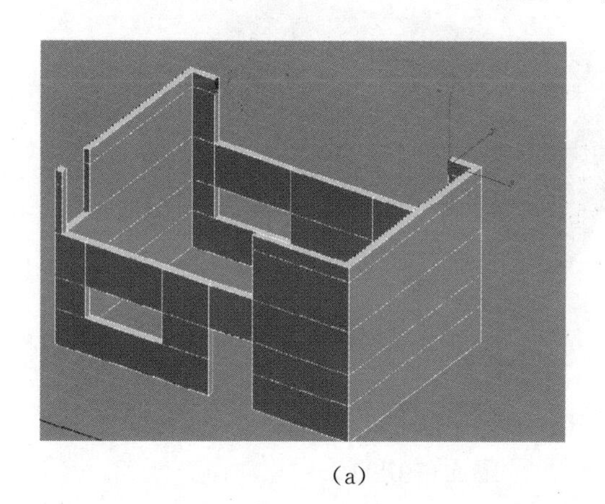

(a)

(b)

图 1.1.10

说明：如果所制作的楼房没有室内部分，可以直接由一个长方体转多边形，进行楼房主体部分的制作，这样所制作的楼房模型面数会比较少。

2)制作客栈楼房的二楼楼板

单击(创建)面板的(图形)按钮，在类别中单击“线”工具，在顶视图中绘制客栈楼房的二楼楼板的截面图形，并将所绘的图形命名为“二楼楼板”。如图 1.1.11(a)所示。选择“二楼楼板”图形物体，进入(修改)面板，为其添加修改器“挤出”，“数量”约为 5，效果如图 1.1.11(b)所示。

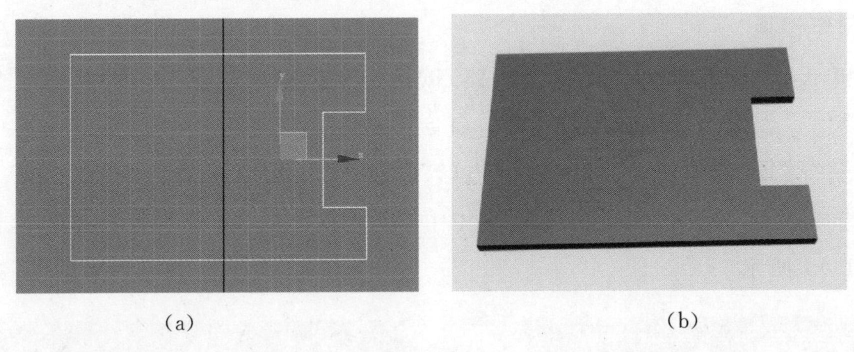

(a)　　(b)

图 1.1.11

3)制作窗户和门

制作二楼前面的阳台门可使用先画二维图形再挤出的方法，也可用先制作一个标准长方体再通过“编辑多边形”命令进行调整。效果如图 1.1.12 所示。

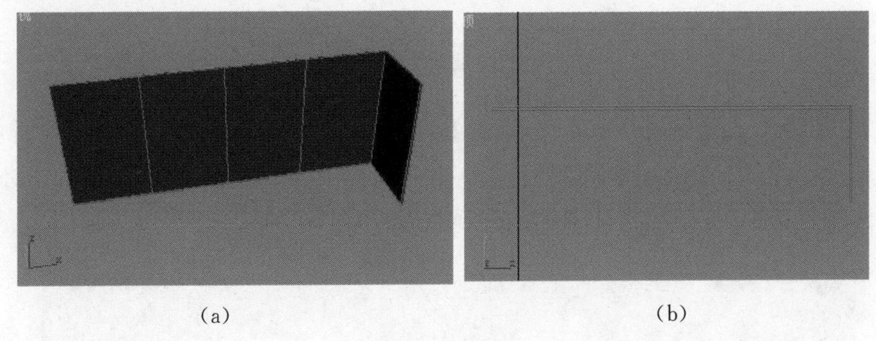

(a)　　(b)

图 1.1.12

制作二楼后面的窗户和一楼的窗户均可使用上述方法。制作房子的门均可使用标准基本体中的长方体。在此不再详述。

4)制作地板和台阶

建立两个标准基本体长方体，分别作为地板和台阶。再转为“可编辑多边形”对台阶物体进行调整，如图 1.1.13 所示。

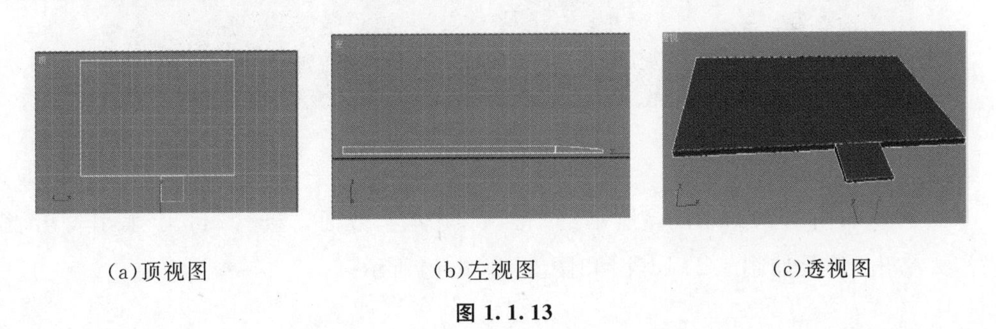

(a)顶视图　　(b)左视图　　(c)透视图

图 1.1.13

5)制作楼顶

(1)单击 (创建)面板的 (几何体)按钮，在类别中单击“平面”工具，创建一个平面物体，长度与宽度分段均为1。命令该物体为“楼顶”。

(2)将“楼顶”物体转为“可编辑多边形”，进行“可编辑多边形→多边形”子物体层级，选择平面，单击“编辑多边形”栏中的“倒角”按钮，向外进行拉伸，操作效果如图1.1.14所示。

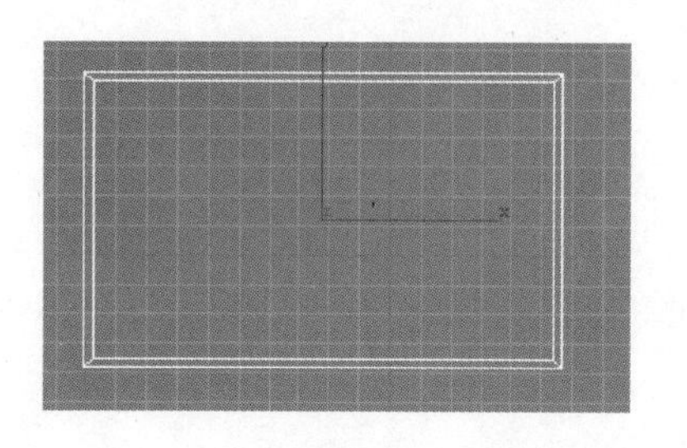

(a)顶视图

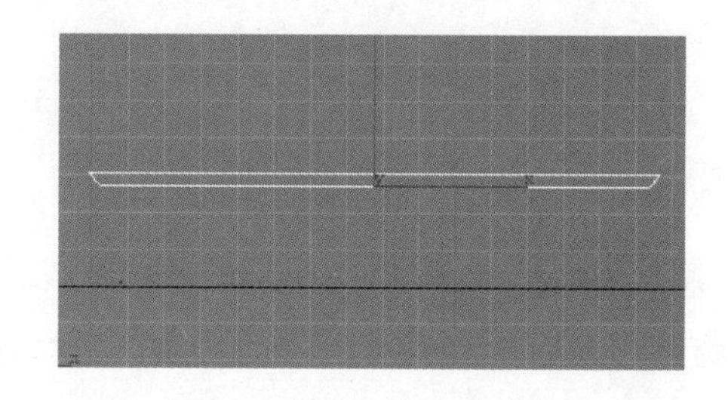

(b)前视图

图 1.1.14

(3)在顶视图再次选择“楼顶”物体的上截面，进行“倒角”命令的向上拉伸操作，然后选择如图1.1.16(a)所示的“楼顶”物体上截面，进行放缩调整，将其大小位置调整如图1.1.15所示即可。最终操作效果如图1.1.15所示。

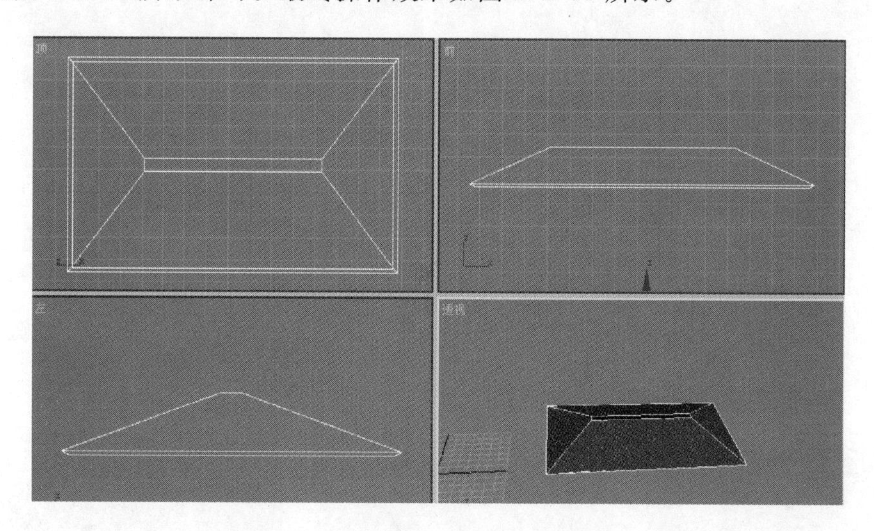

图 1.1.15

(4)选择如图1.1.16图(a)所示的“楼顶”物体上截面，进行“挤出”操作，挤出屋脊，“挤出”效果如图1.1.16(b)和图1.1.16(c)所示。

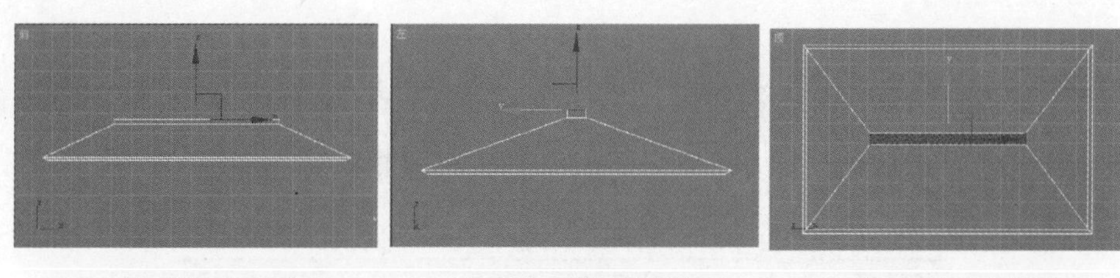

(a)“楼顶”物体上截面　　(b)挤出后的效果图　　(c)挤出后的效果图

图 1.1.16

(5)选择屋脊的面，如图 1.1.17(a)圆圈所示，进行二次“倒角”拉伸操作，并对截面进行旋转和放缩调整，效果如图 1.1.17(b)所示。

(a)

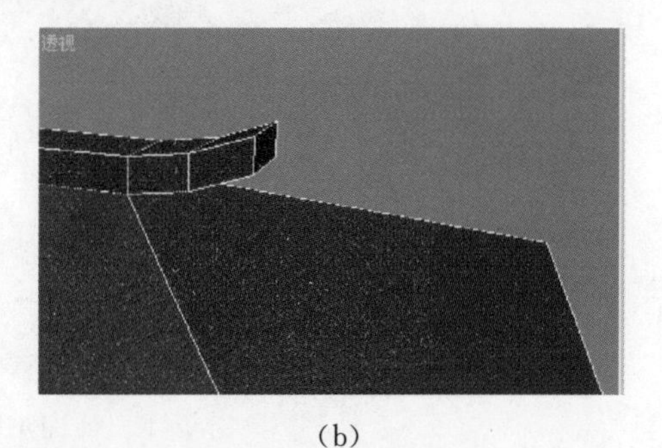

(b)

图 1.1.17

客栈楼房模型制作完毕，完成的模型如图 1.1.18 所示。

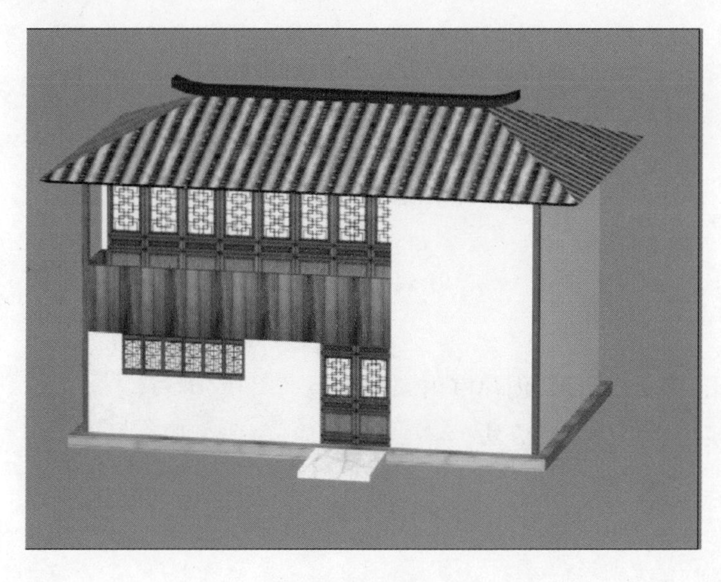

图 1.1.18

2. 巩固训练

通过上述工作任务，制作了一个客栈的楼房，在楼房的制作过程中，重点讲解了模型制作的常作手法及使用的工具，请参考下面样图 1.1.19 制作客栈的其他建筑。

图 1.1.19

任务 2　制作客栈楼房内的家具

☆情景描述

客栈里有几套餐桌椅，餐桌椅的造型简单，结实耐用；进门左手边有一木制楼梯通向二楼，楼梯的扶手是圆木状，没有更多的装饰；楼梯下是柜台，柜台纹饰简单大方。

☆相关知识与技能点

1. 能使用“编辑多边形”创建室内家具模型；
2. 熟练使用常用的复制方法。

☆工作任务

1. 实践操作

1)制作柜台模型

(1)选择“文件→重置”命令，复位 3DS Max 系统。设置单位。

图 1.2.1

(2)选择顶视图，按“Alt＋W”键，将当前视图切换为全屏显示。

(3)单击(创建)面板的(几何体)按钮，在类别中单击“长方体”工具，在顶视图中绘制一个长方体，长宽分段均为 3，并将所绘的长方体命名为“柜台 1”。右击该模型将其转为“可编辑多边形”，选择“顶点”子物体层级，按如图 1.2.2 所示进行点的调整。

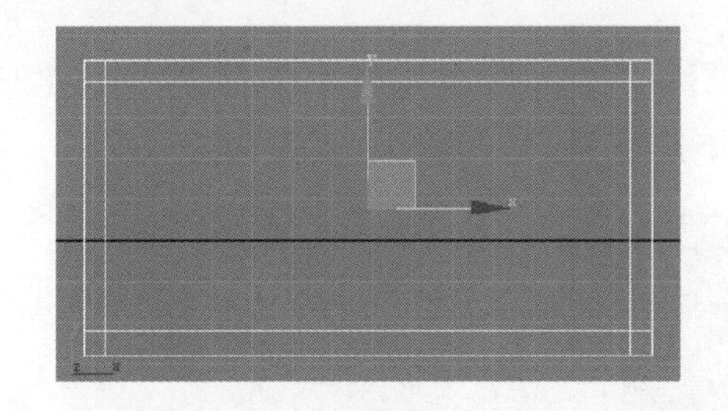

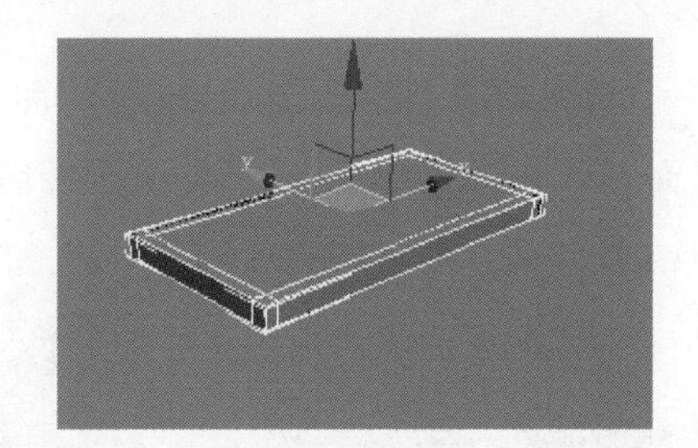

图 1.2.2

(4)右击窗口标签将顶视图转为底视图，选择“多边形”子物体层级，选择该模型中间的面，如图 1.2.3(a)所示，单击“编辑多边形”栏中的按钮“挤出”，使用“挤出”工具按如图 1.2.3(b)所示挤出柜体。

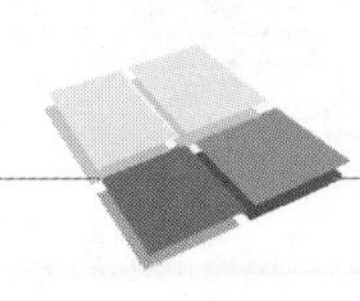

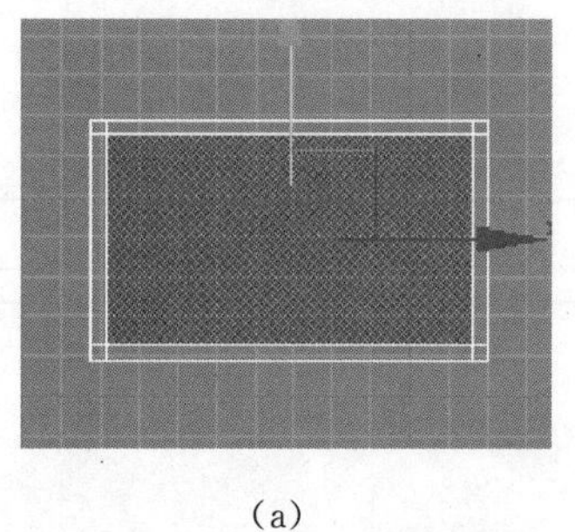
(a)

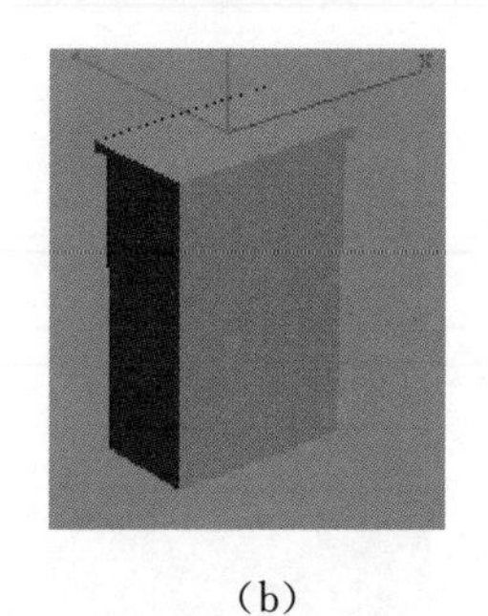
(b)

图 1.2.3

(5)选择“边”子物体层级，选择如图 1.2.4(a)所示的两条竖边，使用 连接 按钮右侧的按钮□进行连接边的设置，设置参数如图 1.2.4(b)所示，在柜体的正面添加了 11 条横边。再重复添加边的操作，在柜体上添加两条竖边，如图 1.2.4(c)所示，

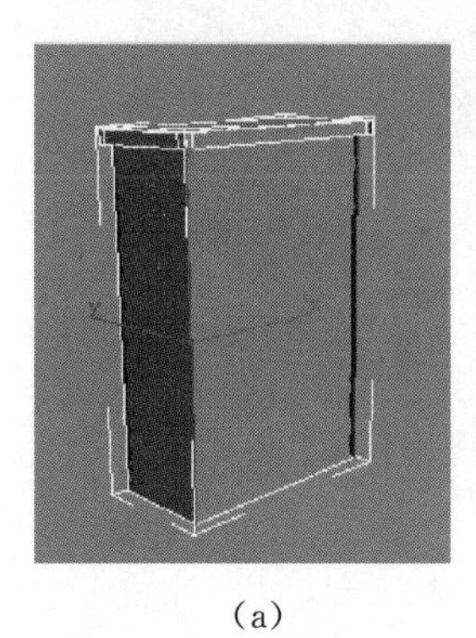
(a)

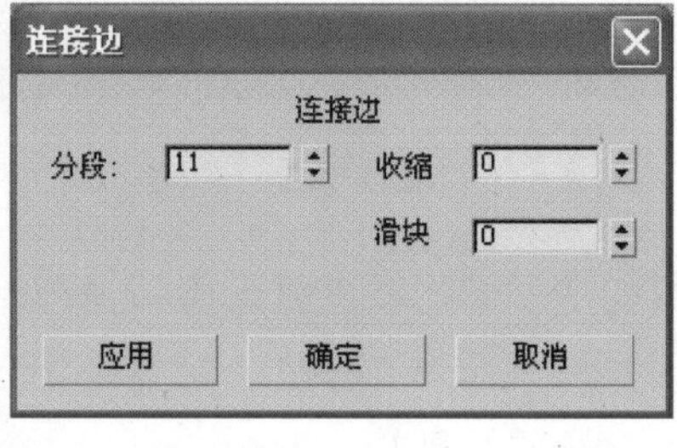

(b)

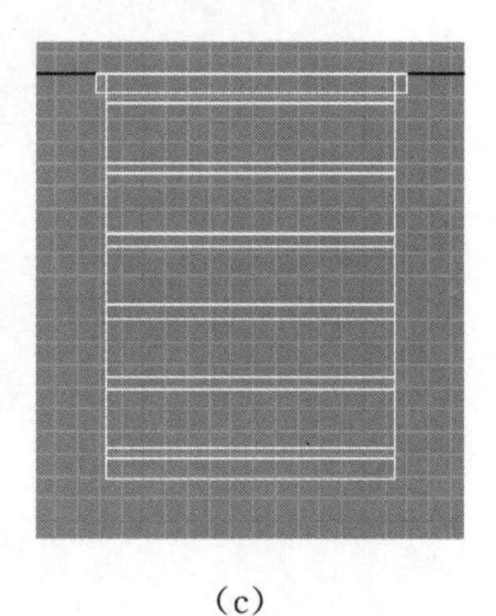
(c)

图 1.2.4

(6)选择如图 1.2.5(b)所示的面，进行挤出，依次操作，挤出柜体上的 5 个抽屉面，效果如图 1.2.5(c)所示。最后再挤出柜脚。柜台 1 模型制作完毕。

(a)

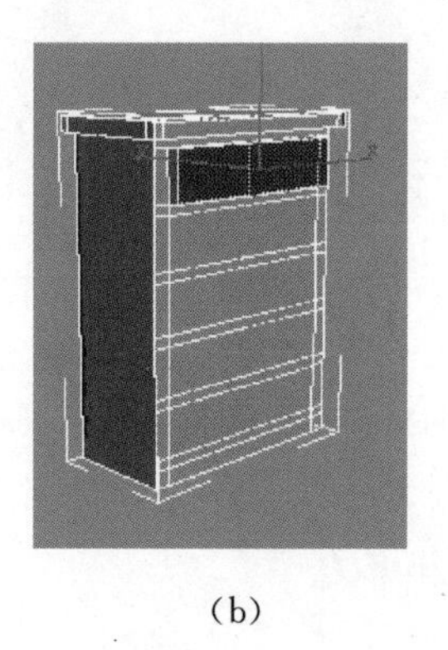
(b)

(c)

图 1.2.5

说明："柜台 1"模型制作时也可以先制作一个与柜体大小相等的长方体，再将其转为"编辑多边形"，进行布线，再挤出柜子的台面与柜体的抽屉。

(7)"柜台 2"模型的制作可参考"柜台 1"的制作步骤。"柜台 2"模型样图如图 1.2.6(a)所示，布线如图 1.2.6(b)所示。

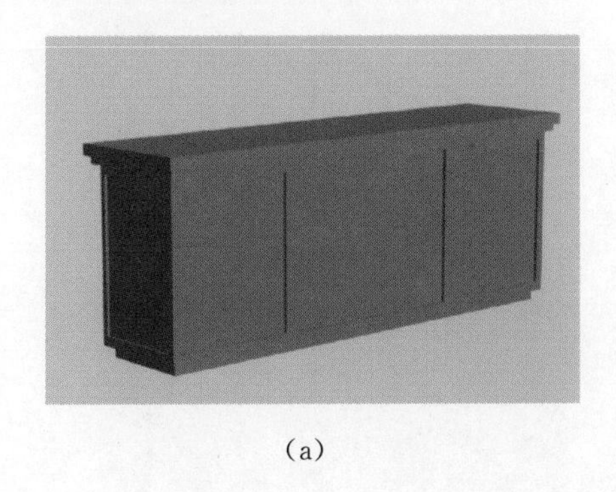

(a)

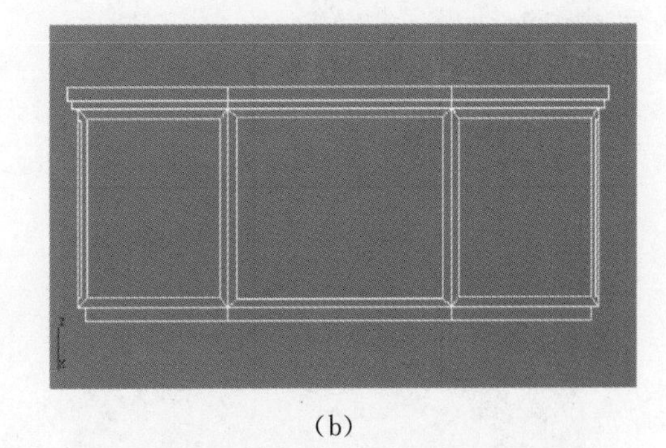

(b)

图 1.2.6

图 1.2.6 所示的效果是使用"编辑多边形"栏中的"插入"按钮进行操作，该操作可在一个面中插入一个更大或更小的面，如图 1.2.7 所示。

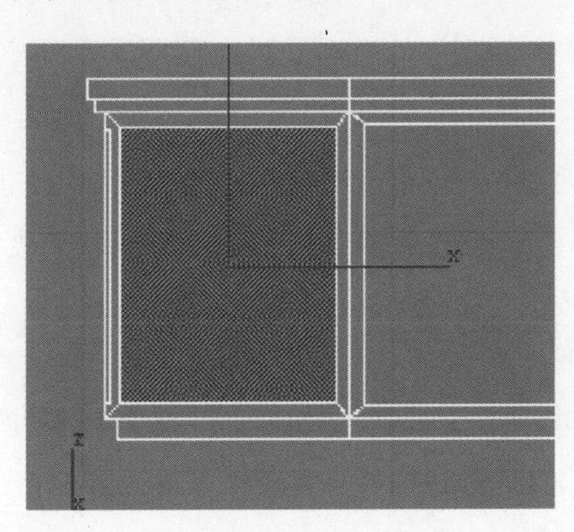

图 1.2.7

2)制作酒坛模型

(1)单击 (创建)面板的 (图形)按钮，在类别中单击"线"工具，在前视图中绘制酒坛模型侧面图形，并将所绘的图形命名为"酒坛"，如图 1.2.8(a)所示。

(2)进入 (修改)面板，为"酒坛"图形对象添加"车削"修改器见图 1.2.8(b)，"参数"卷展栏中的设置见图 1.2.8(c)，并单击"对齐"项中的"最大"按钮。"酒坛"模型最终效果见图 1.2.9(a)，读者可参考图 1.2.9(b)进行其他酒坛模型的制作。

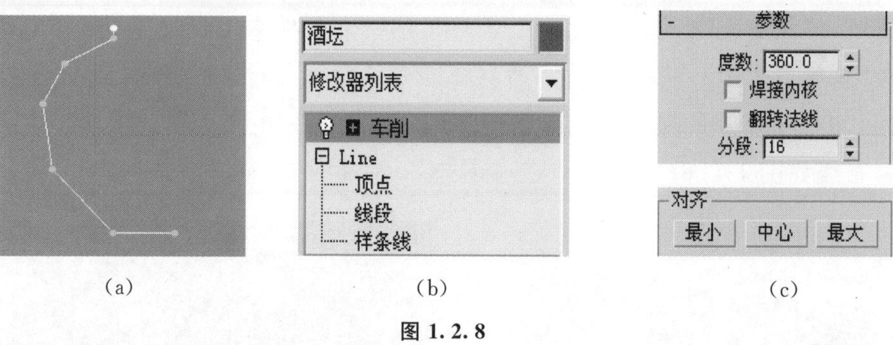

(a) (b) (c)

图 1.2.8

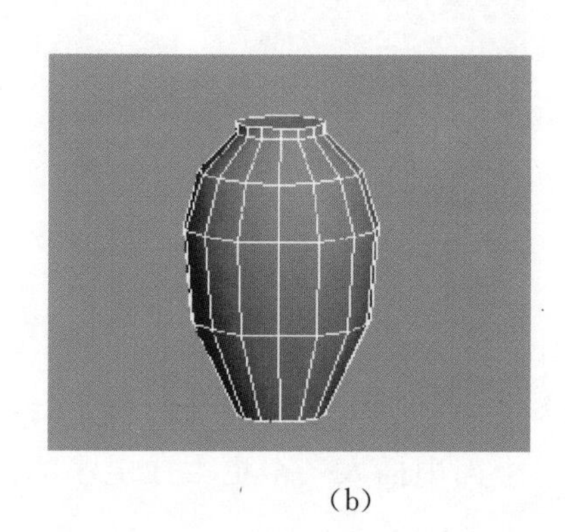

(a) (b)

图 1.2.9

3)制作桌椅模型

(1)单击(创建)面板的(几何体)按钮，在类别中单击“长方体”工具，在顶视图中绘制一个长方体，长宽高三项分段均为 3，并将所建立的长方体命名为“桌子”。右击该模型将其转为“可编辑多边形”，选择“顶点”子物体层级，在顶视图按如图 1.2.10(a)所示进行点的调整。

(2)在前视图选择如图 1.2.10(b)所示的面，单击“编辑多边形”卷展栏中的“挤出”按钮右侧的按钮 挤出 ，进行如图 1.2.11(a)所示的设置，挤出效果如图 1.2.11(b)所示，即挤出桌子面的四边凹槽。

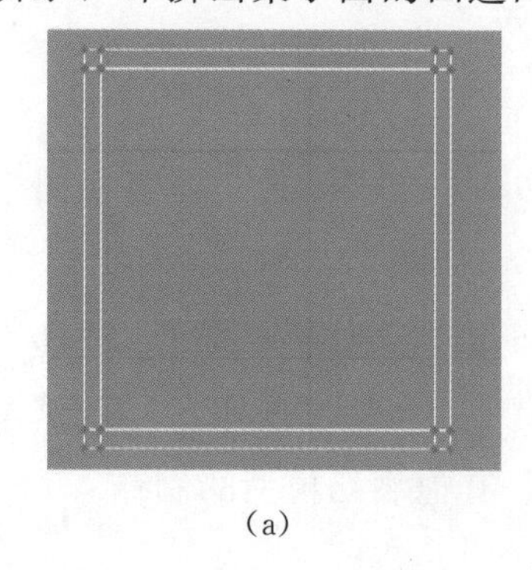

(a)

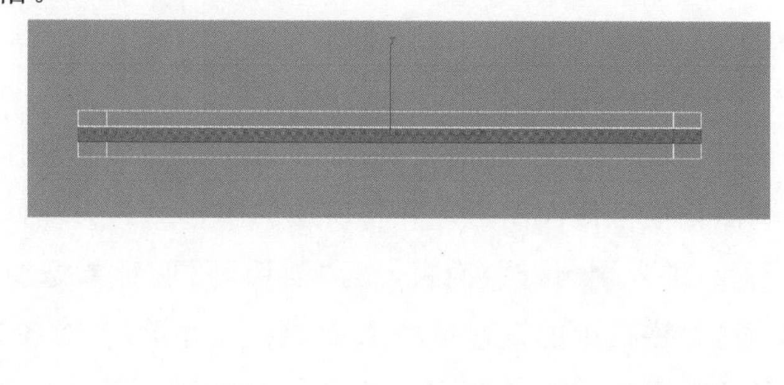

(b)

图 1.2.10

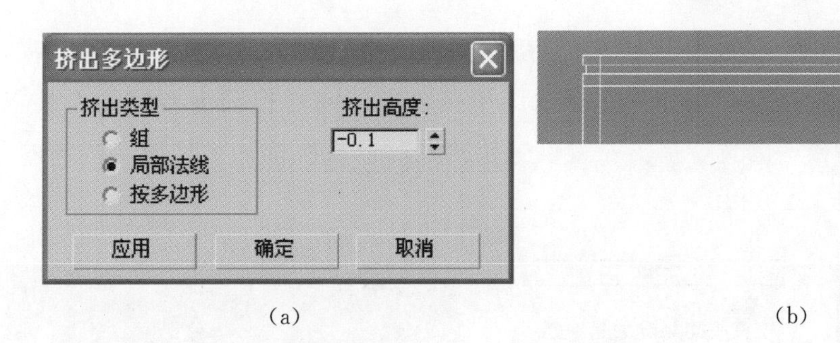

(a)　　　　　　　　　　　　　　(b)

图 1.2.11

(3)将顶视图转为底图，选择如图 1.2.12(a)所示的四个面，挤出桌腿。桌子模型制作完毕，见图 1.2.12(b)所示，椅子模型可参考桌子模型的制作方法。

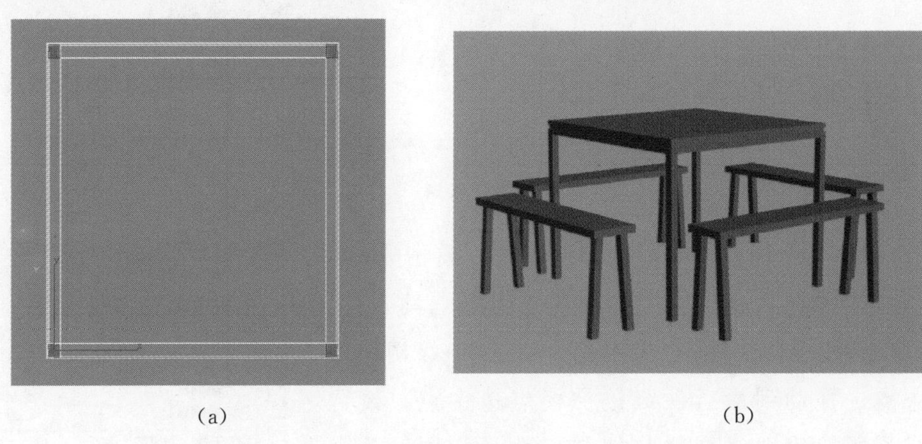

(a)　　　　　　　　　　　　　　(b)

图 1.2.12

4)制作楼梯模型

图 1.2.13

(1)单击 (创建)面板的 (几何体)按钮，在子类中将默认的"标准基本体"改选为"楼梯"，单击"直线楼梯"按钮，在顶视图中按住鼠标左键拖动出楼梯的总长，松开鼠标左键再推出楼梯的宽，单击左键确定楼梯宽后，再次推动鼠标确定楼梯的高度。参数设置见图 1.2.14。

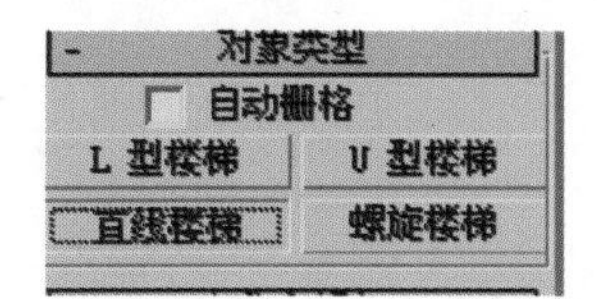

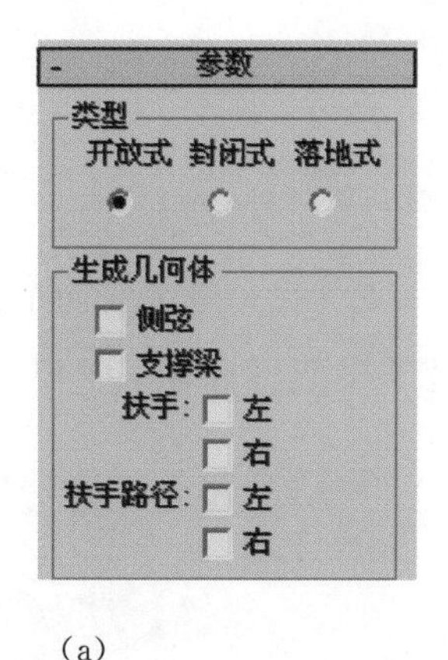

(a)

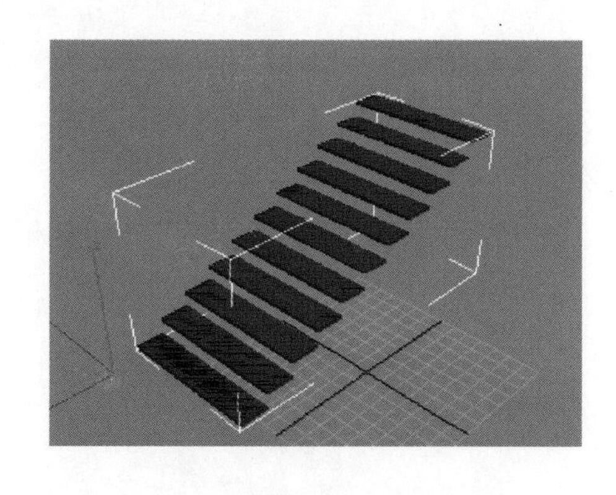

(b)

图 1.2.14

(2)制作一个圆柱体作为楼梯的支柱，右击 (捕捉工具)选"中点"，选择菜单"工具→间隔工具"，单击"拾取点"按钮，使用 (捕捉工具)在第一级楼梯板点选中点，拖动到最后一级楼梯板点选中点，设置"计数"项的数值即复制数与楼梯板数量相同，单击"应用"即制作完毕楼梯的扶手支柱，见图 1.2.15。如果不想使用"间隔工具"复制法，也可制作一个支柱，然后按 Shift 键复制方法，并调整支柱的位置与楼梯板对齐。

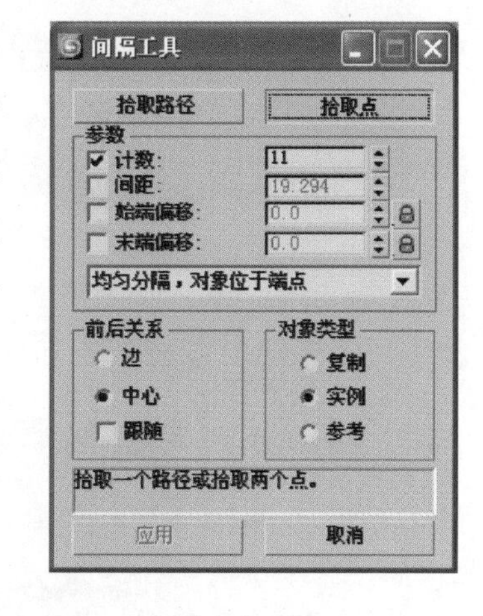

图 1.2.15

(3)楼梯扶手可使用长方体转为"可编辑的多边形"进行制作，在此不再详述。

2. 巩固训练

通过柜台和桌椅模型的制作我们学习了较为精细模型的制作方法，请参考下面样图 1.2.16 制作客栈里摆放酒坛的柜子。学习者也可以自行设计制作客栈里的其他家具和陈设。

图 1.2.16

任务3 客栈的材质与灯光

☆情景描述

客栈经历了多年风雨，已显老态，门窗桌椅的木纹斑驳，颜色暗淡，室内光线阴暗；虽然现在是正午，正是用餐的时间，但客人稀少，已没有了往日的繁华与喧闹。本任务主要讲述客栈的材质与灯光设置。

☆相关知识与技能点

1. 掌握材质的处理方法，并能正确赋予材质；
2. 室外布光的基本手法。

☆工作任务

1. 实践操作

1)楼顶的贴图

图 1.3.1

(1)打开场景文件，选择“楼顶”物体；为其添加一个贴图坐标修改器“UVW 贴图”，选择“Plana”(平面)方式。这样坡屋顶在展开的时候，形状才适合进一步编辑。

(2)打开“材质编辑器”，选择“贴图”参数栏，在“漫反射”通道贴屋顶灰瓦的图片“xjwa _ 99. jpg”。

(3)添加“Unwrap UVW”(贴图展开)修改器，选择“面”子层级[见图 1.3.2(a)]，在视窗中选择屋顶的四个面[见图 1.3.2(b)]，单击“参数”卷展栏中的“编辑”按钮[见图 1.3.2(c)]。

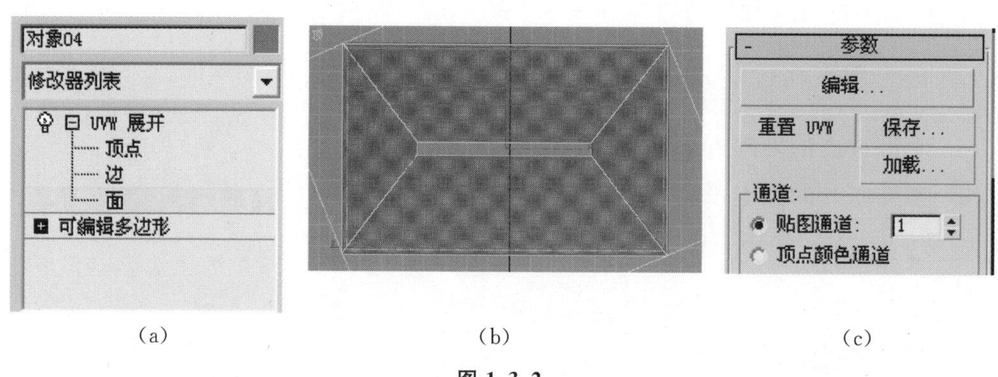

(a) (b) (c)

图 1.3.2

打开“编辑 UVW”对话框，使用“贴图→展平贴图”坐标命令，注意弹出的对话框中“Face Angle”(面角度阈值)的数值改为 15(见图 1.3.3)。

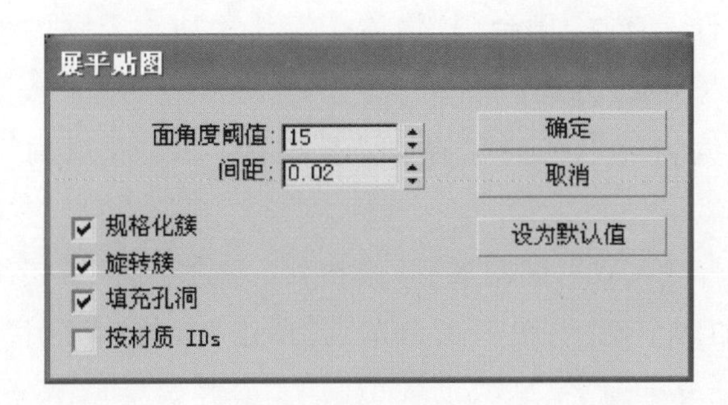

图 1.3.3

在视窗中单独选择屋顶的四个面，分别进行调整，四个面与所贴图片的大小与位置见图 1.3.4 所示。

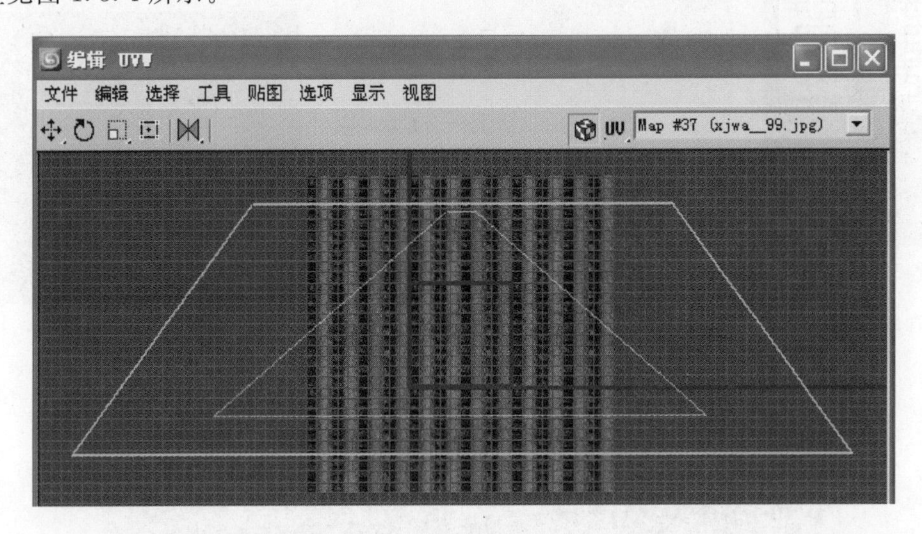

图 1.3.4

2)二楼阳台门的贴图

图 1.3.5

(1)打开场景文件，选择“阳台门”物体；为其添加一个贴图坐标修改器“UVW贴图”，选择“Plana”(平面)方式。

(2)打开“材质编辑器”，选择“贴图”参数栏，在“漫反射”通道贴门的图片“门.jpg”[见图 1.3.6(a)]。

(3)添加“Unwrap UVW”(贴图展开)修改器，选择“面”子层级，在视窗中选择“阳台门”物体正面的四个面[见图 1.3.6(b)]，单击“参数”卷展栏中的“编辑”按钮，调整四个面均与“门.jpg”对齐[见图 1.3.6(c)]。最终效果见图 1.3.7。阳台门的里面贴图操作与此相同，不再详述。

(a)门.jpg

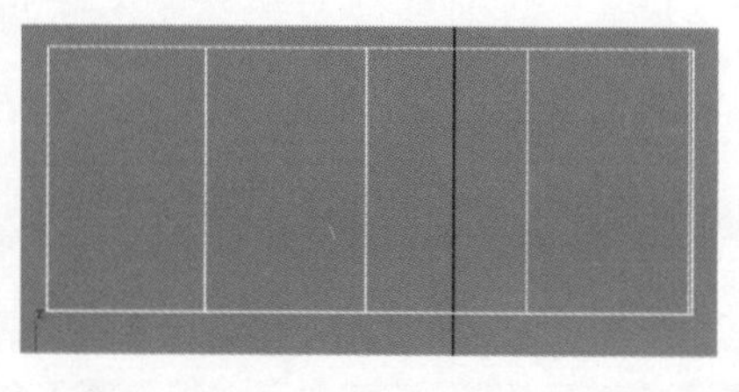

(b)阳台门正面的四个面

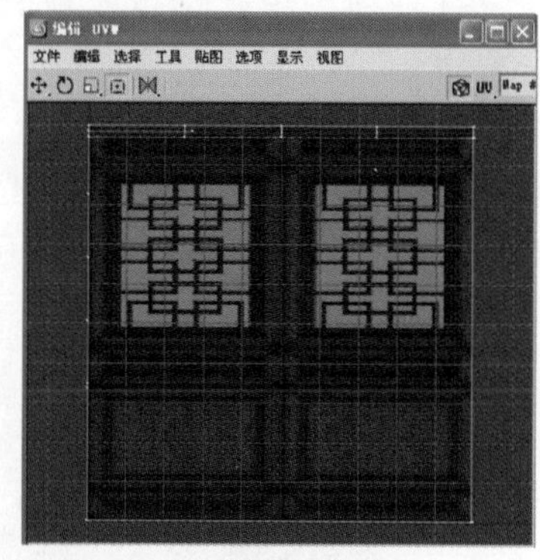

(c)UVW 展开

图 1.3.6

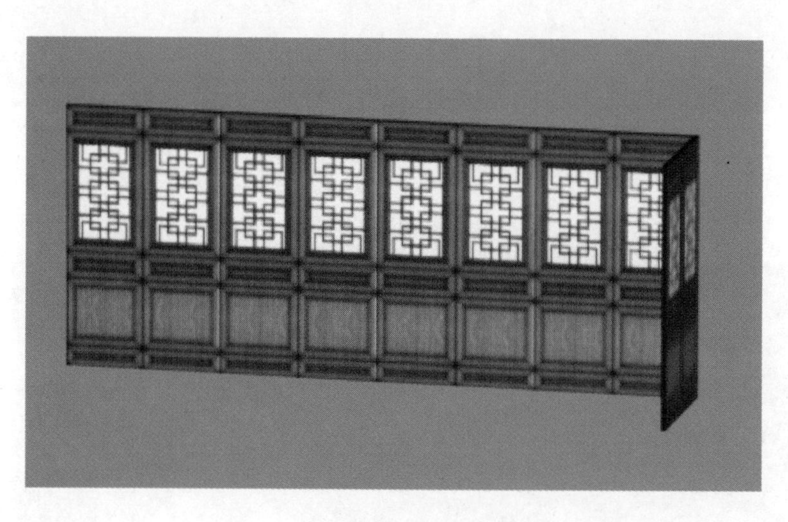

图 1.3.7

3)柜台的贴图

(1)打开场景文件，选择“柜台”物体，打开“材质编辑器”，选择“贴图”参数栏，在“漫反射”通道贴木纹的图片“木纹 025.jpg”。

(2)添加“Unwrap UVW”(贴图展开)修改器，选择“面”子层级，在视窗中选择“柜台”物体正面的所有面，单击“参数”卷展栏中的“编辑”按钮，调整面的大小与位置如图 1.3.8 所示。再选择“柜台”物体的背面与顶面、底面分别调整如图 1.3.8 所示。最后的渲染图如图 1.3.9 所示。

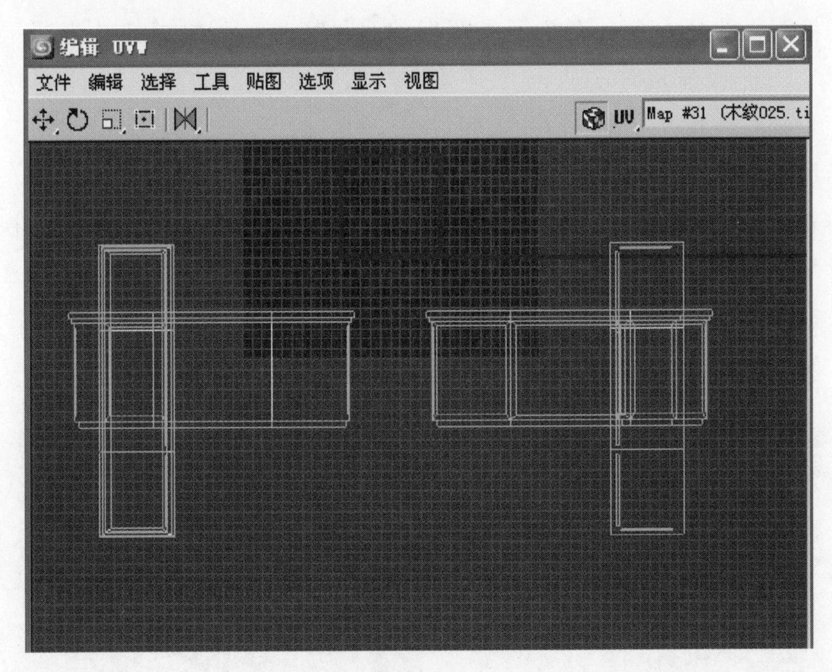

图 1.3.8

图 1.3.9

其他物体的材质贴图，其操作与此相似，在此不再详述。可参考上述内容自行练习。

4)室外灯光的设置

(1)模拟天光

本场景制作的是一个有充足阳光照射的室外场景，所要模拟的光照主要有天光、太阳光。开始布光时，从天光开始，然后逐步增加灯光，大体顺序为：天光——阳光——补光。

天光是由太阳光光线在大气层中散射引起的漫射光线。在大多情况下，天光没有统一的方向。天光的颜色随着太阳离地面的高度、大气条件、观察者的视点和地面的反射而改变，在模拟时，通常将其设置为淡蓝色或白色。

本场景的天光设置为VR平面灯光，其"倍增器"数值为3，位置如图1.3.10所示，颜色为淡蓝色，其他参数默认。渲染器使用VR渲染器。

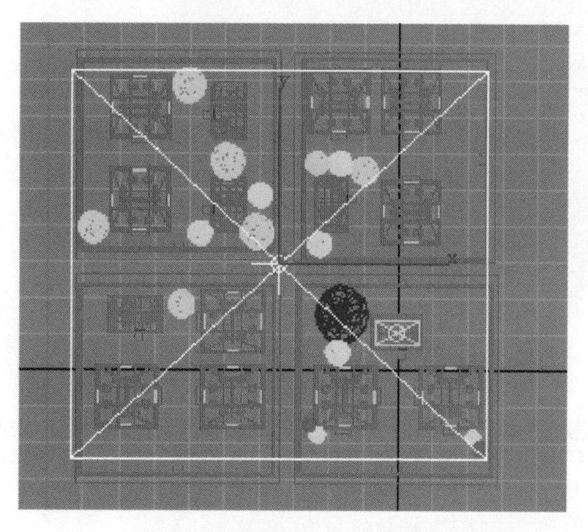

(a)VR天光灯在顶图的位置

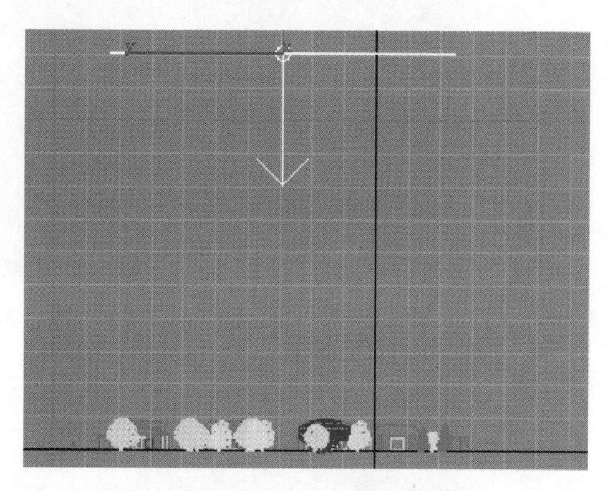

(b)VR天光灯在前图的位置

图1.3.10

(2)模拟阳光

太阳光是太阳直接发出的光，光线强烈，平行照射到物体，它所产生的阴影轮廓清晰。在模拟这种光照效果时，一般使用平行光。太阳光的颜色会随着时间的改变而变化，本场景模拟的是一个夏天午后场景，太阳光颜色可设置为黄白色。

本场景的阳光设置为VR阳光，其"强度倍增器"数值为0.001，位置如图1.3.12所示，"光子发射半径"要调整到能覆盖整个场景，其他参数默认。

图 1.3.11

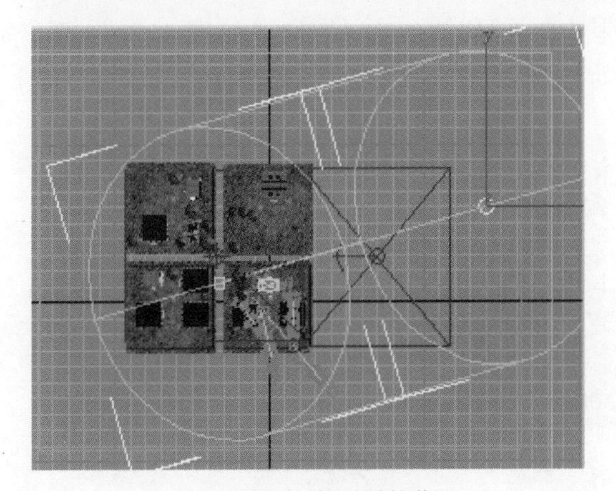

(a)VR 阳光灯在顶图的位置

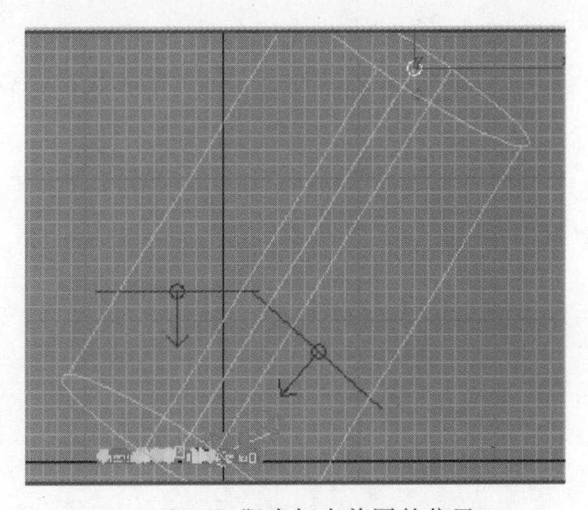

(b)VR 阳光灯在前图的位置

图 1.3.12

图 1.3.13

(3)补光

补光的主要目的是扫除一些较暗的区域，如房子和围墙区域都明显光线不足，需要另外创建灯光进行弥补。补光“倍增”值不应太大，以免产生太夸张、不合理的照明效果，只要使暗部能够达到正确的亮度即可。

本场景中的补光选用 VR 平面灯光，其“倍增器”数值为 1，位置如图 1.3.14 所示，颜色为白色，是用来加强太阳光对室外建筑的影响，其他参数默认。

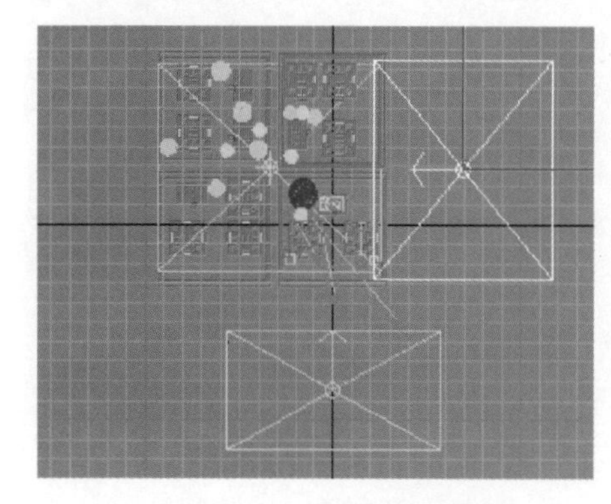

(a)VR 补光灯在顶图的位置

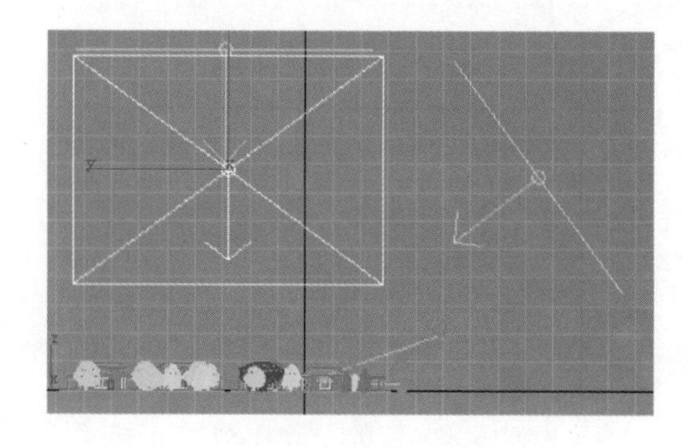

(b)VR 补光灯在前图的位置

图 1.3.14

图 1.3.15

2. 巩固训练

(1)读者可以试一试，加入摄像机制作该场景的巡游动画。

(2)通过上述任务的学习我们了解材质的赋予和室外灯光的设置，请参考图 1.3.16制作客栈室内灯光的设置。

图 1.3.16

任务4　渲染设置

☆情景描述

3DS Max 的最终产品是图像或动画，将场景输出成最终产品的过程就是渲染。渲染是将用户设置的数据综合计算，生成单帧图像或一系列动画图像，并以用户指定的方式输出。渲染时应熟悉各种参数的设置。我们以 VRay 渲染器为例进行本场景的渲染设置。

☆相关知识与技能点

1. 掌握 VRay 渲染器基本设置方法，并能掌握常用设置参数；
2. 了解灯光与 VRay 渲染器参数设置之间的关系。

☆工作任务

1. 实践操作(完成任务步骤等)

1)渲染设置

(1)打开渲染设置面板的“公用”选项卡，将渲染尺寸设置为 512×384，并锁定长宽比例，展开面板下方的“指定渲染器”栏，更改渲染器为“VRay”渲染器，如图 1.4.1 所示。

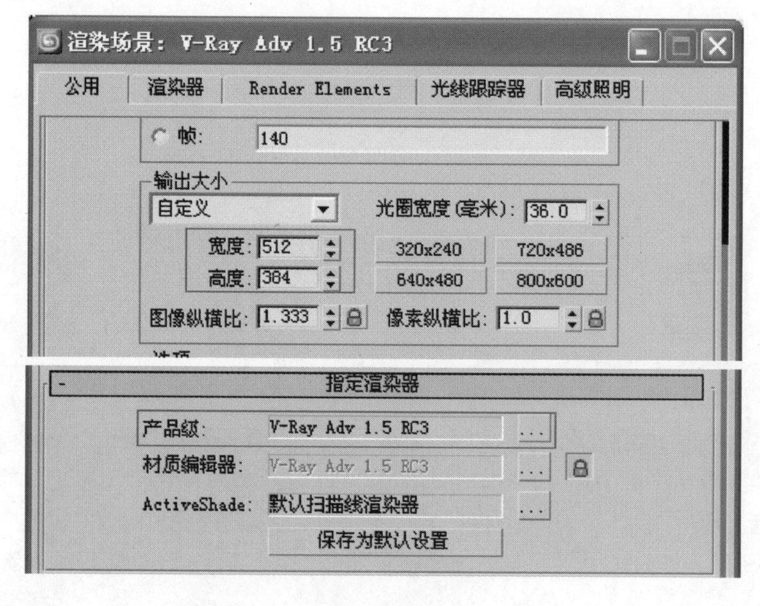

图 1.4.1

(2)打开渲染设置面板的“渲染器”选项卡，展开“全局开关”卷展栏，关闭“默认灯光”，关闭“反射/折射”和“光滑效果”，以加快渲染测试速度；接着展开“图像采样”卷展栏，将图像采样类型设置为渲染速度最快的“固定”，并将抗锯齿过滤器设置为“Mitchell-Netravali”，这种过滤器不像“区域”那样柔和，也不像“Catmull-Rom”过滤器那样生硬，介于二者之间，如图 1.4.2 所示。

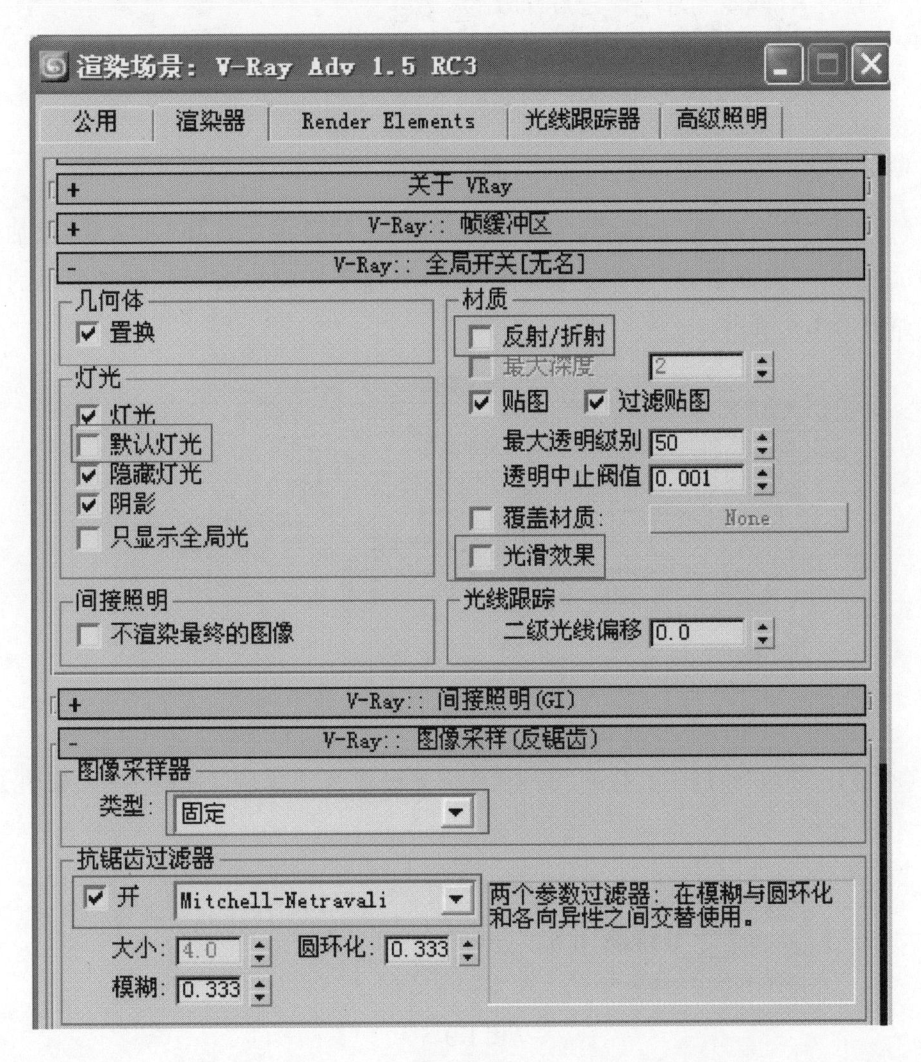

图 1.4.2

(3)展开“间接照明(GI)”卷展栏，将“首次反弹”调整为发光贴图模式，同时“二次反弹”调整为 QMC(准蒙特卡洛算法)，如图 1.4.3 所示。

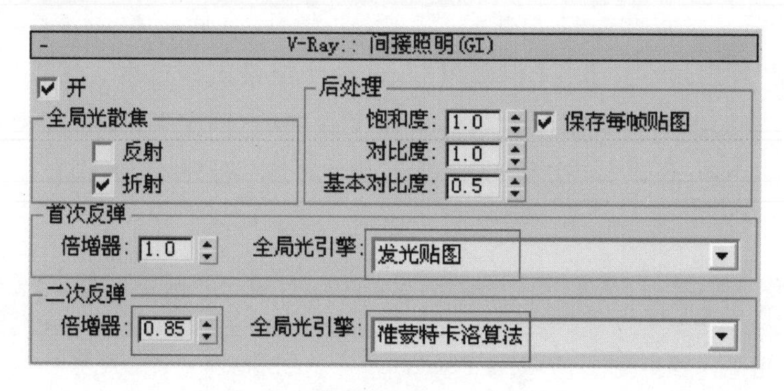

图 1.4.3

(4)展开“发光贴图”卷展栏，在“当前预置”下拉菜单中选择“非常低”以加快渲染测试速度，“模型细分”与“插补采样”对渲染速度影响也较大，可将值设的低一些，如图 1.4.4 所示。

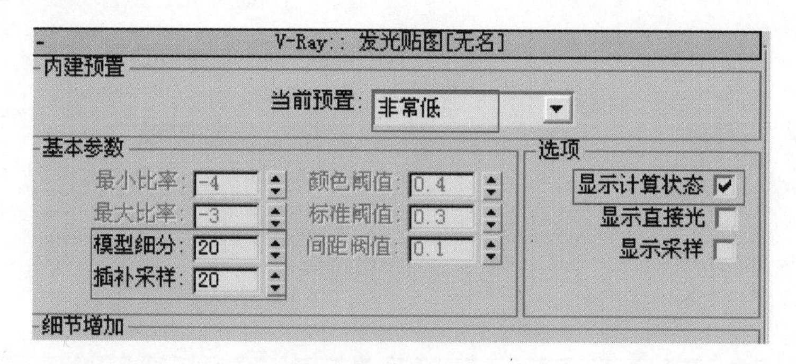

图 1.4.4

(5)展开“环境”卷展栏，打开“天光”将天光设置为天蓝色，强度为 1，如图 1.4.5 所示。

图 1.4.5

(6)展开“系统”卷展栏，可设置渲染顺序及想要看到的渲染信息。效果如图 1.4.6 所示。

图 1.4.6

本次渲染设置属于草图渲染设置，因为任何人都不可能一次把最终效果的参数设置出来，必须经过一步一步地细心调整，在此过程中可以降低那些影响渲染速度的参数，这样就可以缩短渲染草图的时间，提高工作效率。

2)渲染和调试光子图文件

(1)通过前面的渲染，可以看到画面整体效果还可以，但不细腻，是因为VRayLight细分值较低，加大细分值就可解决此问题，我们将三盏V-RayLight的细分值由默认的8修改为30。

(2)打开渲染设置面板，勾选“反射和折射”选项，如图1.4.7所示，并将系统环境光的强度稍微降低一些，避免辅助光太强影响主光源的效果。渲染摄像机视图，由于加大了V-RayLight的细分值，且打开了反射和折射，渲染速度明显比上次要慢，这次的渲染效果比上次渲染效果要细腻许多。

(3)整体画面基本达到要求即可渲染正式的光子图，打开渲染设置面板，展开“发光贴图”卷展栏，在“当前预置”下拉菜单中选择“中”，将“模型细分”值改为“50”。在“渲染后”参数栏勾选“切换到保存的贴图”，使渲染完成后自动调用光子图文件，如图1.4.8所示。

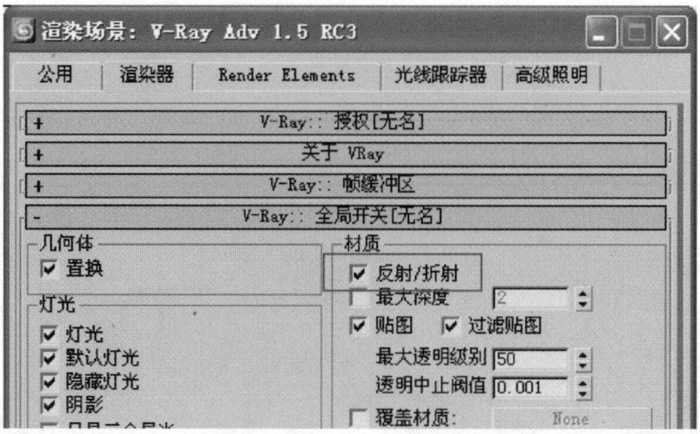

渲染场景：V-Ray Adv 1.5 RC3

公用 | 渲染器 | Render Elements | 光线跟踪器 | 高级照明

+ V-Ray:: 授权[无名]

+ 关于 VRay

+ V-Ray:: 帧缓冲区

- V-Ray:: 全局开关[无名]

几何体

☑ 置换

灯光

☑ 灯光

☑ 默认灯光

☑ 隐藏灯光

☑ 阴影

材质

☑ 反射/折射

☐ 最大深度 2

☑ 贴图 ☑ 过滤贴图

最大透明级别 50

透明中止阈值 0.001

☐ 覆盖材质： None

图 1.4.7

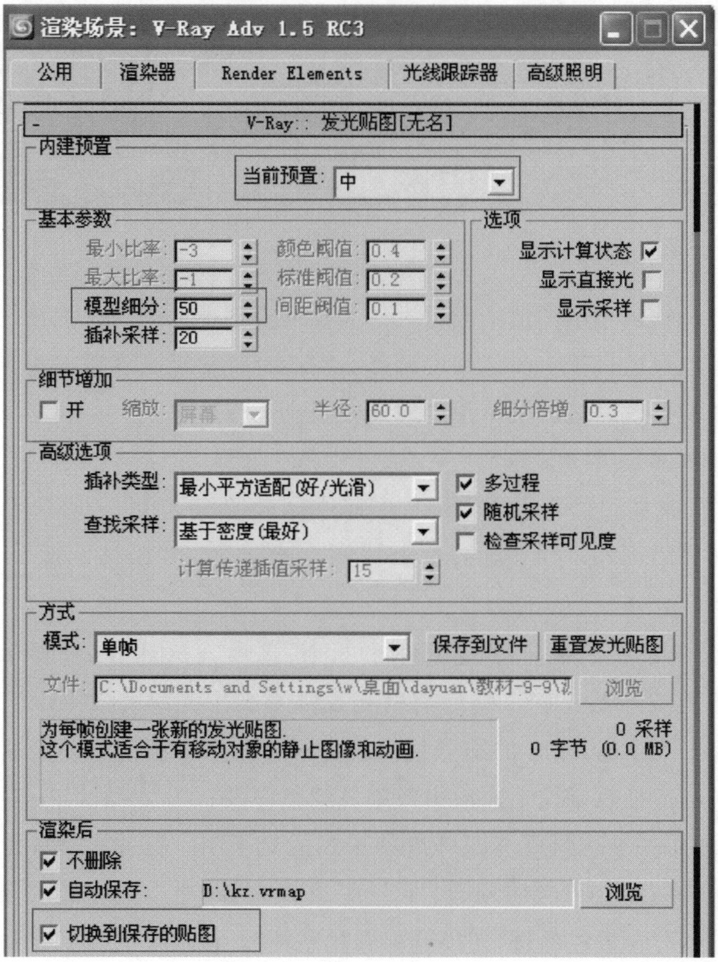

渲染场景：V-Ray Adv 1.5 RC3

公用 | 渲染器 | Render Elements | 光线跟踪器 | 高级照明

- V-Ray:: 发光贴图[无名]

内建预置

当前预置：中

基本参数

最小比率：-3 颜色阈值：0.4

最大比率：-1 标准阈值：0.2

模型细分：50 间距阈值：0.1

插补采样：20

选项

显示计算状态 ☑

显示直接光 ☐

显示采样 ☐

细节增加

☐ 开 缩放：屏幕 半径：60.0 细分倍增 0.3

高级选项

插补类型：最小平方适配（好/光滑） ☑ 多过程

查找采样：基于密度（最好） ☑ 随机采样

☐ 检查采样可见度

计算传递插值采样：15

方式

模式：单帧 保存到文件 重置发光贴图

文件：C:\Documents and Settings\w\桌面\dayuan\教材-9-9\ 浏览

为每帧创建一张新的发光贴图.

这个模式适合于有移动对象的静止图像和动画.

0 采样

0 字节 (0.0 MB)

渲染后

☑ 不删除

☑ 自动保存：D:\kz.vrmap 浏览

☑ 切换到保存的贴图

图 1.4.8

(4)渲染摄像机视图，由于设置了较高的参数，无论渲染光子还是渲染画面的速度都比以前慢了许多，渲染效果如图 1.4.9 所示。

图 1.4.9

3)渲染成图

(1)打开渲染设置面板，展开“发光贴图”卷展栏，在“方式”中将模式改为“从文件”，再次渲染一张较大图像，以便能更清楚地观察画面细节，对材质等再做一些细微调整，如图 1.4.10 所示。

(2)图像效果如果没问题，就可以利用光子文件渲染正式的大图，设置渲染尺寸为 2048×1536，图像采样类型改为“自适应细分”，最小比率和最大比率分别为 −1和 2，如图 1.4.11 所示。此时即可进行最后渲染，经过较长时间渲染得到最后成品图。

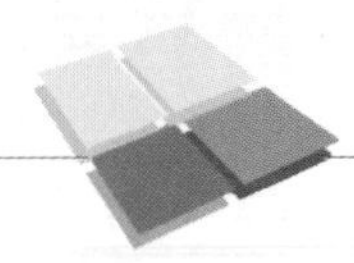

V-Ray:: 发光贴图[无名]

内建预置

当前预置: 中

基本参数

最小比率: -3　颜色阈值: 0.4

最大比率: -1　标准阈值: 0.2

模型细分: 50　间距阈值: 0.1

插补采样: 20

选项

显示计算状态

显示直接光

显示采样

细节增加

开　缩放: 屏幕　半径: 60.0　细分倍增: 0.3

高级选项

插补类型: 最小平方适配(好/光滑)　多过程

查找采样: 基于密度(最好)　随机采样

计算传递插值采样: 15　检查采样可见度

方式

模式: 从文件　保存到文件　重置发光贴图

文件: D:\kz.vrmap　浏览

图 1.4.10

V-Ray:: 图像采样(反锯齿)

图像采样器

类型: 自适应细分

抗锯齿过滤器

开　区域　使用可变大小的区域过滤器来计算抗锯齿。

大小: 1.5

V-Ray:: 自适应细分图像采样器

最小比率: -1　颜色阈值: 0.1　随机采样

最大比率: 2　对象轮廓　显示采样

标准阈值: 0.05

图 1.4.11

图 1.4.12

2. 巩固训练

通过上述任务的学习我们了解了 Vary 渲染器的相关设置，请参考图 1.3.16 制作客栈室内场景的渲染设置。

知识探究

用材质和灯光烘托场景设计的氛围

动漫场景设计是一种艺术表现，气氛的营造是场景设计的第一位，白天、夜晚、明亮、清新、阴暗、诡异……不同的环境、气候和色彩能给观者带来不同的感受；好的气氛营造也是设计作品吸引观者的重要因素。

材质可以看成是材料和质感的结合。在渲染程序中，它是表面各可视属性的结合，这些可视属性是指表面的色彩、纹理、光滑度、透明度、反射率、折射率、发光度等。正是有了这些属性，才能让我们识别三维中的模型是什么做成的，也正是有了这些属性，我们计算机三维的虚拟世界才会和真实世界一样缤纷多彩。

要想更好地把握质感，我们必须仔细分析产生不同材质的原因，即材质的真相到底是什么？是光。离开光材质是无法体现的。例如，在正常的照明条件下，很容易分辨物体的材质，但在夜晚微弱的光线下，往往很难分辨物体的材质；另外，在彩色光源的照射下，物体表面的颜色与其本质有较大的差异。这表明了物体的材质与光的微妙关系。所以在编辑材质时忽略了光的作用，是很难调出有真实感的材质的。因此，在材质编辑器中调节各种属性时，必须考虑到场景中的光源，并参考基础光学现象，最终以达到良好的视觉效果为目的，而不是孤立的调节它们。

光存在于我们生活的每个角落，通常把光源分为自然光源和人工光源。自然光源有太阳、月亮、星光等。自然光照明在不同的时刻会营造不同的情调，这种情调往往来自于光源在特定时刻的色调。比如太阳在初升和将要落山的时候，橘黄色光芒照射大地，这时给人的感觉和太阳在正午时分时是截然不同的；夜晚的月光又会把世界渲染得神秘、朦胧和浪漫。

所以在动漫场景设计中我们对材质和光源的要求已经不是简单的质感表现和照明，它们对整个场景氛围起到一个决定性的烘托作用，对材质和灯光的设置更多的是追求它的艺术氛围。

知识拓展

建立模型前为什么要设置系统单位？

在开始一个模型任务之前，应该非常清楚 3DS Max 的系统单位，特别是对于建模来说，对单位的混淆不清可能会给接下来的工作带来不必要的困扰。为什么会这样呢？我们知道，在真实的世界里，每一个物体的长、宽、高，都有明确的尺寸，制作房屋模型一般都是以 m(米)为单位设置，那长、宽、高假设是：6 m×5 m×4 m。如果你设置的单位混淆不清的话，那么长、宽、高可能会变成这样：长 600 000 m、宽 500 000 m、高 400 000 m。这样就直接影响了你对三维体模型尺寸的判断，尺寸不能一目了然。因此，从现在开始，你就应该养成一个良好的习惯——正确地设置系统单位。

思考与练习

1. 简述室内场景的搭建流程。

答：更改系统尺寸；导入或制作户型平面线框图；制作墙体顶面地面；建立摄像机；深化场景；合并灯具、吊顶等；调用室内模型；添加材质。

2. 制作好的效果图需要注重哪些方面？

答：空间结构清楚，体量表达充分，光感自然，构图视觉平衡，色彩色调冷暖统一协调。

项目2　古朴的村落

学习目标

1. 能运用多边形的建模方法进行复杂场景模型的创建；

2. 了解及掌握UVW展开及Vray代理的使用方法，并为场景模型赋予材质；

3. 室外场景的布光思路及后期处理。

技能要求

1. 复杂建筑模型的创建方法及操作技巧；

2. 掌握Vray代理的使用方法；

3. 运用UVW展开制作场景，并为场景模型正确赋予材质；

4. 掌握室外场景布灯的基本操作方法。

任务1　制作古居模型——创建复杂建筑模型

☆情景描述

中国地域广阔，民俗民风各异，因此，中国古代民居的样式风格迥异。具有代表性的是北京四合院，西北的窑洞，安徽古居等。我们这里就不做具体的阐述，但总体上中国古民居可大致分为南北两类，它们的特点是：

北方民居	南方民居
平屋顶——晒谷物	大坡度屋顶——排水
门窗大——采光好	窗户小——防日晒
屋里有火炕——取暖	屋里有火塘——除湿
多用砖瓦土石——保温	多用竹木结构——凉爽
屋外壁颜色深——保温	屋外壁颜色浅——凉爽

考虑到画面设计包括了郁郁葱葱的树木，水湾等诸多具有南方特性的事物，所以，我们选择南方民居作为这个场景的“主角”。按照我们制作的惯例，在正式制作前，需要充足的参考照片，以下两张照片表现的就是南方民居：

图 2.1.1

照片上所显示的民居具有很明显的南方民居的特点，我们在制作民居模型时也要充分考虑到南方民居的特点，具体的一些细节我们可以依据参考图片，自由发挥。

☆相关知识与技能点

1. 复杂建筑模型的创建方法及操作技巧；

2. 运用 UVW 展开制作场景，并为场景模型正确赋予材质。

☆工作任务

1. 实践操作

整个模型的制作我们也要分为三个阶段逐次完成：屋顶的创建、墙体的创建、材质贴图的制作。下面逐一介绍：

1)屋顶的创建

(1)启动 3DS Max 9。设置单位为厘米。

(2)进入创建面板，单击 Box 按钮，在 top 视图中，创建一个方形体。

(3)设置方形体属性，长、宽、高分别为 400 cm，900 cm，300 cm，长度方向的片段数值为 2。

(4)将光标放到方形体之上，单击右键，鼠标移动到“Convert To”(转换)，弹出的选项中，选择左键单击确认“Convert to Editable Poly”(转为可编辑的多边形)。

(5)进入“Editable Ploy”的“Edge”(边)层级后，选择方形体的中间的片段线，如图 2.1.2 所示。

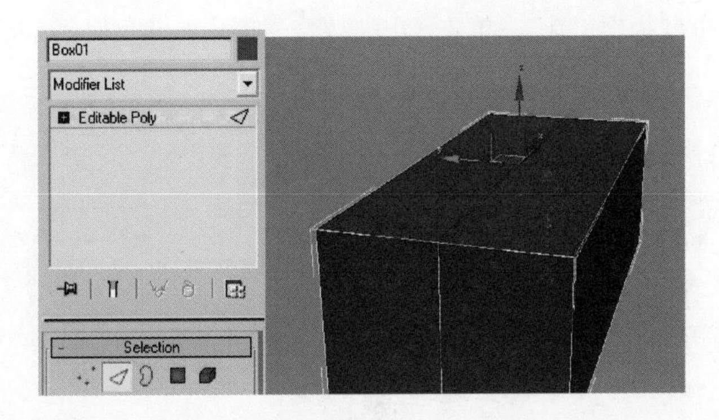

图 2.1.2

(6)将光标放置在图标上，单击右键，在弹出的面板中，将 Z 轴的数值改成 400 cm，方形体效果如图 2.1.3 所示。

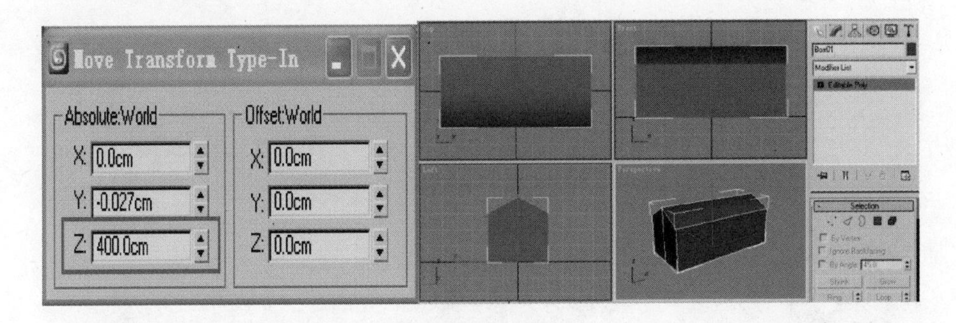

图 2.1.3

(7)进入“Polygon”子层级，选择屋顶的两个面，如图 2.1.4 所示。

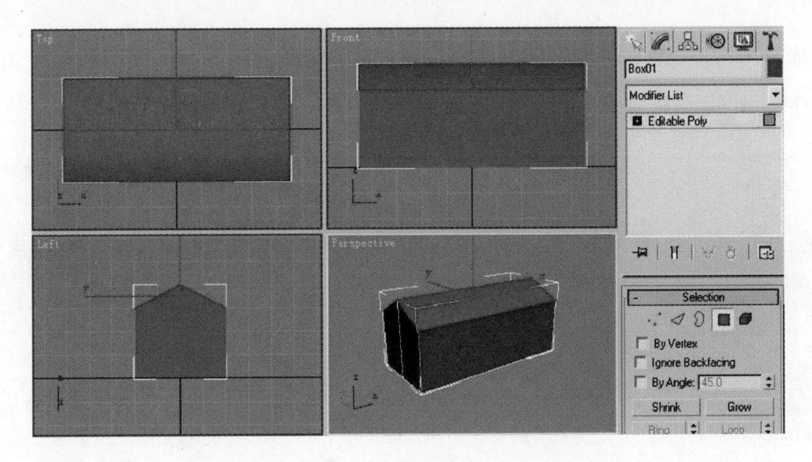

图 2.1.4

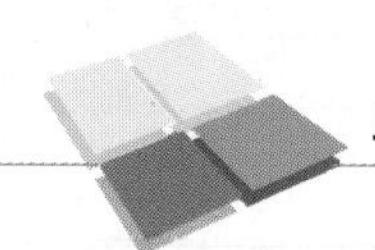

(8)在编辑面板中的[- Edit Geometry]，左键单击[Detach](分离)，在弹出的面板中，将新物体命名为“屋顶”，单击 OK 按钮，如图 2.1.5 所示，

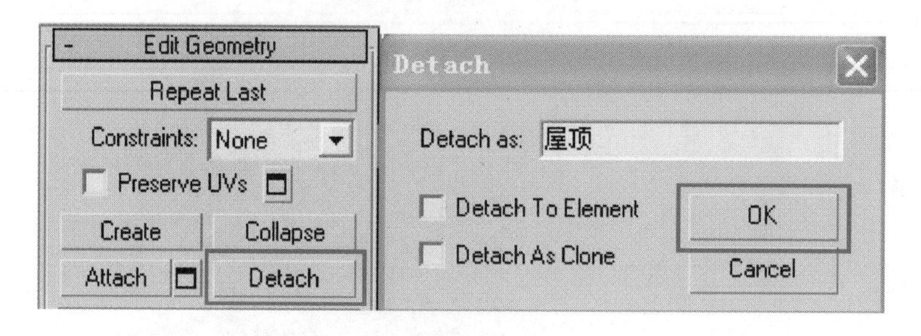

图 2.1.5

说明：Detach 后如果默认不选任何选项，那么分离的物体是一个独立的物体。

(9)选择“屋顶”，鼠标右键单击，在弹出的菜单中，选择[Isolate Selection]，此时画面只显示“屋顶”，如图 2.1.6 所示。

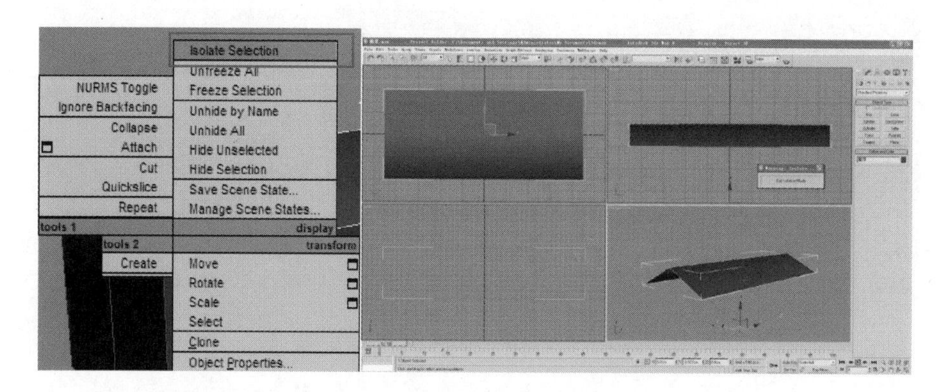

图 2.1.6

(10)选择“屋顶”两侧的四根边缘线，在“Edge”层级下，左键单击“Connect”旁边的[□]，在弹出的面板中，更改参数如图 2.1.7 所示，单击 OK 按钮。

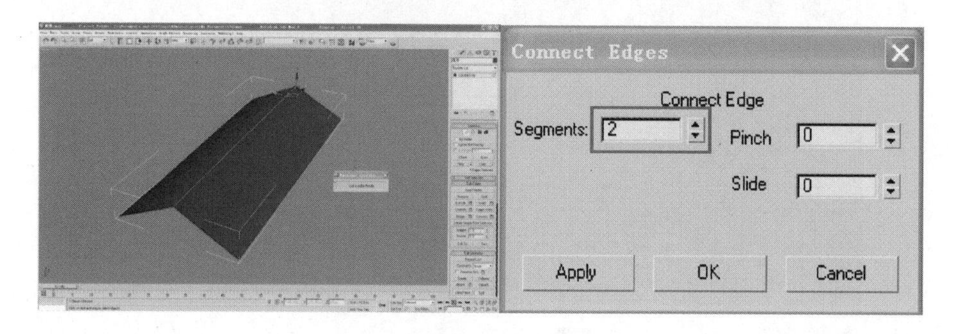

图 2.1.7

(11)选择新增加的线，向下略微移动到图示 2.1.8 所示位置，进入“Polygon”层级，选择中线一侧的面。

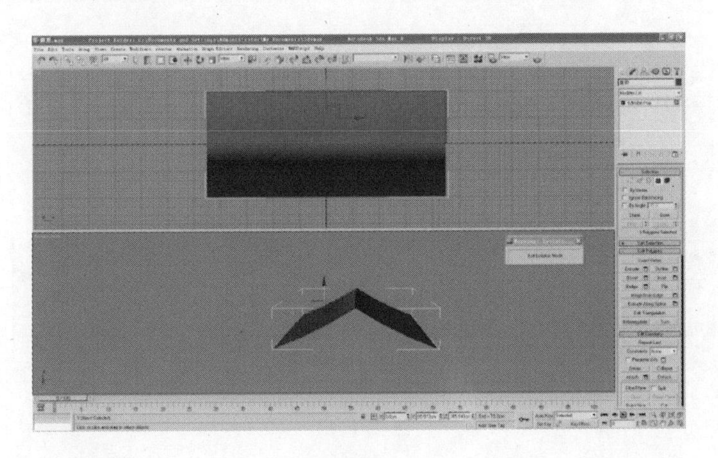

图 2.1.8

(12)将选择的面删除，退出“Polygon”层级，保持“屋顶”被选择的状态，在编辑列表中选择 Symmetry ，如图 2.1.9 所示。

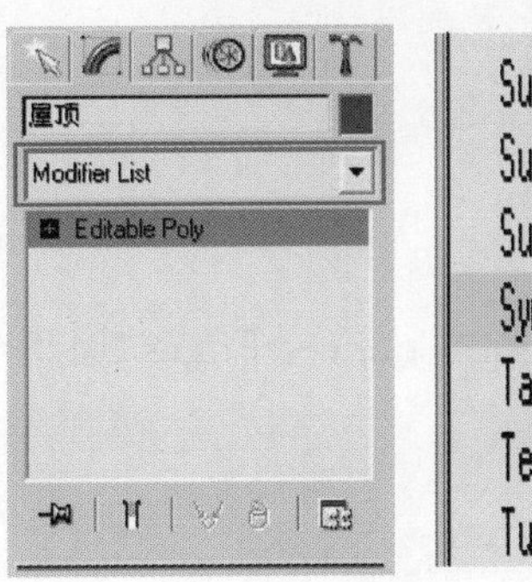

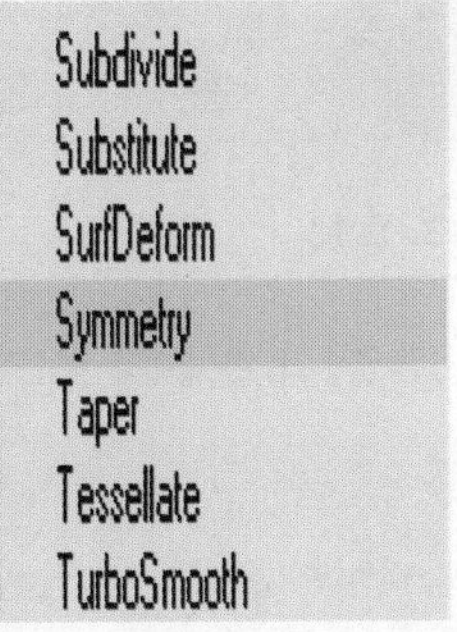

图 2.1.9

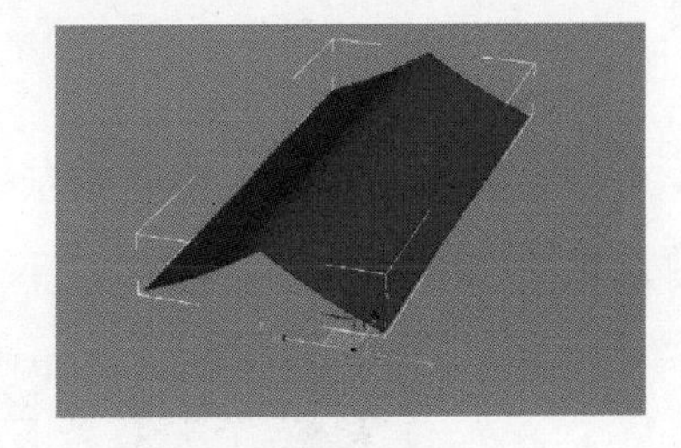

图 2.1.10

(13)将“Symmetry”修改器的参数按照如图所示设置，一半的屋顶就会被镜像出另外一半，如图 2.1.10 所示。

说明：在使用“Symmetry”的时候注意物体的对称轴，可能会出现错误现象，此时可调整物体的对称轴到正确位置。

(14)返回“Editable Poly”层级，进入 Edge 层级编辑，选择“屋顶”的边缘线，如图 2.1.11 所示，按住 Shift 键，鼠标左键拖拽出一个新的编辑面。

(15)选择如图 2.1.12 所示的线段，左键单击“Connect”旁边的□，在弹出的面板中，按照图示设置参数。

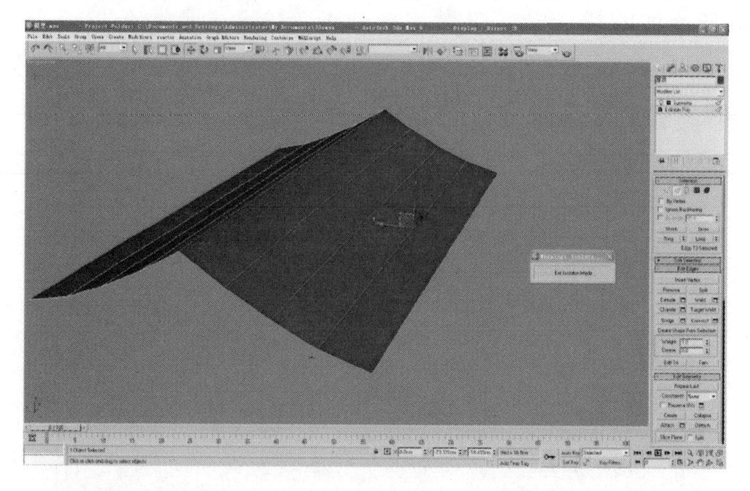

图 2.1.11

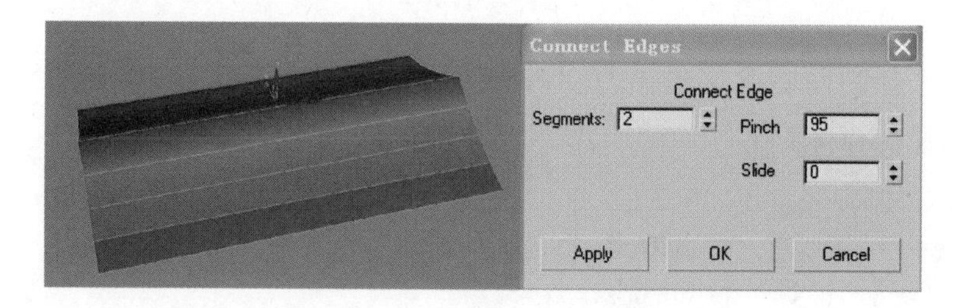

图 2.1.12

(16)如上一个步骤，按照图示 2.1.13 选择线段，在“Connect Edges”面板中的参数设置如图 2.1.13 所示。

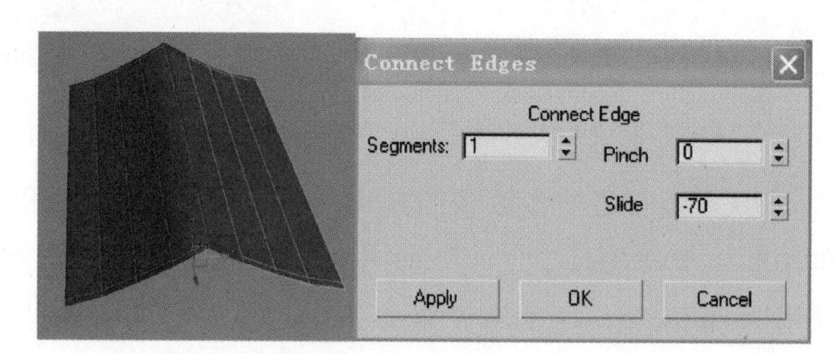

图 2.1.13

(17)单击编辑面板下方的，将其状态改为。然后进入“Editable Poly”的“Polygon”层级，选择图示的面，左键单击“Extrude”旁边的，设置如图 2.1.14 所示。

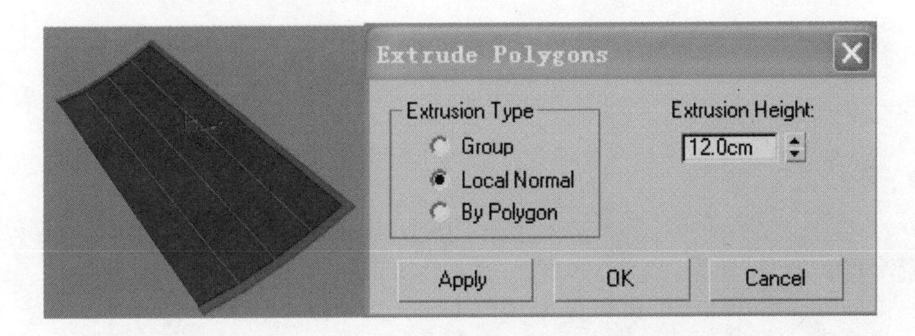

图 2.1.14

(18)选择这些面，在 left 视图中，将它们移动到图示 2.1.15 所示位置。

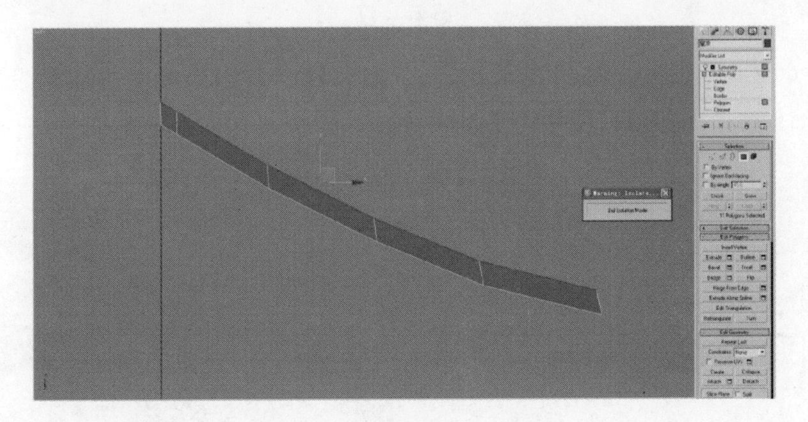

图 2.1.15

(19)选择左右对称物体的相接面，如图 2.1.16 所示，将选择的面删除。

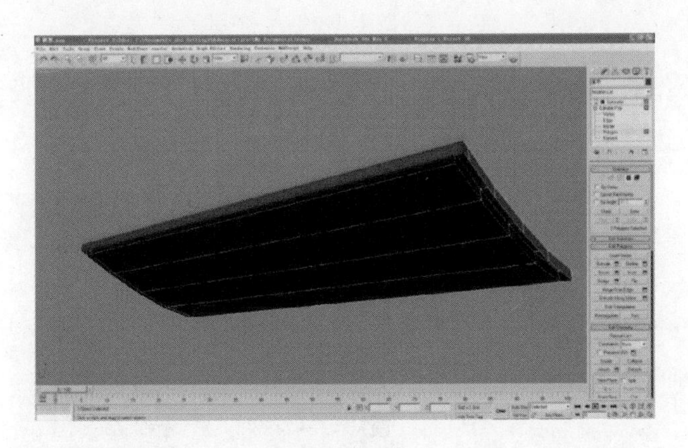

图 2.1.16

(20)选择图 2.1.17 中所示的线段，单击“Loop”(循环)，整个上部的边缘线都会被选择。

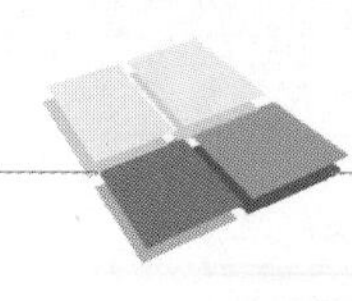

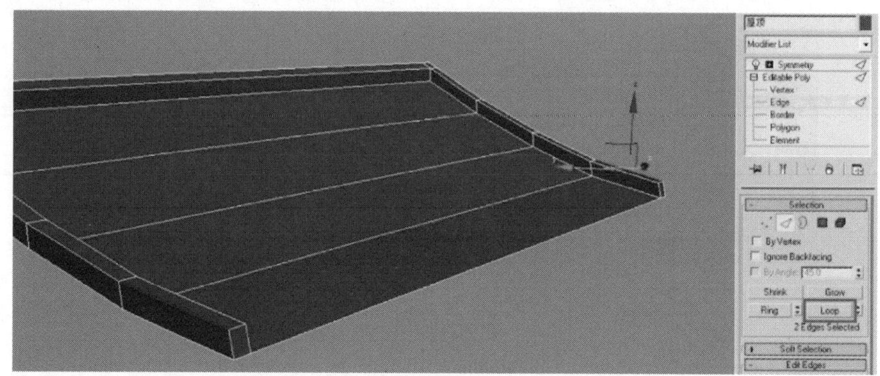

图 2.1.17

(21)左键单击“Chamfer”(倒角)旁边的▣，在弹出的面板进行参数设置，选择如图 2.1.18 所示的线段，按照之前的操作步骤，进行相同参数的设置操作。

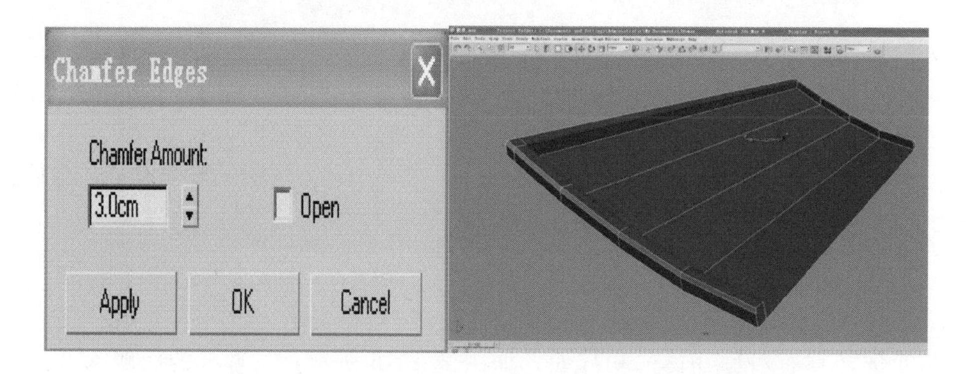

图 2.1.18

(22)完成操作后，回到编辑面板的“Symmetry”层，按照图示设置参数，这样，左右两个屋顶的边缘就会自动缝合，效果如图 2.1.19 所示。

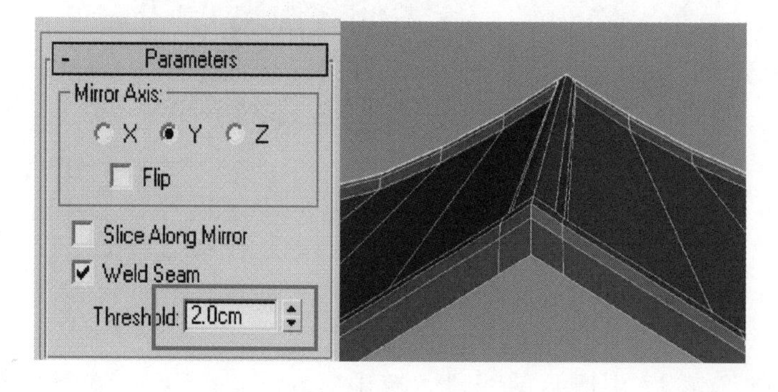

图 2.1.19

(23)返回“Editable Poly”层，仿照之前的操作，利用“Loop”命令，选择如图 2.1.20 所示的线段。

图 2.1.20

(24)左键单击“Chamfer”旁边的▢，在弹出的面板，参数设置如图 2.1.21 所示。

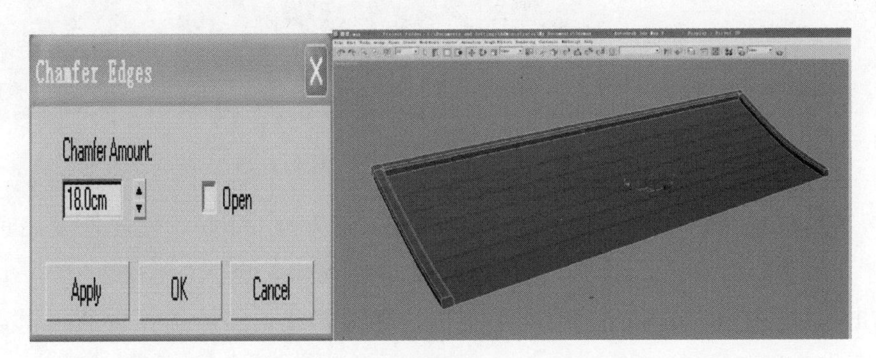

图 2.1.21

(25)进入“Polygon”层级，选择图示的面，单击“Detach”(分离)，在弹出的面板中，将参数按照图示 2.1.22 设置。

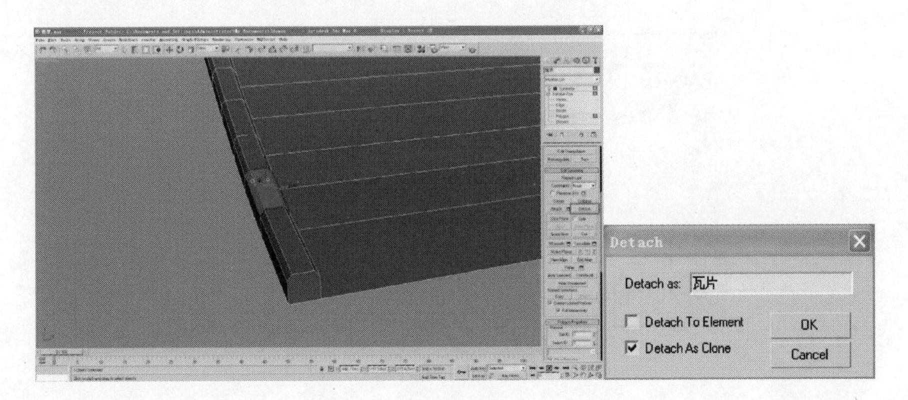

图 2.1.22

说明：选择“Detach | Detach as Clone”相当于把所选对象复制一份。

(26)选择“瓦片”，如图 2.1.23 所示，在“Hierarchy”(层次)面板中，激活“Affect Pivot Only”后，单击“Center to Object”，物体坐标就会位于物体中央，便于我们以后对它的编辑操作。

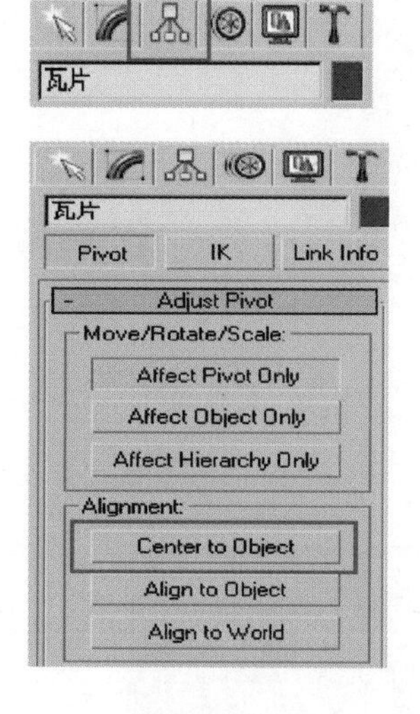

图 2.1.23

图 2.1.24

(27)物体坐标归于物体中央后，单击“Affect Pivot Only”，使之恢复之前的状态，将“瓦片”移动，离开“屋顶”物体，便于单独编辑，进入“瓦片”的“Vertex”层级，单击“Cut”命令，在“瓦片”中间切割出一条编辑线，然后选择它的编辑点，调整它的形态如图 2.1.24 所示。

(28)保持“瓦片”被选择的状态，在编辑列表中选择“Shell”(壳)，如图 2.1.25 所示。

图 2.1.25

(29)“Shell”层级参数设置，如图 2. 1. 26 所示。

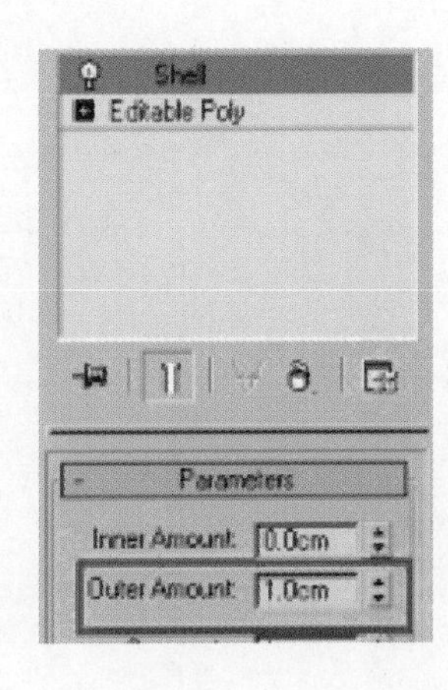

图 2. 1. 26

(30)现在瓦片的外形已经完成，但是由于片段线的原因，模型表面看上去会有棱角，而且瓦片需要大批量的复制，面数控制至关重要，这里就不能用增加编辑面或者光滑的办法去处理；所以我们返回“Editable Poly”层级，在“Subdivision Surface”(细分曲面)栏，打开光滑命令，但是设置的数值为 0，如图 2. 1. 27 所示。

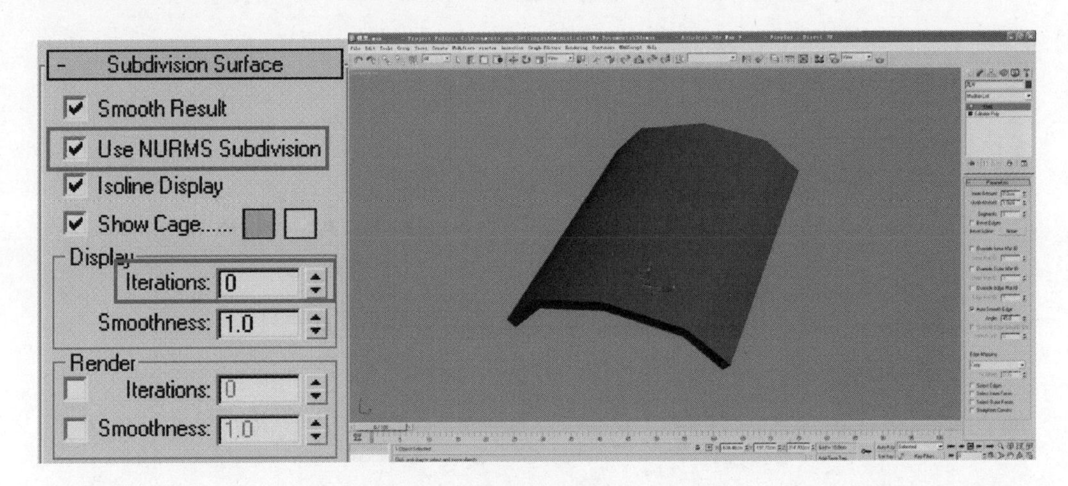

图 2. 1. 27

(31)现在我们需要赋予“瓦片”一个 UV 坐标，如图 2. 1. 28 所示，在编辑栏中选择“UVW Mapping”(UVW 贴图)。

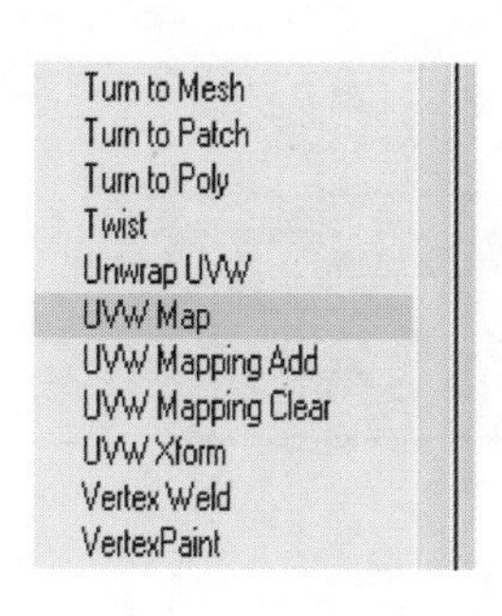

图 2.1.28

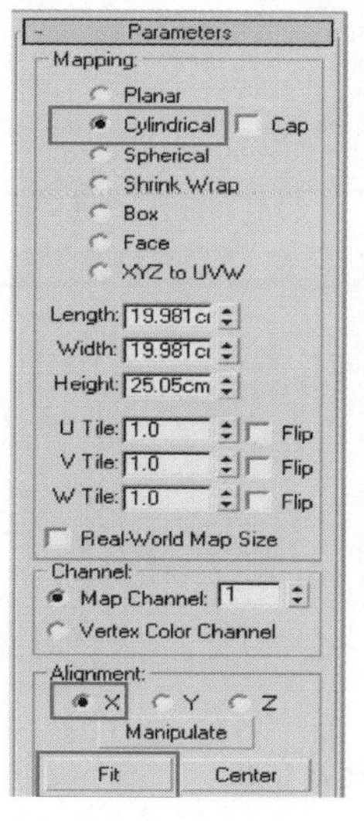

图 2.1.29

(32)参数设置如图 2.1.29(左)所示。到此，“瓦片”的模型我们就完成了。下面我们将利用路径排列，将“瓦片”排列在屋顶上。

(33)选择“屋顶”，进入“Edge”层级，选择如图 2.1.30 所示的线段。

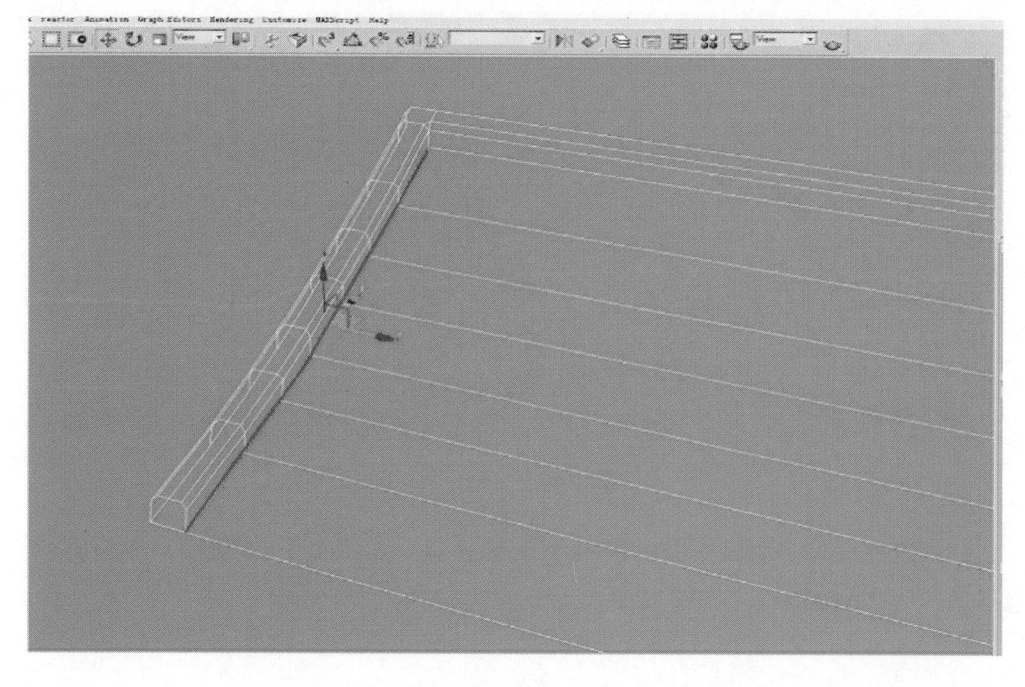

图 2.1.30

(34)单击 Create Shape From Selection ，在弹出的面板中，如图 2.1.31 所示的设置，单击 OK 按钮确认。

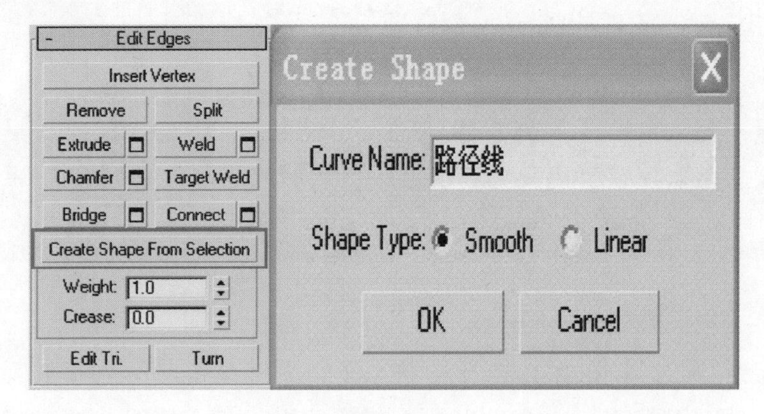

图 2.1.31

(35)重复(26)的操作，将"路径线"的坐标归于物体中央，如图 2.1.32 所示。

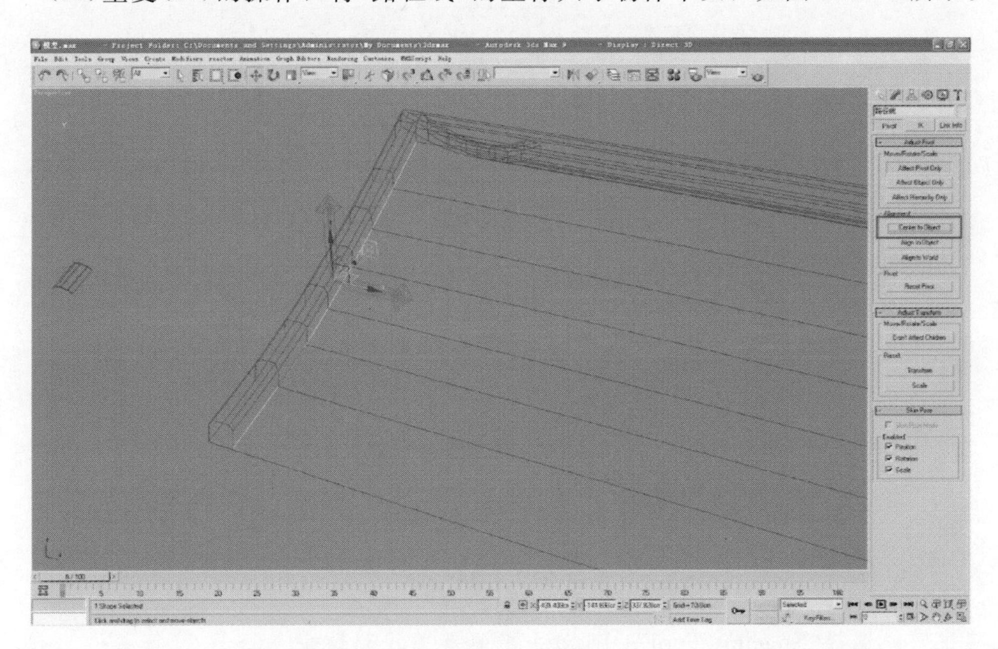

图 2.1.32

(36)将光标放到菜单栏，右键单击，在弹出的下拉菜单中选择"Extras"，会出现一个新的命令条，如图 2.1.33 所示。

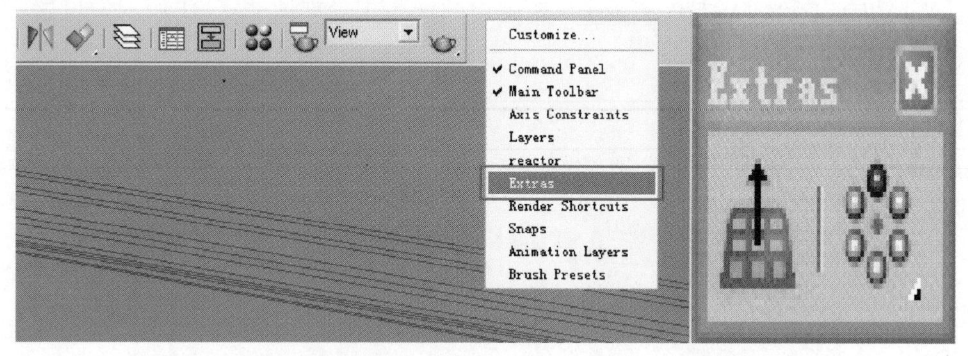

图 2.1.33

(37)选择“瓦片”，在保持选择的状态下，左键单击 ，在下拉菜单中选择“Spacing Tool”(间隔工具)，会弹出一个新的编辑面板，如图 2.1.34 所示，单击“Pick Path”(拾取路径)，然后选择刚刚创建的“路径线”。

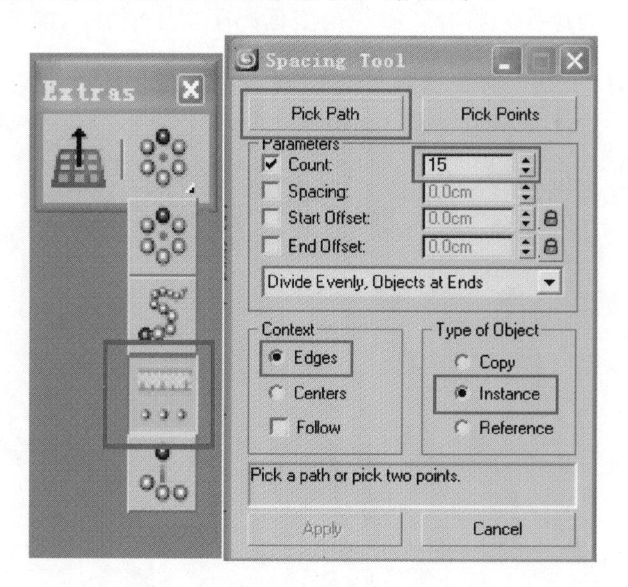

图 2.1.34

说明：选择“Spacing Tool”也可单击工具菜单找到该命令。

(38)总体数量设置为 15，在旋转视图观察时，复制出的“瓦片”会消失，此时，只需改变一下“Count”值，“瓦片”就又出现了，单击“Apply”确认，我们就能将“Spacing Tool”编辑面板关掉了，效果如图 2.1.35 所示。

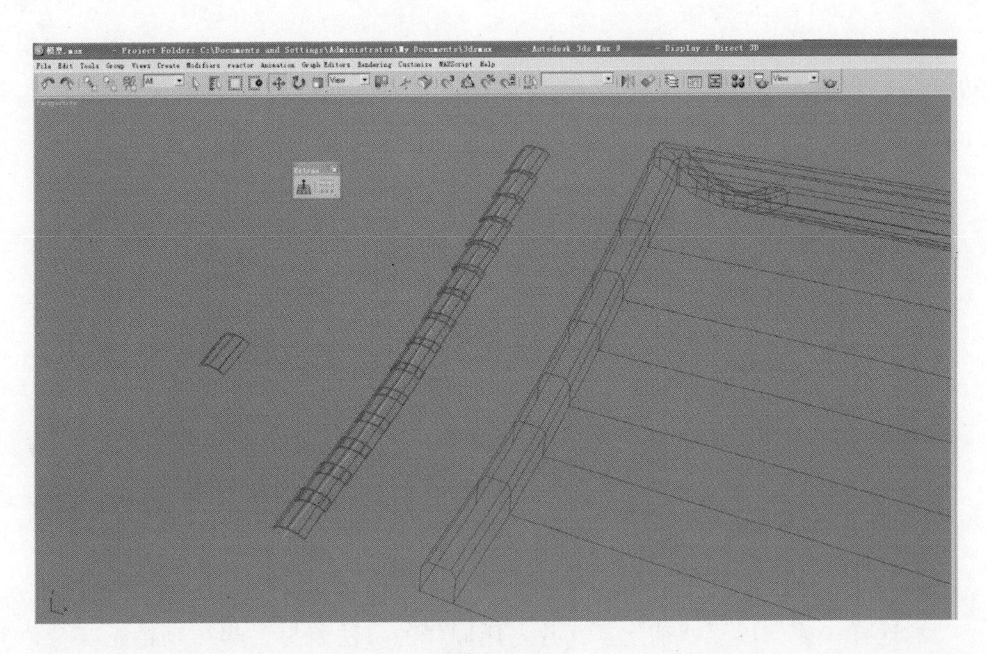

图 2.1.35

(39)复制出的“瓦片”位置还需要微调，做到上一个压住下一个的效果，调整完毕后，选择刚复制出的所有的“瓦片”，编辑为一个群组，在弹出的面板中取名“瓦片组”，如图 2.1.36 所示。

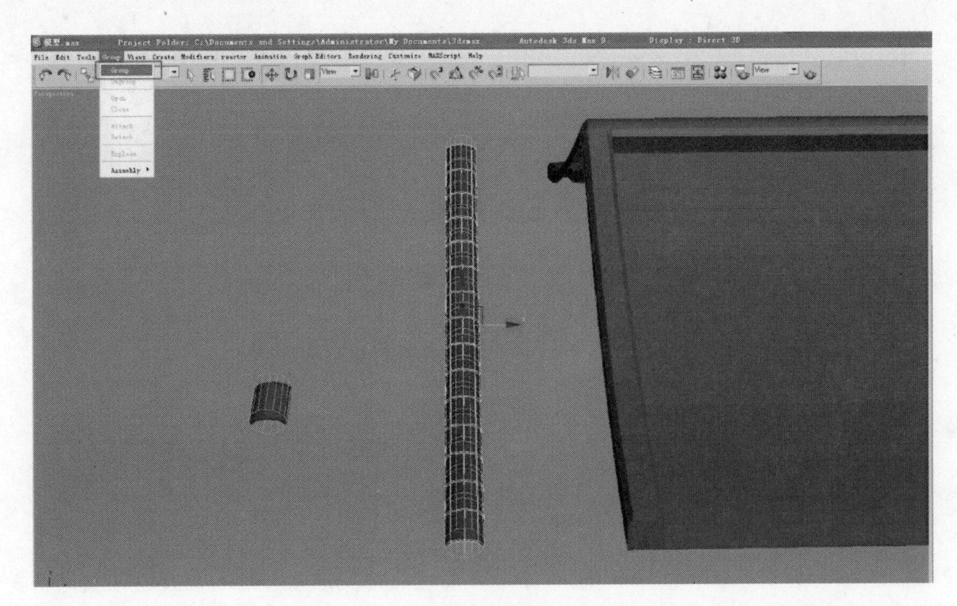

图 2.1.36

(40)选择成组的瓦片，放置在屋顶上，按住“Shift”键，复制一个新的瓦片组到旁边位置，设置弹出的面板中的参数如图 2.1.37 所示，复制效果如图 2.1.38 所示。

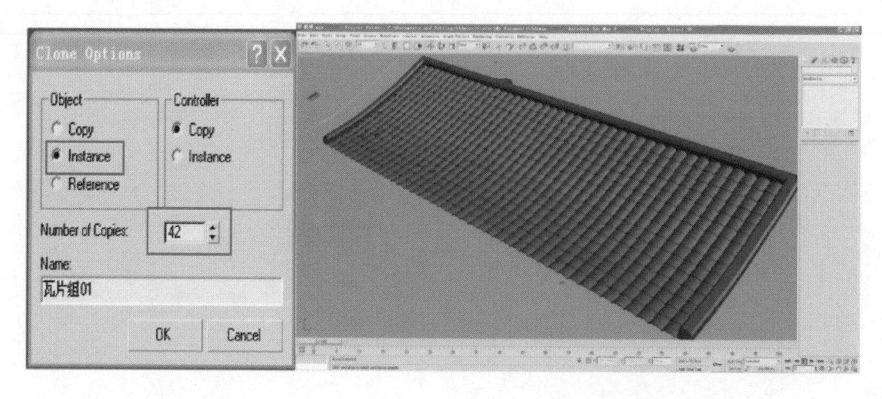

图 2.1.37 **图 2.1.38**

(41)这样一侧的屋顶就铺上了瓦片，用同样的方法将另一半屋顶铺上瓦片，复制的模式仍然选择“Instance”，至此屋顶的模型就完成了，最终效果如图 2.1.39 所示。

图 2.1.39

2)墙体的创建

(1)单击“Exit Isolation Mode”(退出孤立模式)，显示出墙体，再选择物体Box01，将名称改为墙体。

(2)选择“墙体”，鼠标右键单击，在弹出的菜单中，选择 Isolate Selection (孤立当前选择)，此时画面只显示“墙体”，如图 2.1.40 所示。

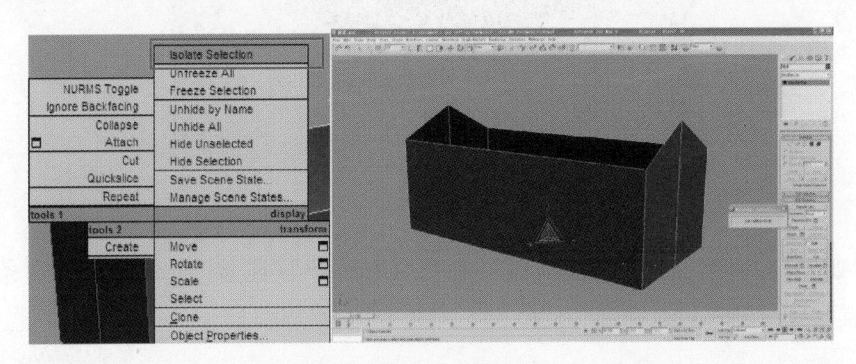

图 2.1.40

(3)如图选择线段，利用“Connect”命令，建立两条线条，参数设置如图 2.1.41 所示。

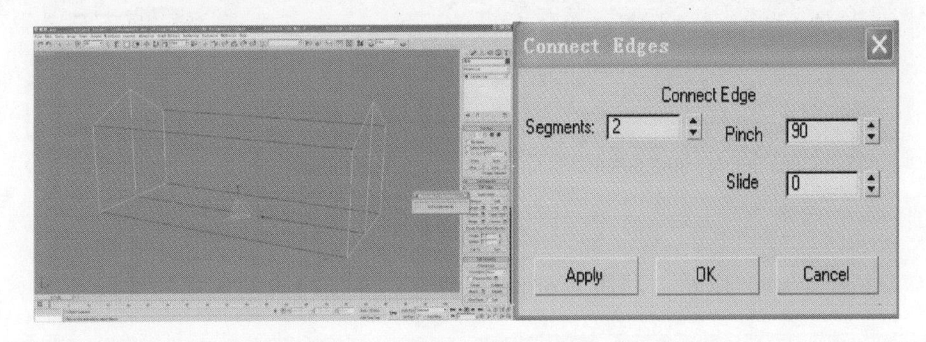

图 2.1.41

(4)选择图示的面，单击“Extrude”(挤出)后边的设置方块，参数如图 2.1.42 所示。

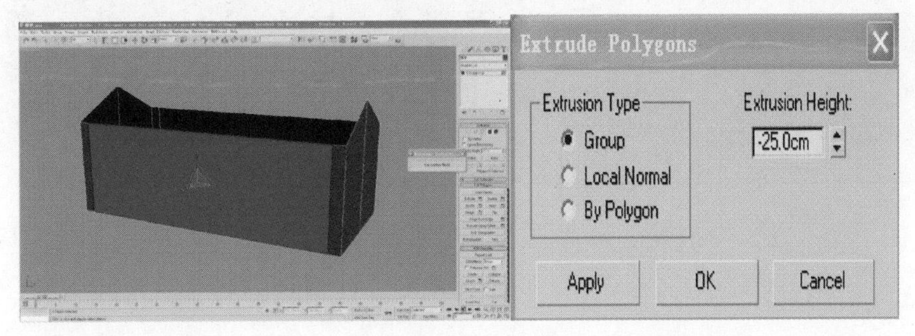

图 2.1.42

(5)如图 2.1.43 选择“墙体”底面的所有面，删除。

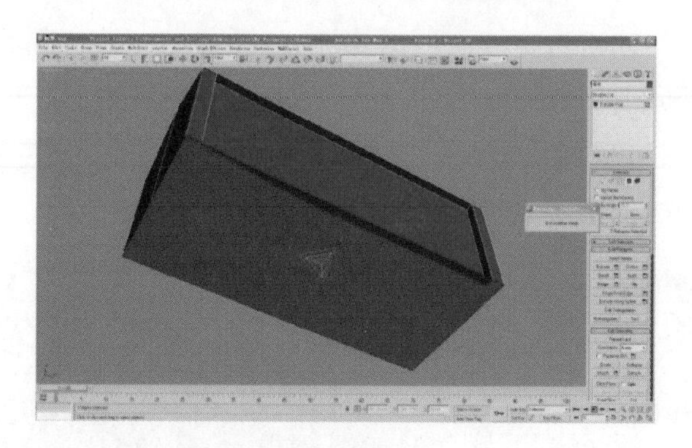

图 2.1.43

(6)如之前一样，如图选择线段，利用“Connect”(连接)命令，建立两条线段，参数设置如图 2.1.44 所示。

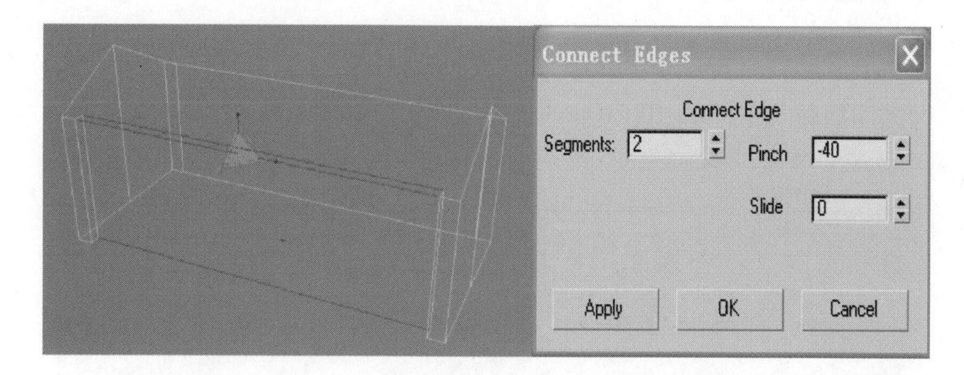

图 2.1.44

(7)如图 2.1.45 所示，利用“Connect”命令，连接两条新建立的线段。

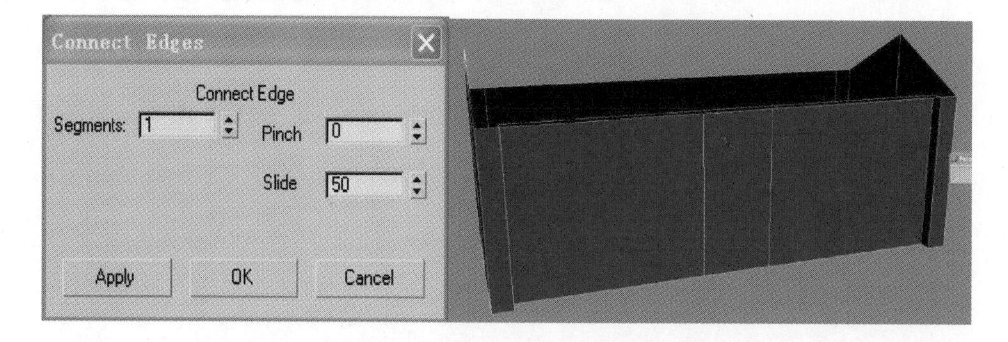

图 2.1.45

(8)选择图示的面，单击“Extrude”后边的设置方块，参数如图 2.1.46 所示。

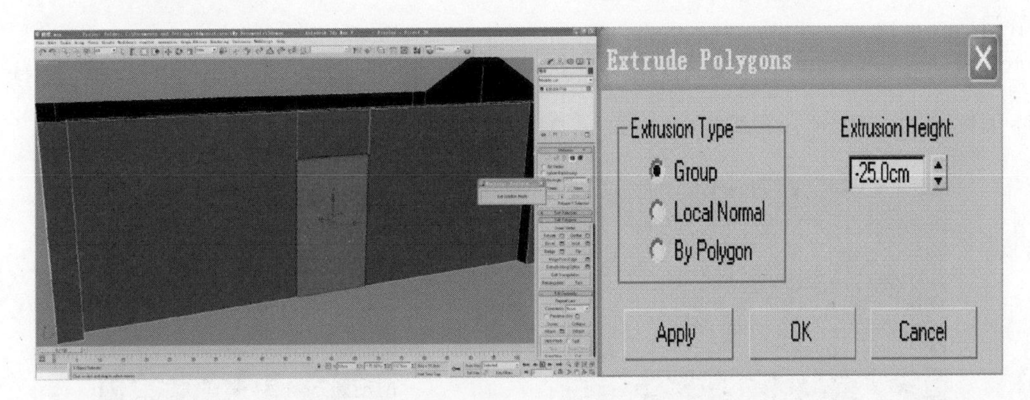

图 2.1.46

(9)选择如图 2.1.47 所示的面，删除。

图 2.1.47

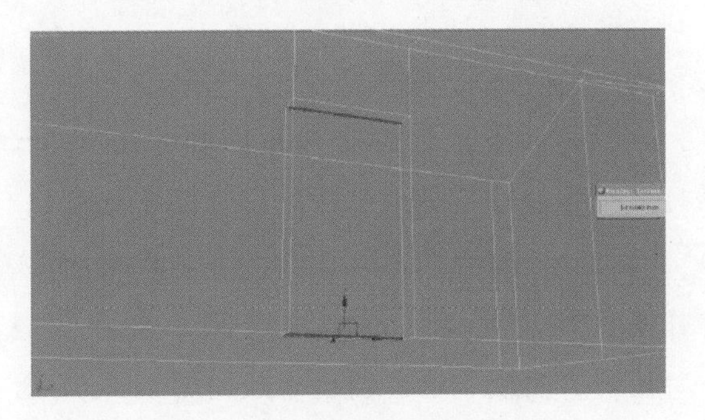

图 2.1.48

(10)选择图 2.1.48 所示的线段，使用“Connect”命令，建立连接线段；

(11)选择图示中新切割出来的面，使用“Detach”命令，将“面”从“墙体”中独立出来，弹出的面板的参数设置如图 2.1.49 所示。

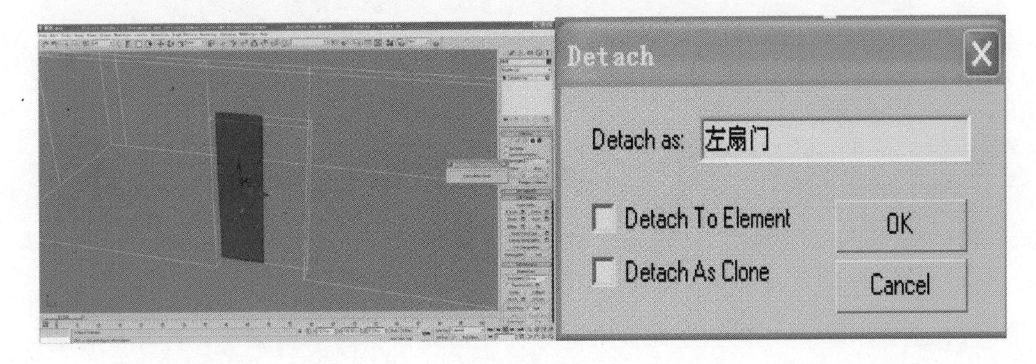

图 2.1.49

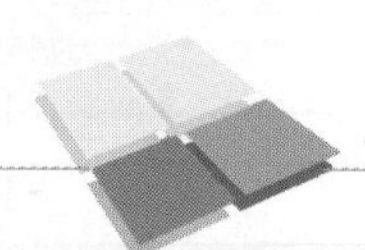

(12)使用相同的方法，将剩下的半边“面”也独立处理，“Detach as”为“右扇门”。

(13)选择“右扇门”，在“Hierarchy”面板中，激活“Affect Pivot Only”后，将物体坐标移至图中所示位置，再次单击“Affect Pivot Only”按键，如图 2.1.50 所示。

图 2.1.50

图 2.1.51

(14)如图 2.1.51 使用相同的方法，将“左扇门”的物体坐标也做同样处理，坐标调整正确后，我们就可以轻易地正确旋转“门”了。

(15)下面我们来制作门框，其实很简单，利用基础的 Box 物体，就可以完成制作了，但是这里我们尝试着用一种新方法来做。首先在创建物体面板中选择“Shapes”模块，单击创建一条如图 2.1.52 所示的围绕门边缘的线段。

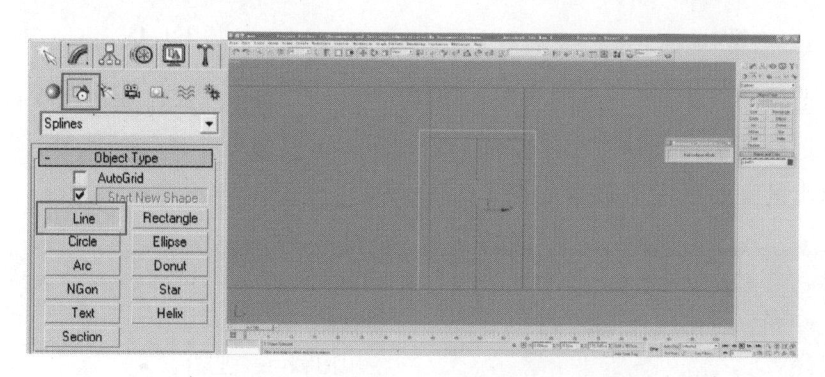

图 2.1.52

(16)在“Shapes”模块，创建一个封闭的方形线框 Rectangle；Length＝3.8 cm，Width＝18.0 cm。

(17)选择 Line01，在创建面板中，打开几何体面板的下拉菜单，选择复合物体一项，单击“loft”(放样)命令。

(18)在“loft”编辑面板中，单击“Get Shape”，之后选择刚刚建立的 Rectangle01，如图 2.1.53 所示。

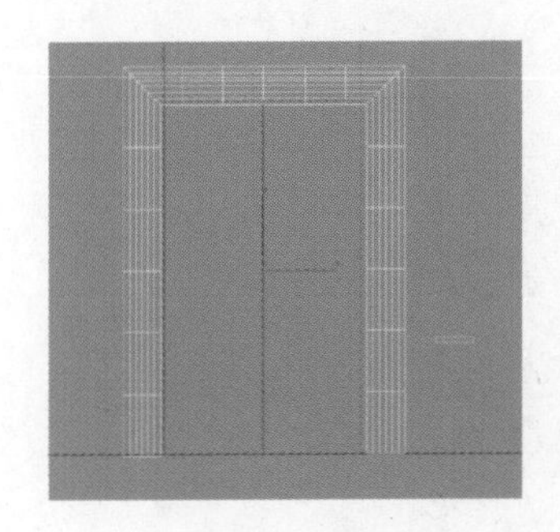

图 2.1.53

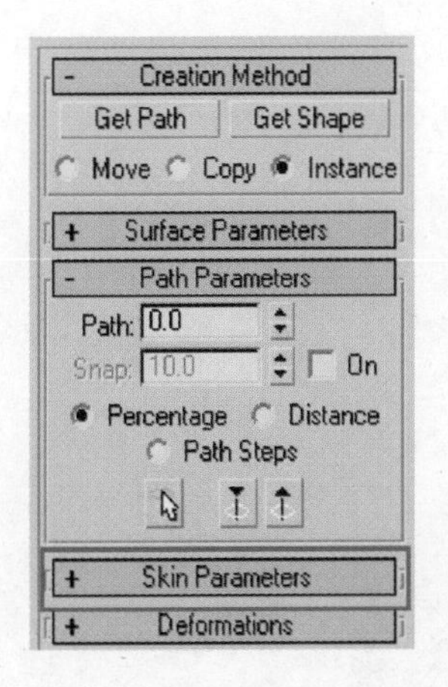

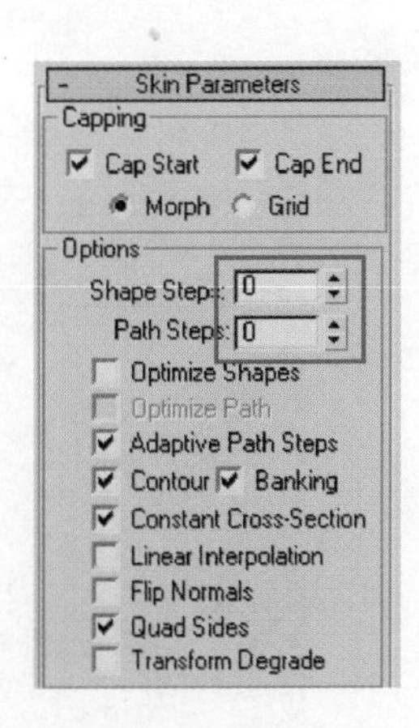

图 2.1.54

(19)打开如图所示的编辑面板项，参数设置如图 2.1.54 所示。

(20)将 Loft01 名字改为门框，并移到外墙位置，如图 2.1.55 所示。

图 2.1.55

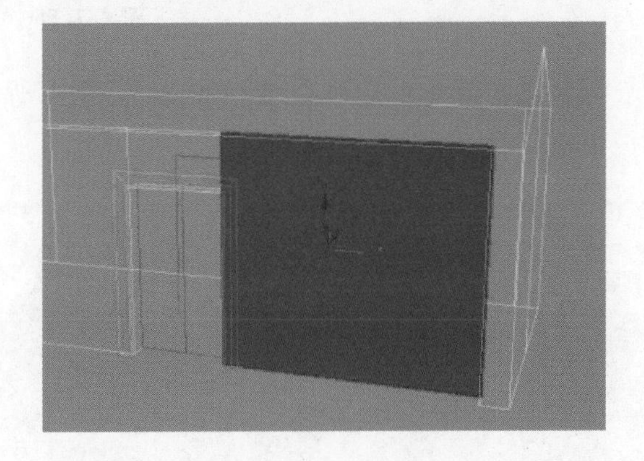

图 2.1.56

(21)下面我们在墙体上制作窗口，选择如图 2.1.56 中的面，单击“Inset”后面的□，在弹出的面板中，按照图 2.1.57 所示设置参数。

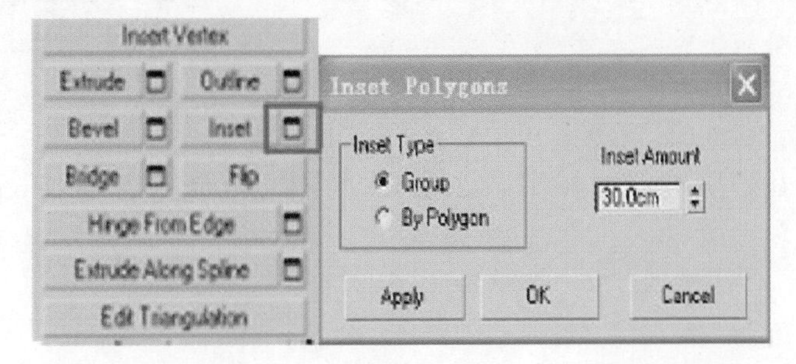

图 2.1.57

(22)单击“OK”后，我们用缩放命令，缩小这个面，并移动到如图 2.1.58 所示位置。

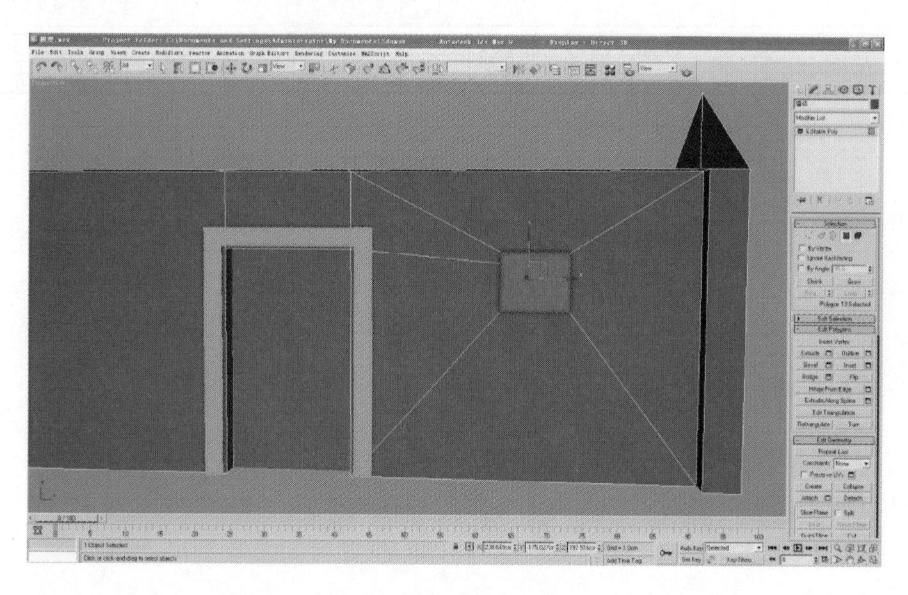

图 2.1.58

(23)返回“Edge”层级，选择图 2.1.59 中所示线段，单击鼠标右键，在弹出的面板中选择“Remove”。

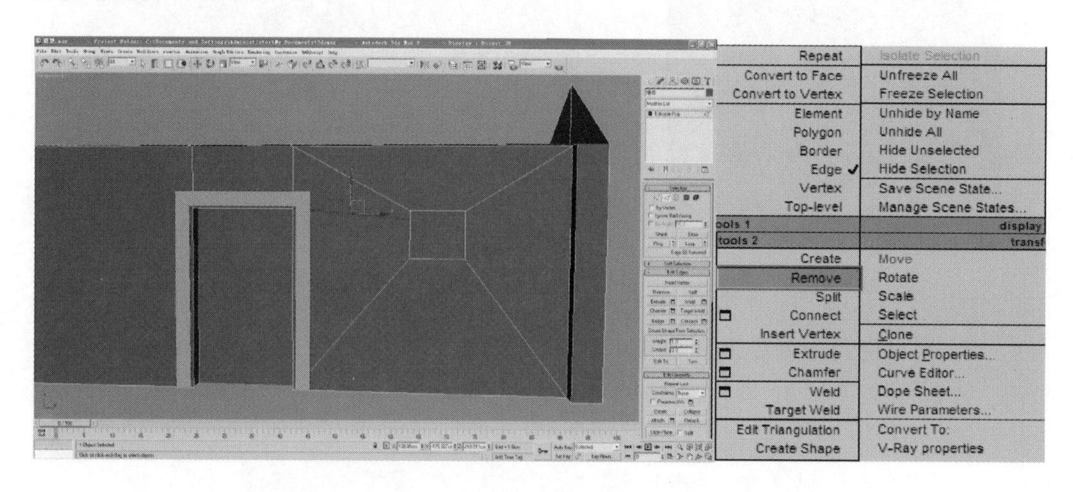

图 2.1.59

(24)在“Vertex”层级，选择图示 2.1.60 的点，也使用右键“Remove”命令，去掉多余的编辑点。

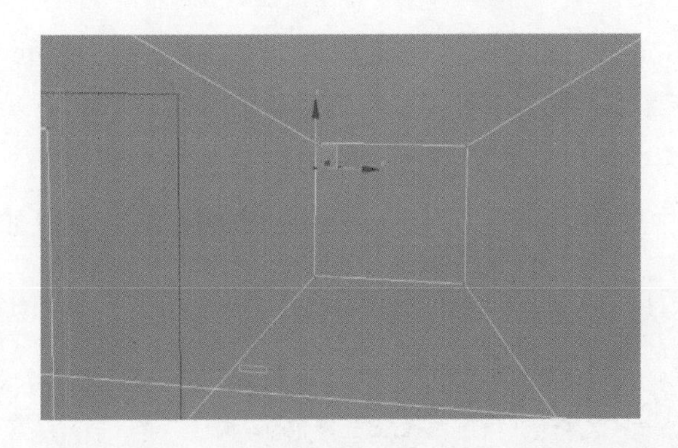

图 2.1.60

(25)回到“Polygon”层级，选择刚进行缩小处理的面，单击“Extrude”后面的，在弹出的面板中设置参数如图 2.1.61 所示。

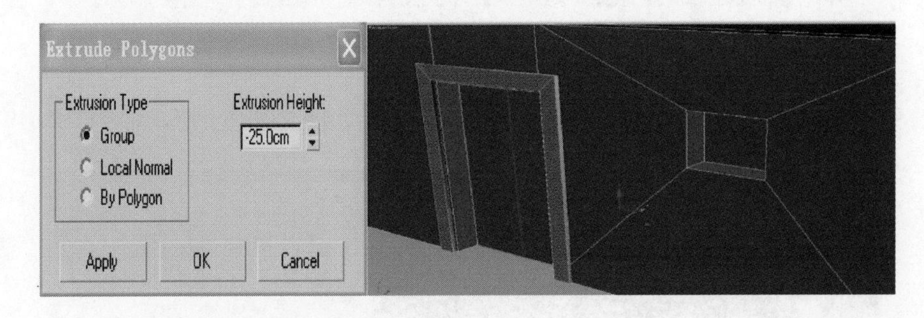

图 2.1.61

(26)选择刚进行挤压的面，使用“Detach”命令，弹出的面板中，设置“Detach as”为“窗户 01”。

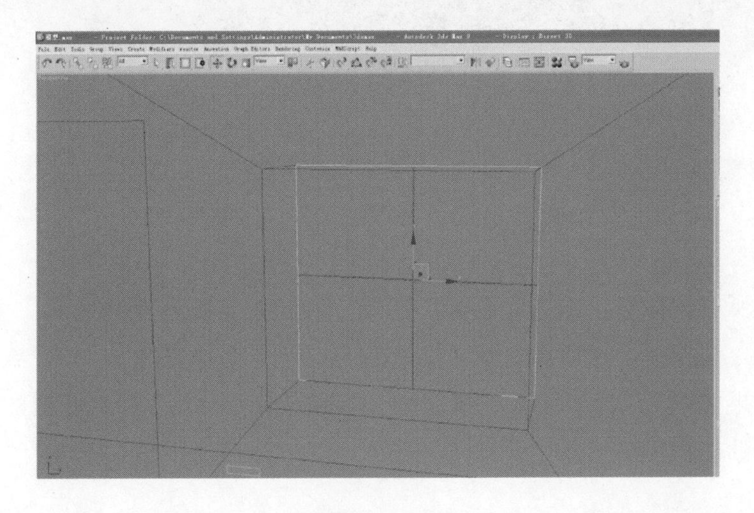

图 2.1.62

(27)选择新建立的“窗户 01”，运用之前学习过的“Connect”命令，创建如图 2.1.62所示的交叉线，并选择。

(28)然后单击“Chamfer”后边的▣，弹出的面板参数设置为 1.5 cm。

(29)选择图示中的面，单击“Extrude”旁边的▣，参数设置如图 2.1.63 所示。

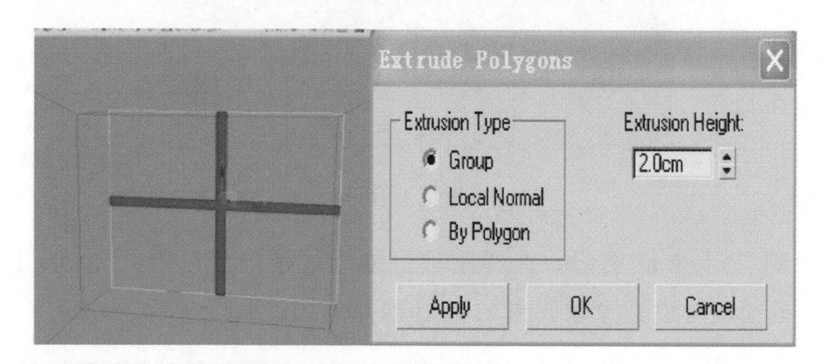

图 2.1.63

(30)按照这个方法，制作出墙壁两侧的窗户，如图 2.1.64 所示。

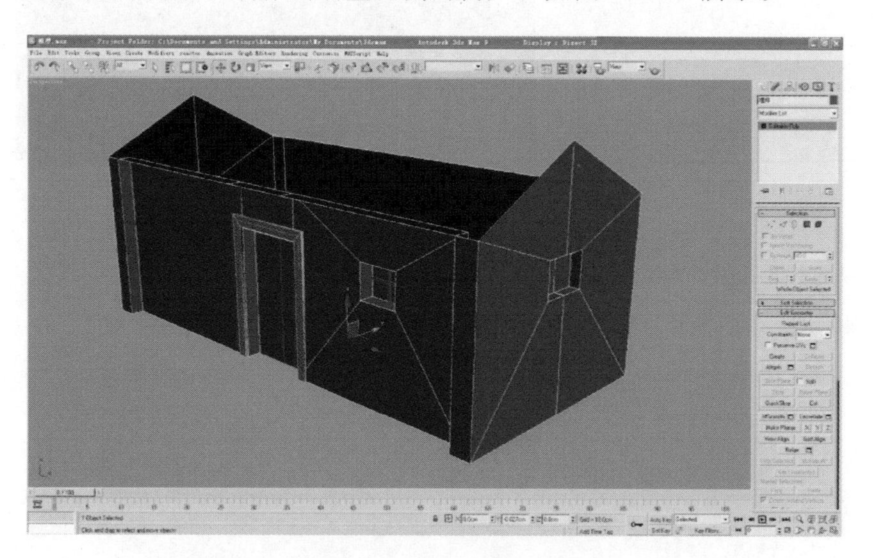

图 2.1.64

(31)将所有物体显示出来，全选，选择一种蓝色，统一整体色调，然后打开材质编辑面板，选择一个材质球，赋予所有物体材质。

(32)效果如图 2.1.65 所示，到这一步我们已经完成了主要模型的制作工作，下一步就是贴图材质的工作了。

图 2.1.65

3)材质贴图的制作

(1)选择“瓦片组”，解组，选择物体“瓦片 01”，在屏幕中独立显示，如图 2.1.66 所示。

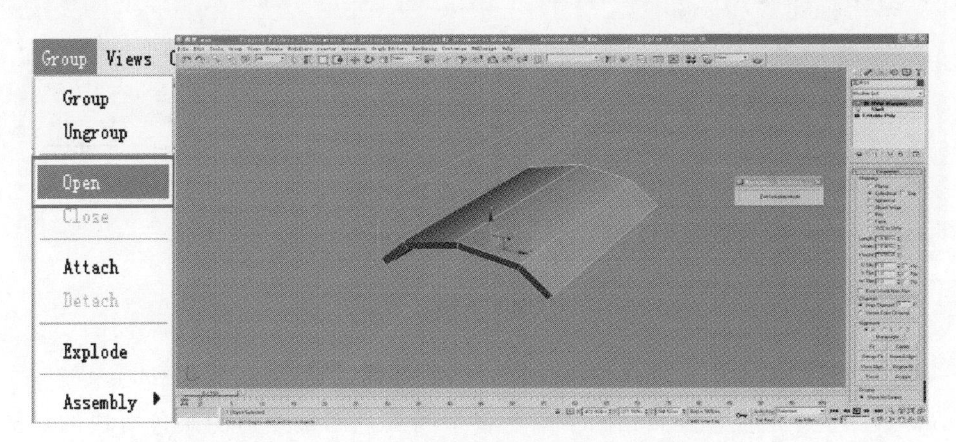

图 2.1.66

(2)打开材质编辑器，选择一个新的材质球，命名为“瓦片”。

(3)单击漫反射后面的贴图按钮为其进行贴图设置，在弹出的面板中，选择“Gradient Ramp”(渐变坡度)，在它的设置面板中，参数设置如图 2.1.67 所示。

(4)选择最右边的滑块，单击右键，在弹出的面板中，选择“Edit Properties”，在弹出的面板中左键单击“None”，如图 2.1.68 所示。

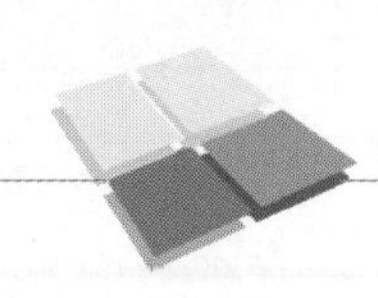

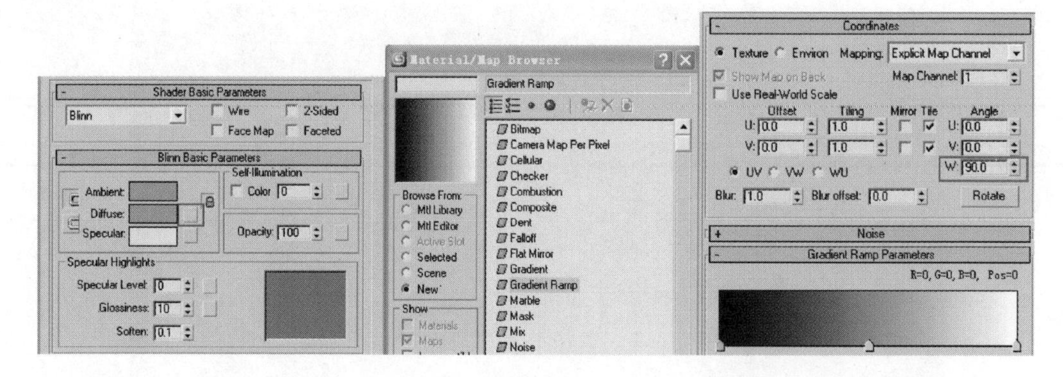

图 2.1.67

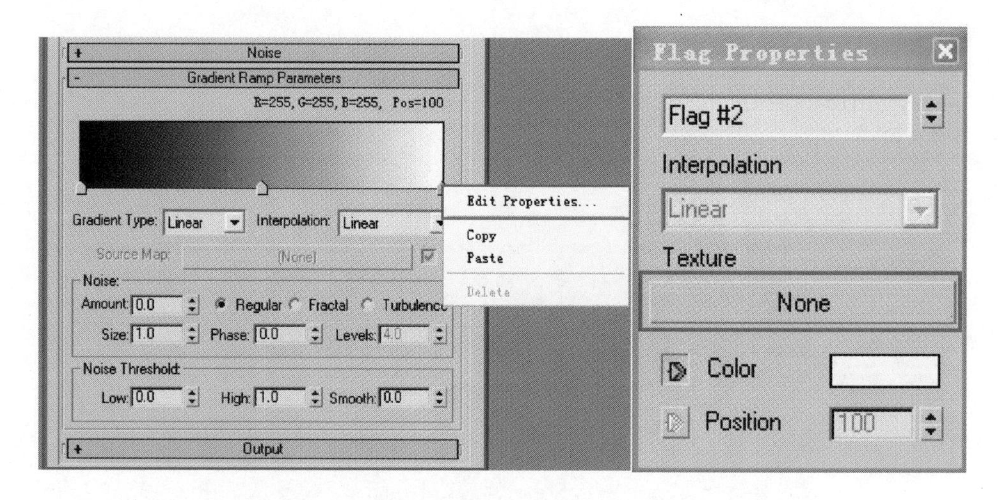

图 2.1.68

(5)在弹出的面板中，选择位图选项，然后选择素材中的“瓦片 02.jpg”。

(6)返回上一层极，按照相同步骤，将中间灰色和最左边的黑色滑块的贴图选择为“瓦片 01.jpg”，再将材质赋予物体“瓦片 01”，效果如图 2.1.69 所示。

(7)将所有瓦片隐藏，选择一个新的材质球，命名为屋顶，并赋予“屋顶”物体。

(8)单击漫反射项后面的贴图按钮，在弹出的面板中选择“Mix”。

(9)在“Mix”编辑面板中，单击混合方式的“None”，弹出的面板中，选择位图选项，然后选择素材中的“mask01.jpg”，如图 2.1.70 所示。

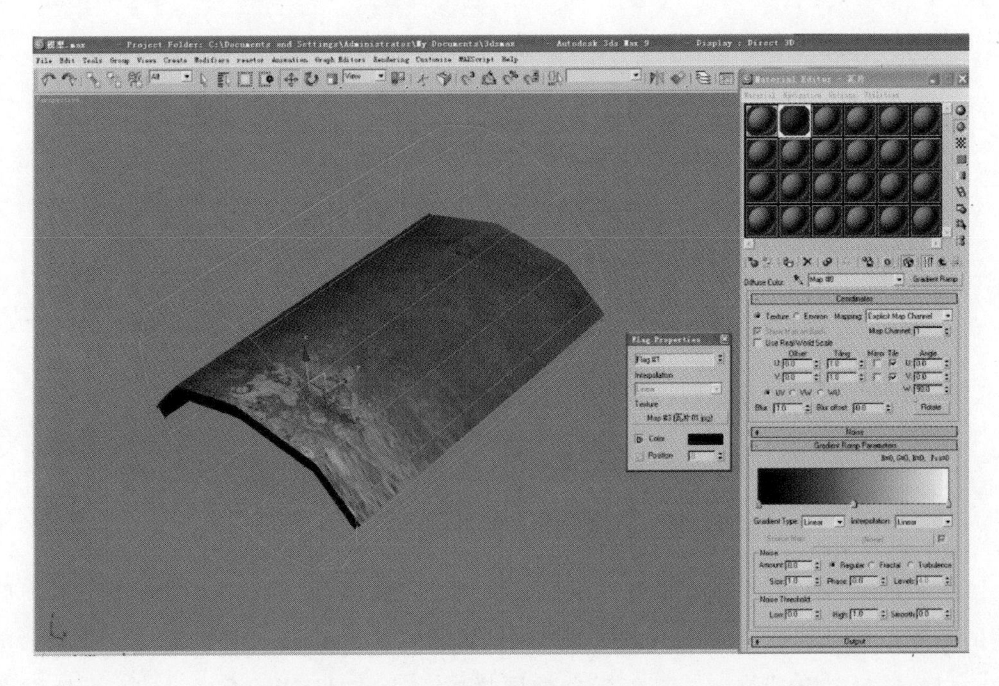

图 2.1.69

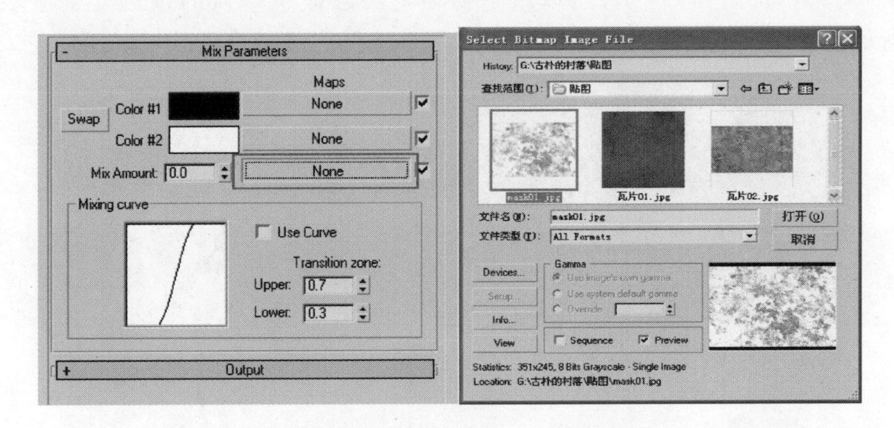

图 2.1.70

(10)步骤同上，单击“Color＃1”后面的“None”，选择位图选项，然后选择素材中的“屋顶 01.jpg”。

(11)返回上一层极，单击“Color＃2”后面的“None”，选择位图选项，然后选择素材中的“瓦片 01.jpg”。

(12)选择“屋顶”物体，在编辑器卷展栏中，选择“UVW Mapping”，设置参数如图 2.1.71 所示。

图 2.1.71

(13)选择“墙体”物体，再选择一个新材质球，命名为“墙体”，单击漫反射项后面的贴图按钮，选择位图，再选择素材中的“墙体 01.jpg”贴图文件。

(14)选择“墙体”物体，在编辑器卷展栏中，选择“UVW Mapping”，设置贴图类型为“Box”，将制作好的材质球赋予物体，注意显示材质的按键处于激活状态 。效果图如图 2.1.72 所示。

图 2.1.72

(15)选择“门框”物体，打开材质编辑器，再选择一个新的材质球，命名为“门框”，单击漫反射项后面的贴图按钮，选择位图，选择素材中的“门框 .jpg”文件。将该材质赋予“门框”物体。

(16)我们再新建立一个材质球，为“门”赋予材质，步骤同上，单击漫反射项后面的贴图按钮添加位图，选择素材中的“门.jpg”文件。将该材质赋予“门”物体。

(17)现在整个房屋就剩下窗户的材质没有制作了，下面我们通过多维子材质的材质类型来完成窗户的贴图材质，选择“窗户 01”物体，进入到它的“Polygon”层级，选择所有的面，如图 2.1.73 所示，在编辑面板中，更改它的 ID 值为 1。

图 2.1.73

图 2.1.74

(18)而后，重新选择四个窗户面，更改它的 ID 值为 2，如图 2.1.74 所示。

(19)打开材质编辑器，单击标准材质按钮，在弹出的面板中选择多维子材质选项。

(20)在弹出的对话框中，选择保持原有材质子材质选项，进入到多维子材质面板后，单击设置数量按钮，在弹出的面板中，设定子材质数量为 2。

(21)单击进入第一个子材质，命名为“窗框”，单击漫反射项后面的贴图按钮添加位图，选择素材中的“门框.jpg”文件，如图 2.1.75 所示。

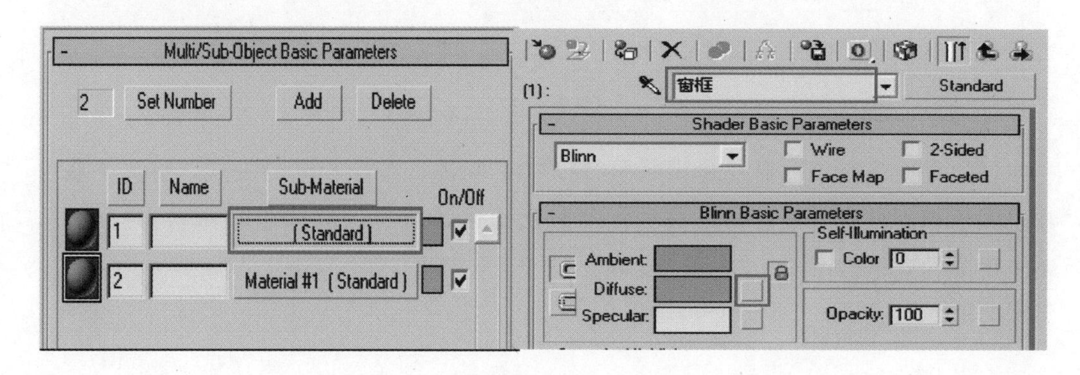

图 2.1.75

(22)返回上一层极，再进入第二个子层级材质，命名为“玻璃”，单击固有色的颜色块，在弹出的面板中更改颜色，并把透明度修改为60，如图2.1.76所示。

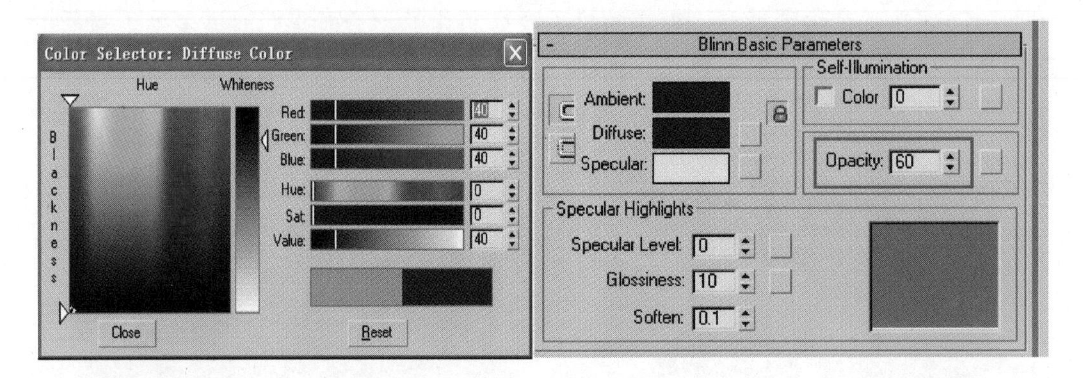

图 2.1.76

(23)由于我们最终使用“Vray”渲染，所以先将渲染器设定为“Vray”，然后在这个子材质的反射项中，添加“Vray Map”选项，如图2.1.77所示。

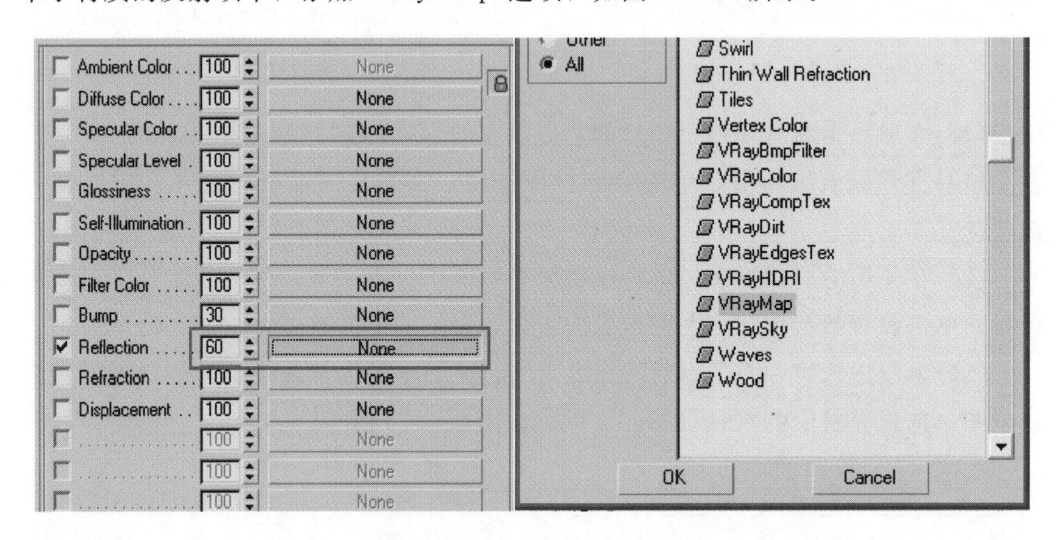

图 2.1.77

(24)我们将完成的窗户材质赋予“窗户01”物体，按照相同的方式，将另一扇窗户也赋予相同材质，最后将隐藏的瓦片显示出来，所有的物体组，命名为“民居”，整个房屋的效果如图2.1.78所示。

图 2.1.78

2. 巩固训练

本项目制作的是南方民居，读者可以参考本项目的制作流程，收集其他地区的民居资料，例如北方民居，根据北方民居的特点可尝试设计制作一个以北方民居为特点的场景。

任务 2　Vray 代理树的制作——大幅度提高制作效率

☆情景描述

我们知道在制作大场景的时候，场景中物体的面数和物体个数会直接影响操作速度与渲染速度。此时场景中有些物体就需要制作成 Vray 代理物体，以替代原有的一些物体。因为 Vray 代理不占用内存资源，这样操作速度与渲染速度会得到很大提升，而且渲染的质量也不会下降。那么接下来本任务就以一棵树为范例来教大家怎么制作 Vray 代理物体。

☆相关知识与技能点

Vray 代理物体的制作方法。

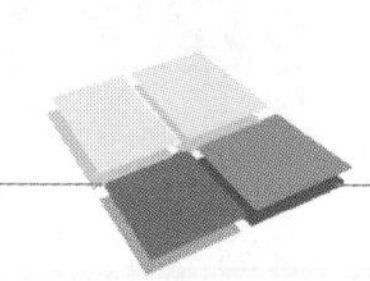

☆工作任务

1. 实践操作

(1)在主菜单中单击“File→Open”，打开 Open File(打开文件)对话框，打开素材文件：树 . max 文件。

(2)打开的文件如图 2.2.1 所示。

图 2.2.1

(3)第一步我们先把树塌陷在一起，现在文件里的树叶和树干是分开的，要做 VR 代理的话，最好是把分开的物体塌陷在一起。这样比较节约时间，省时省力。

(4)在视窗里单击树干，在修改面板里找到“Attach”(塌陷)按钮，如图 2.2.2 所示。

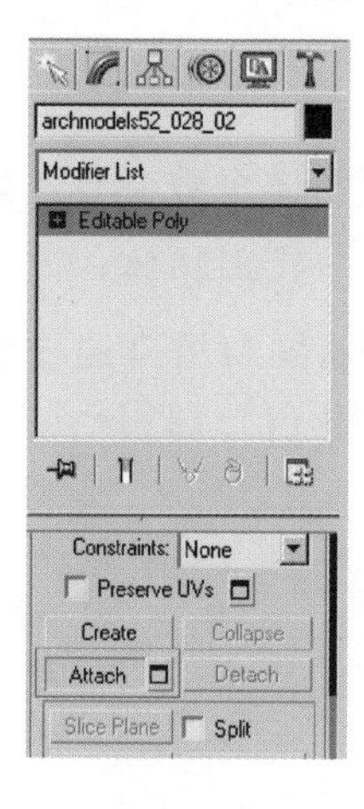

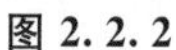
图 2.2.2

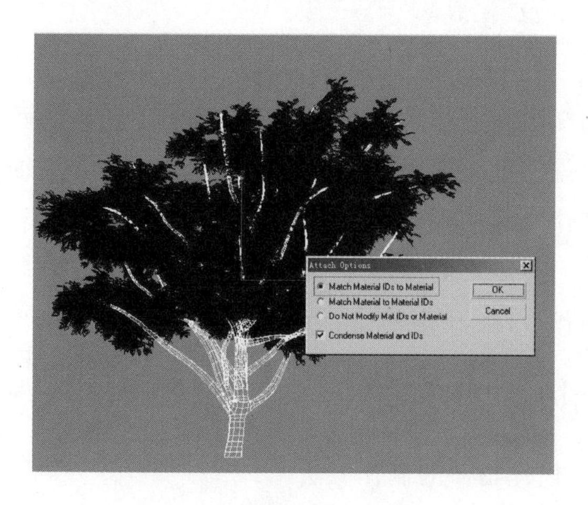

图 2.2.3

(5)左键先单击“Attach”再单击树叶，这时候会跳出一个对话框，问是否把材质塌陷成一种材质，这里我们选第一个塌陷模型但不塌陷材质，也就是默认的就可以，如图 2.2.3 所示。单击“OK”，塌陷成功。

(6)文件里其他的树叶也按此方法都塌陷在一起，最后得到一棵树模型文件。

(7)打开材质球编辑器，单击小吸管按钮吸取树的材质。如图 2.2.4 所示。

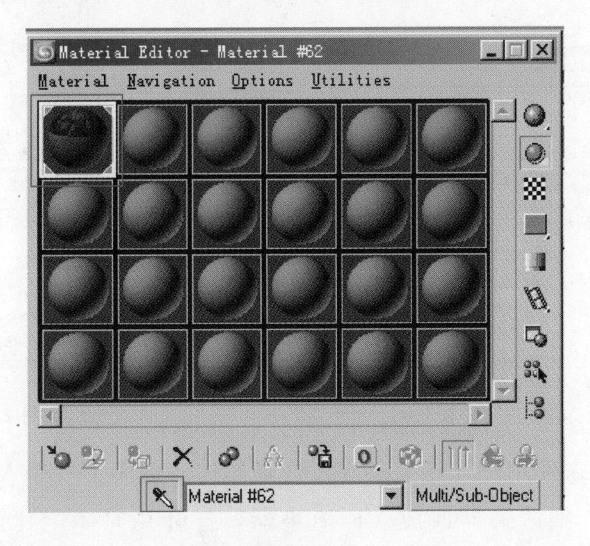

图 2.2.4

(8)这个时候我们得到了一个多维子材质球，命名该材质球为“shu01”。将该材质球的材质保存到材质库中，存入库中的操作办法是：在材质编辑器里找到按钮，单击进入“Material”编辑器里，选择“Scene”，单击“Save As”，文件名改成“shu1”，并保存，便可存入材质库中。并把树的贴图也复制到该材质的路径里。如图 2.2.5 所示。

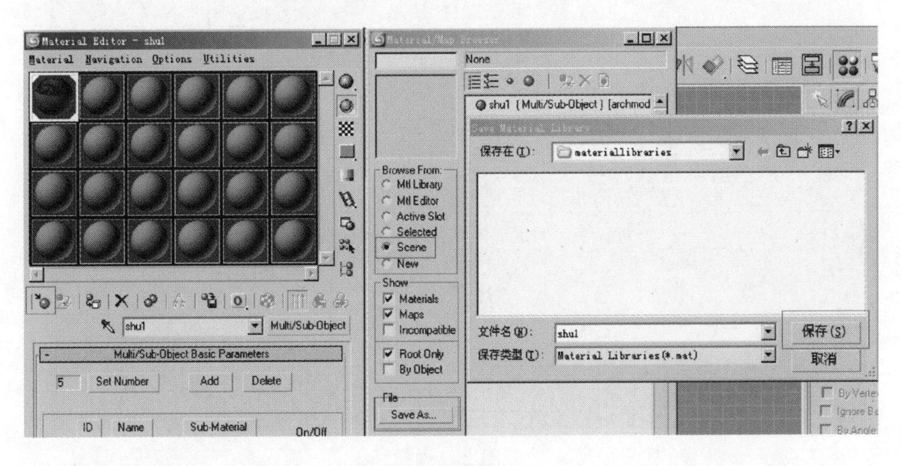

图 2.2.5

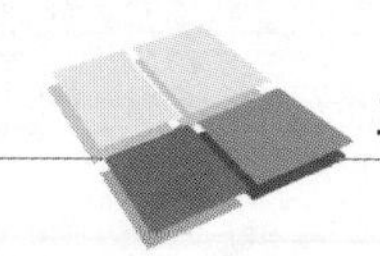

(9)选中树木，右键。快捷菜单中选择“VRay mesh export”(VR代理物体编辑器)。

(10)在弹出的VR代理编辑器对话框中，设置存储的路径和VR代理的名称，单击“OK”，即保存了一个VR代理物体。如图2.2.6所示。

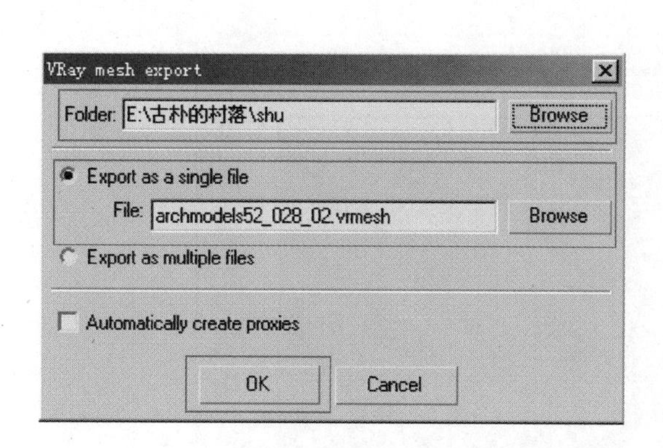

图 2.2.6

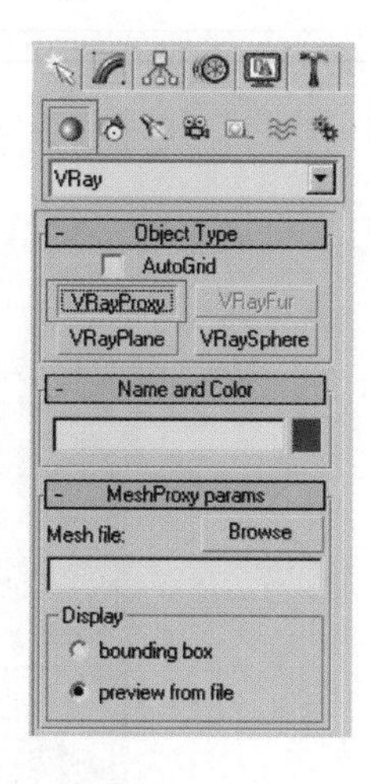

图 2.2.7

(11)现在我们来使用刚才建立的VR代理物体。关闭上一个Max文件，打开一个新的Max文件。把渲染器改成VR渲染器，打开几何体创建面板，单击“Vray Proxy”(VR代理)。如图2.2.7所示。

(12)单击“Vray Proxy”(VR代理)，然后在视图“Top”(顶视图)上单击，弹出文件打开路径对话框，找到VR代理物体的存储路径。选择要打开的VR代理物体，单击打开。VR代理物体便进入到Max文件中。如图2.2.8所示。

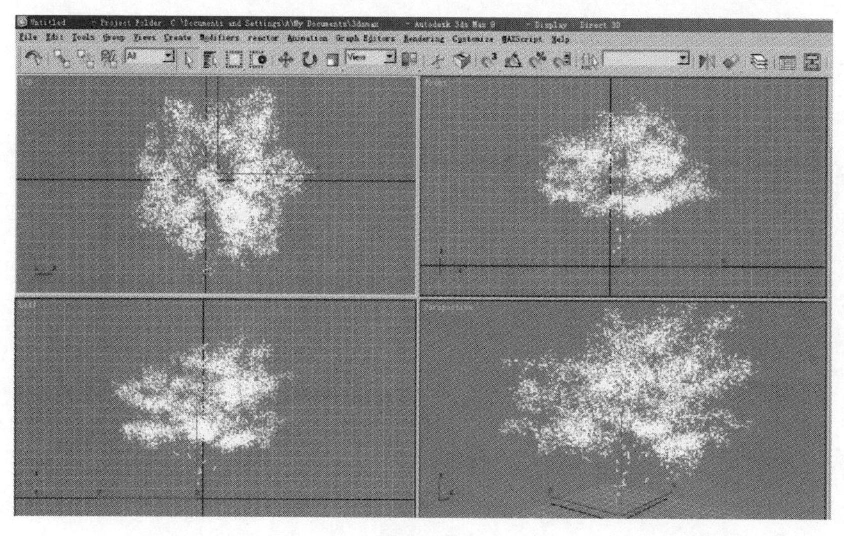

图 2.2.8

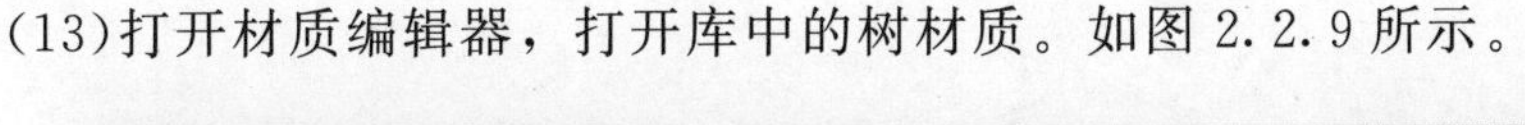

(13)打开材质编辑器，打开库中的树材质。如图 2.2.9 所示。

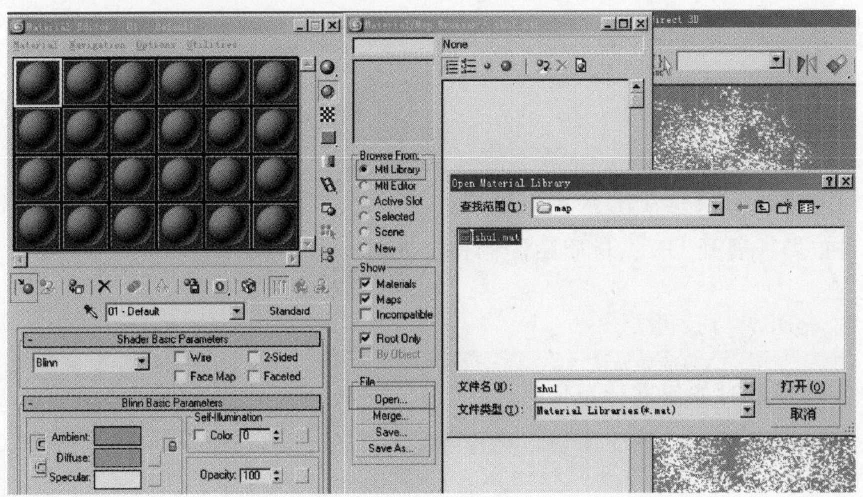

图 2.2.9

(14)在打开的 shu1 材质球里面找到“shu1 [Multi/Sub－Object]”材质球，如图 2.2.10所示。双击左键材质编辑器里就会导入该材质。把该材质赋予树，贴图路径指定到前面的存储贴图路径里，这样 VR 代理物体就制作完成了。

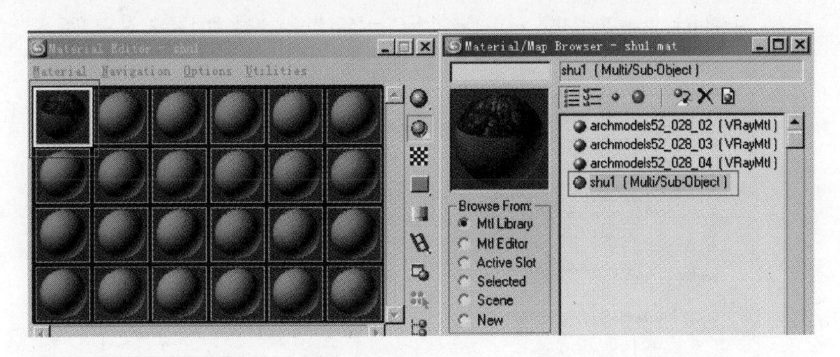

图 2.2.10

(15)有关 VR 代理物体的几个知识点请参阅本项目的思考与练习。

2. 巩固训练

本任务讲述了 VR 代理树的制作方法，读者可参考其操作方法自行进行房屋的 Vray 代理制作，保存制作的房屋 Vray 代理，为任务 3 的制作做准备。

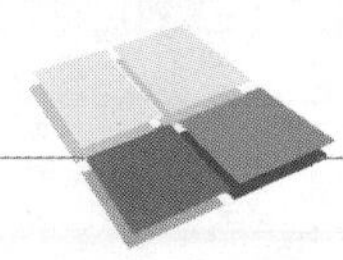

任务3 场景的搭建——复杂地形的建立

☆情景描述

我们构想的场景是江南水乡，植被丰富，水道交错。整体场景分四个部分完成：规划布局、展开UV、材质贴图制作、布置场景。

☆相关知识与技能点

1. 搭建场景时如何进行布局。
2. 如何根据所建模型及场景布局建立地形文件。

☆工作任务

1. 实践操作

1)规划布局

(1)启动3DS Max 9。设置系统单位。

(2)在透视图中创建一个Plane，命名为“水面”，参数如图2.3.1所示。

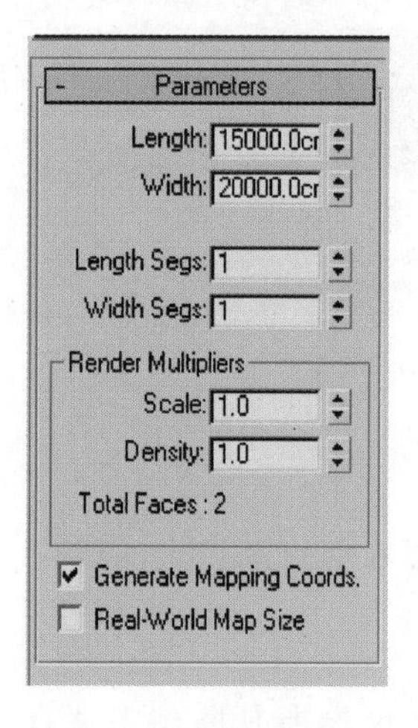

图2.3.1

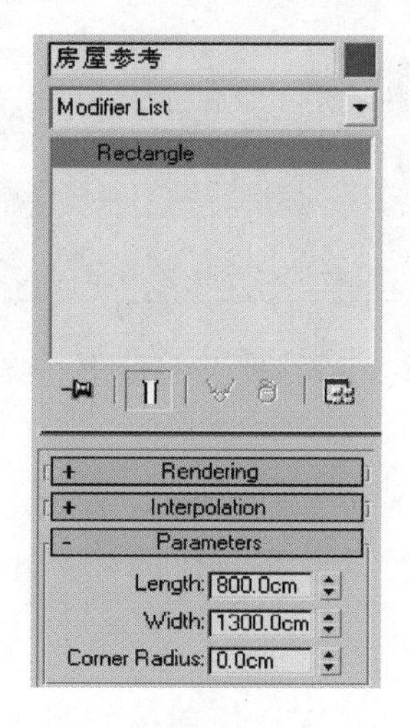

图2.3.2

(3)创建一个Rectangle，命名为“房屋参考”，参数如图2.3.2所示，与我们制作的民居尺寸相同，用作房屋在场景中的参考。

(4)在顶视图，创建三条如图2.3.3所示的线条。

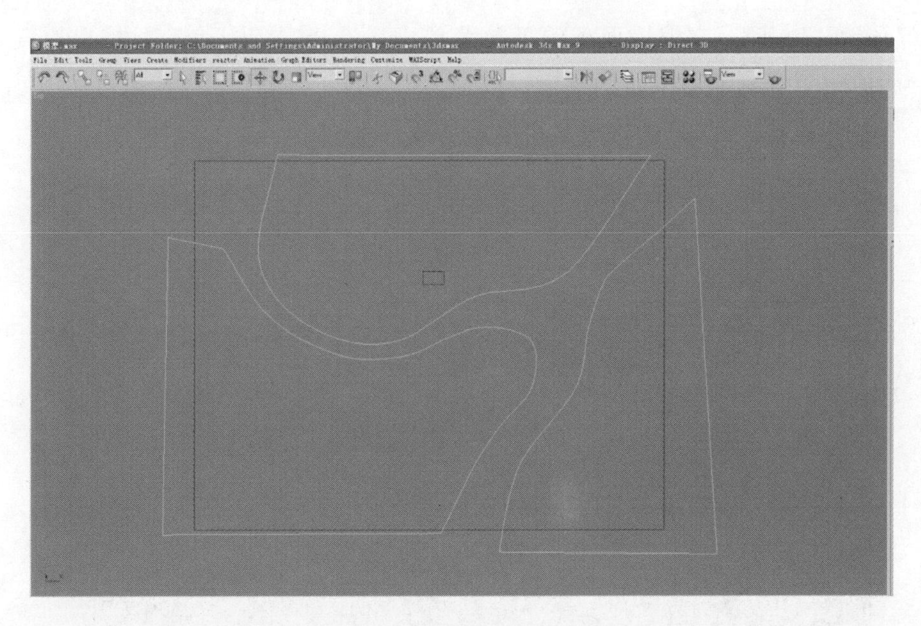

图 2.3.3

(5)任意选择一条线，命名为“地基”，然后在它的编辑面板中单击“Attach”(附加)进行合并，再选择其他两条线，将三条线合并为一个物体。

(6)在透视图中调整视角如图 2.3.4 所示，然后按住“Ctrl+C”组合键，就创建了一个与视角一样的相机。

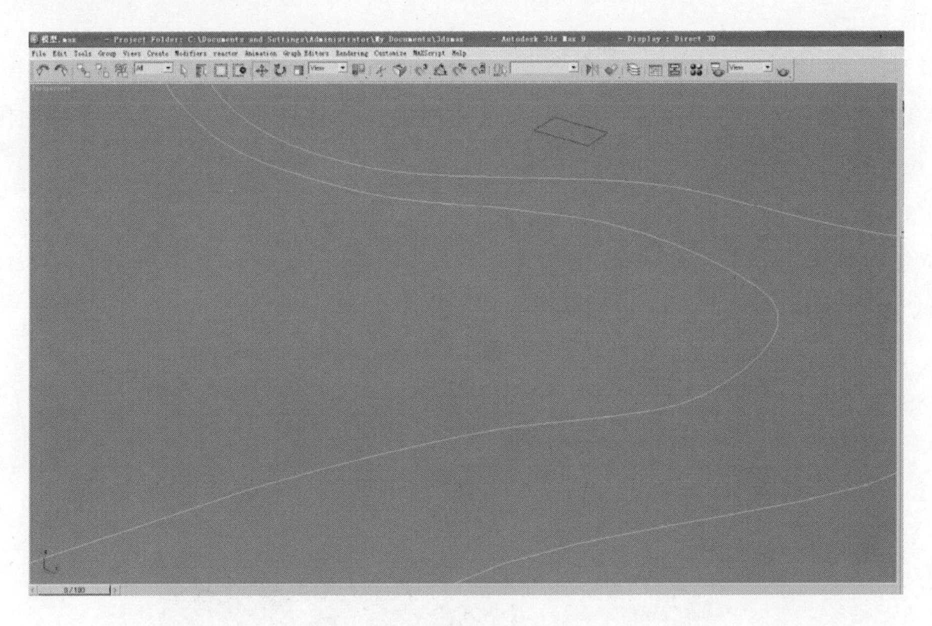

图 2.3.4

(7)选择“地基”，在编辑面板的下拉菜单中，选择“挤出”命令，挤出厚度参数设置为 20 cm，让地基有一定的厚度。

(8)按照图示 2.3.5，创建数条房屋布局线。

图 2.3.5

(9)和上面所说的“地基”线的处理方式一样，附加合并，命名为“布局线”。

(10)选择“布局线”，在编辑面板的下拉菜单中，选择“挤出”命令，挤出厚度为 22 cm。

2)UV 展开

在具体制作贴图之前，我们首先要正确地展开物体的 UV，这样后续的贴图才能对位准确。

(1)选择“地基”，在编辑面板选择“Unwrap UVW”；

(2)在“Unwrap UVW”的编辑选项中，单击“Edit”按键，弹出如图 2.3.6 所示的 UV 编辑面板。

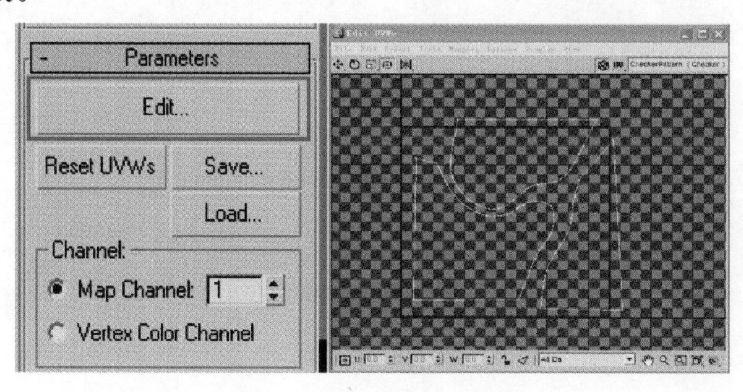

图 2.3.6

(3)在 UV 编辑面板中，选择 UV 物体，调整它的形态，尽量与顶视图中的形态一样，注意保持 UV 处在蓝色粗线框的范围内，如图 2.3.7 所示。

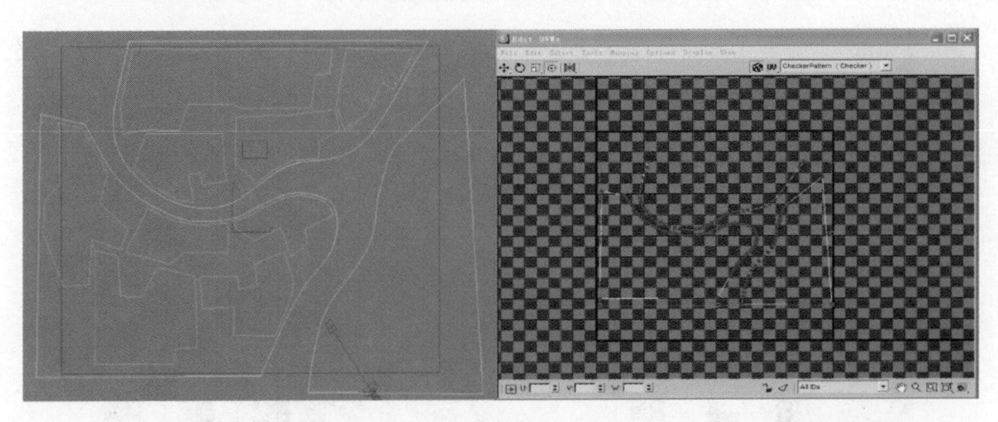

图 2.3.7

(4)为了更准确地把握 UV 与物体两种形态是否一致，我们打开材质编辑器的面板，赋予“地基”一个材质，并命名为“地基”，在地基材质的漫反射通道选择 Checker(棋盘格)，如图 2.3.8 所示。

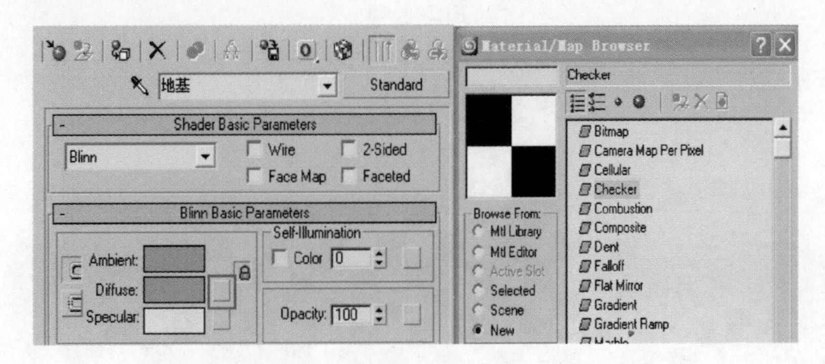

图 2.3.8

(5)在“Checker”的编辑面板上，更改参数如图 2.3.9 所示。

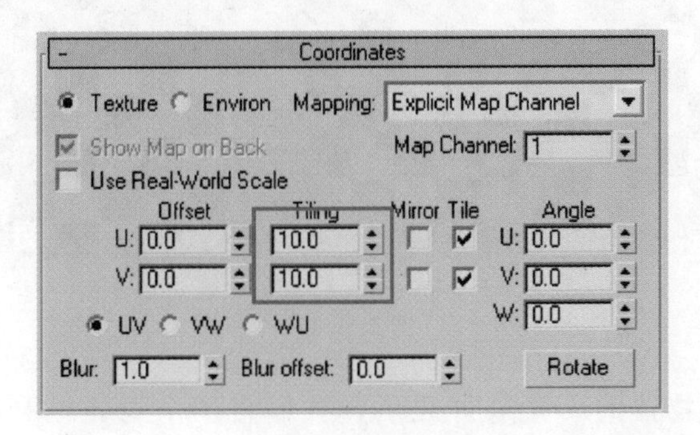

图 2.3.9

(6)单击材质编辑器上的[icon]，在视图中显示材质，如果方格不显示为正方形，我们就需要继续调整 UV 形态，直到方格显示为正方形，如图 2.3.10 所示。

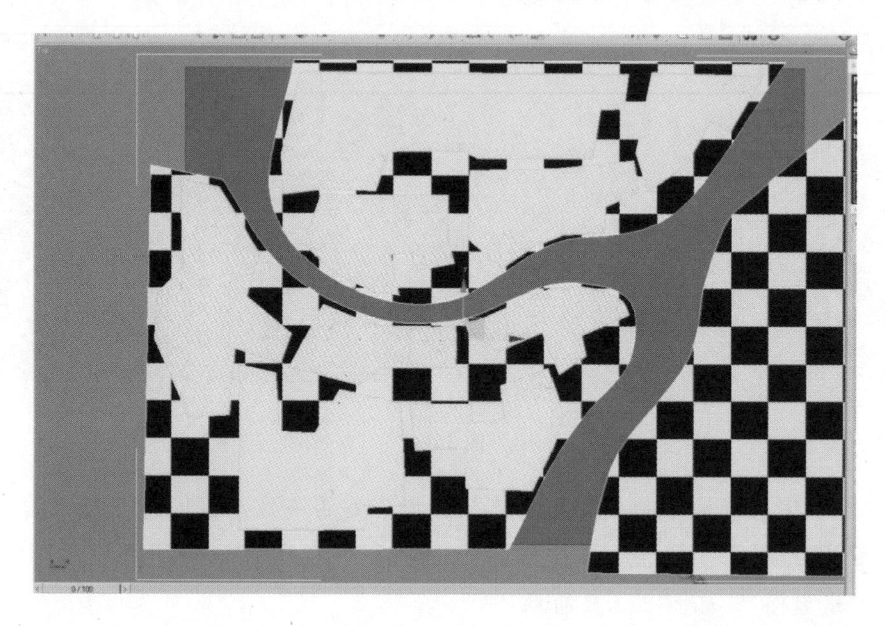

图 2.3.10

(7)按照这种方法，将“布局线”也完成展 UV 的工作，并进行校对，如图 2.3.11 所示。

图 2.3.11

(8)在两个地形物体的 UV 展好之后，我们将两个物体结合为一个物体，选择“地基”，单击右键，在弹出的面板中选择“Convert to Editable Poly”，然后单击

Attach，如图 2.3.12 所示。

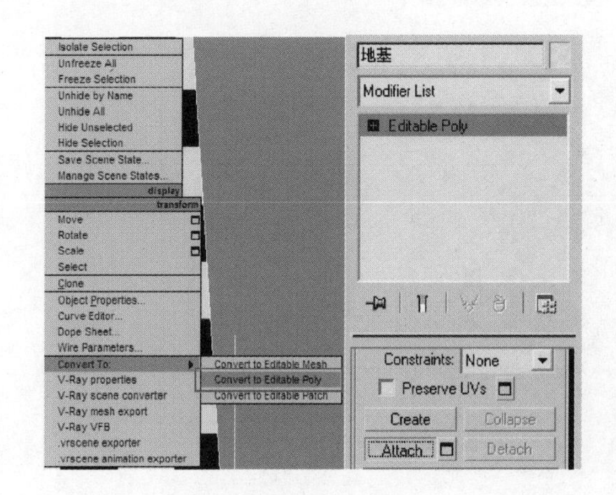

图 2.3.12

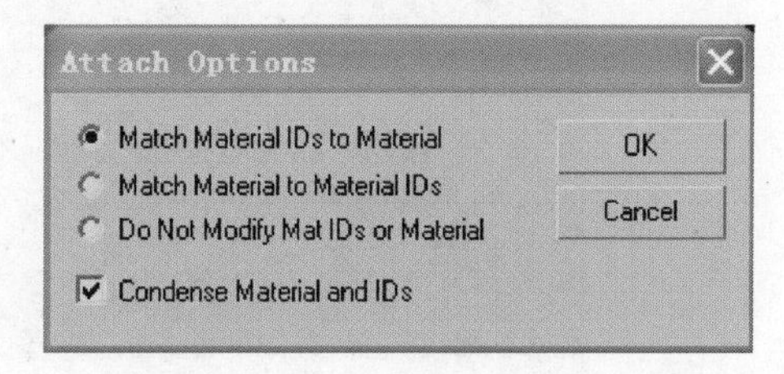

图 2.3.13

(9)单击完“Attach”之后，选择“布局线”，在弹出的面板中，按照默认选项，单击“OK”，如图 2.3.13 所示。

(10)在新的“地基”物体上添加“Unwrap UVW”编辑器，参照顶视图，调整 UV，如图 2.3.14 所示。

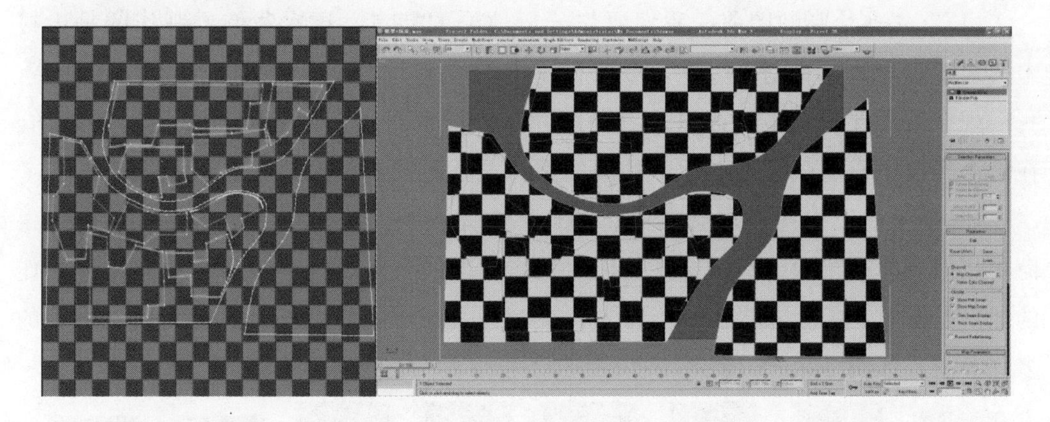

图 2.3.14

(11)在 UV 编辑面板上，单击“Tool”按钮，在下拉命令中选择图示的命令，会弹出一个 UV 渲染菜单，如图 2.3.15 所示，更改长宽参数，然后单击最下面的按钮。

(12)单击后，会出现一个 UV 的图像面板，单击保存按钮，存储命名为“地基贴图 .jpg”。

3)材质贴图制作

下面我们开始为刚刚完成的地形制作材质贴图。一般来讲地形效果的表现主要

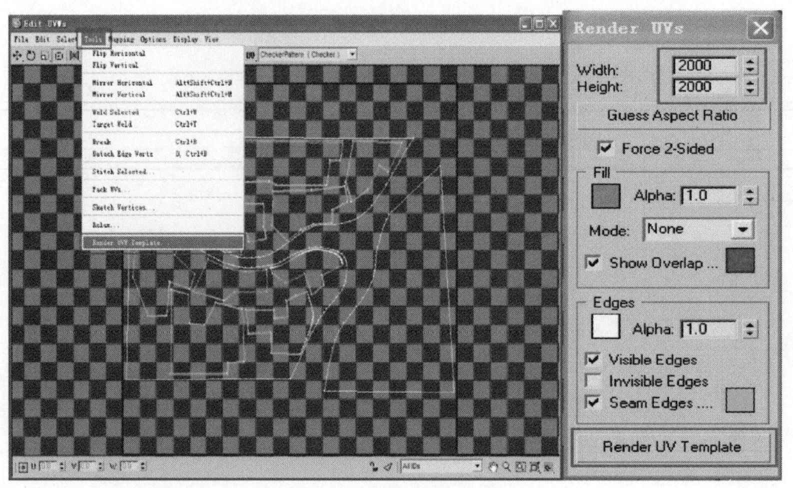

图 2.3.15

依靠贴图，贴图的作用要远远大于模型。在做贴图工作之前，资料的收集是很必要的，在这里，提供给大家的图片都是经过筛选的。在以后完成个人作品之前，一定要预先搜集和整理所需的资料。

(1)首先在绘制贴图前，我们要先分析地形的特点，这次我们要制作的是山村中的地形贴图，大致划分一下，会有以下几种地形图样：泥土地、草地、砖石路。我们现在就需要尽量多的搜集这三种图片贴图的素材。用来绘制整张地形的贴图，在配套光盘中已有整理好的地形贴图的素材，下面我们就先打开 Photoshop 软件。

(2)余下的工作我们都会在 Photoshop 中完成，需要使用的命令不多，也都很简单，但最后效果的好坏取决于我们对地形贴图的布局设计和美术感觉。这里制作的地形贴图只是给大家提供一个参考，下面正式开始制作，打开我们为大家搜集的多张素材，如图 2.3.16 所示。

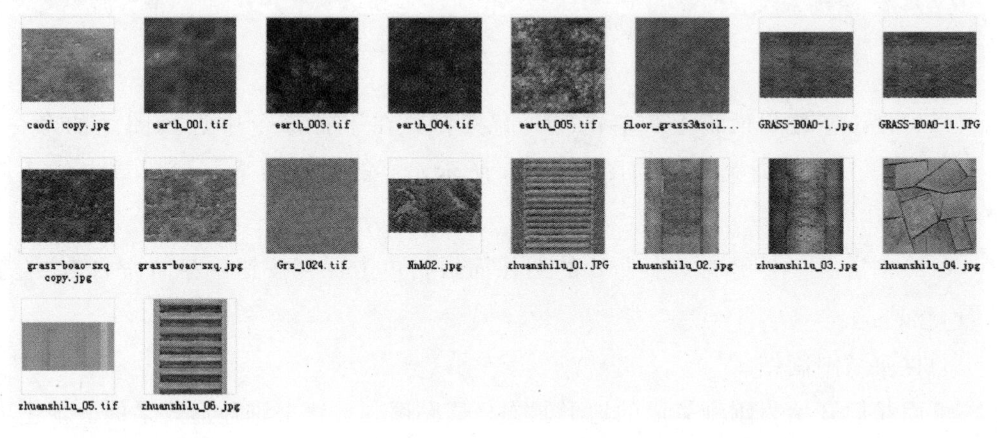

图 2.3.16

(3)贴图的制作也是由浅入深。我们先选择一张泥土贴图和一张草地贴图作为基础贴图，分别是“earth _ 001”，“Grs _ 1024”，如图 2. 3. 17 所示。

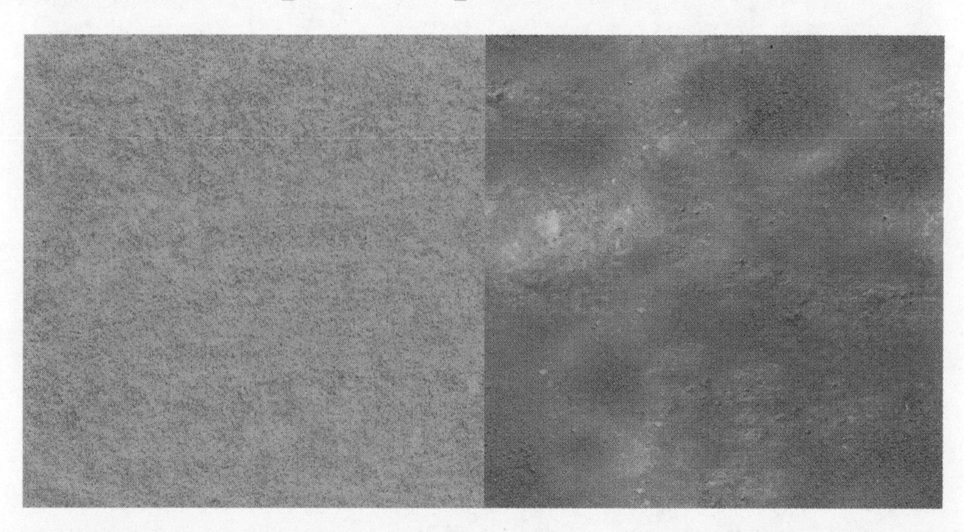

图 2. 3. 17

(4)在 Photoshop 中打开“地基贴图 . jpg”，同时将两张基础贴图也一并导入。选择“地基贴图 . jpg”，双击图层，解除锁定，并命名该层为“地基”。

(5)选择“earth _ 001”，点住左键，将“earth _ 001”拖拽进“地基”，然后按住“Alt”按键，继续用左键拖拽图层“earth _ 001”，会复制出一个新图层，使用这个方法，用图层“earth _ 001”将整个“地基”全部铺满，如图 2. 3. 18 所示。

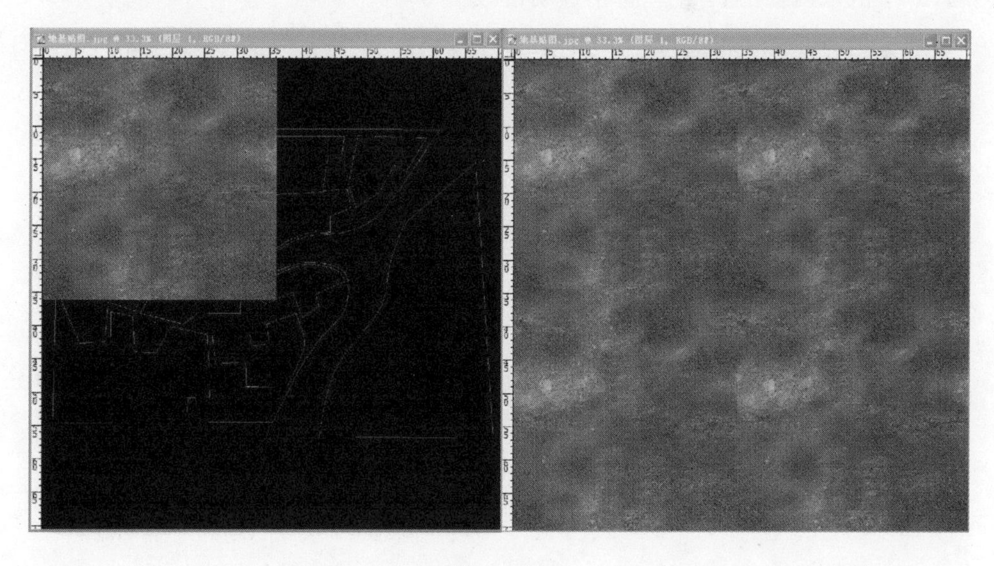

图 2. 3. 18

(6)用仿制图章工具将四个图层的生硬边缘柔化处理，如图 2.3.19 所示。

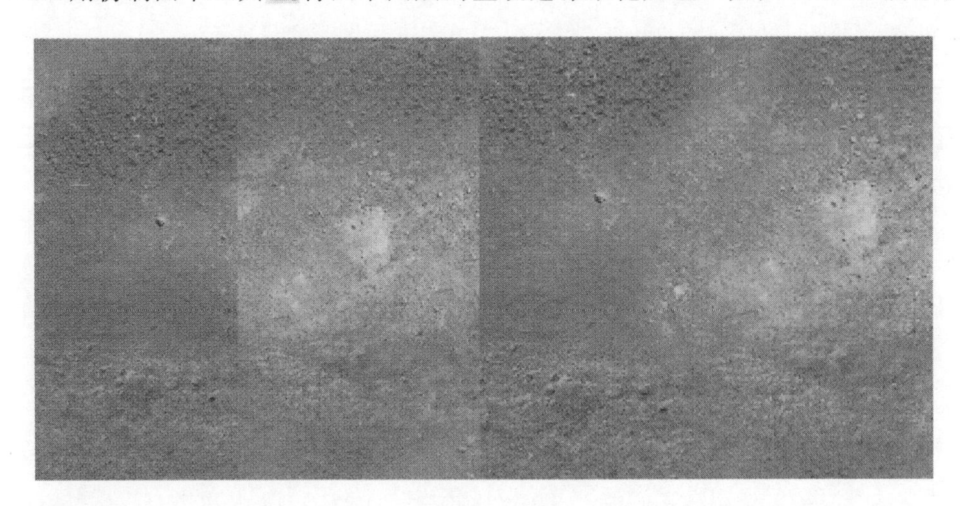

图 2.3.19

(7)在“图层编辑”面板新建一个图层，命名为“泥土 01”，并将所有的泥土图层拖拽进“泥土 01”，如图 2.3.20 所示。

(8)将图层“地基”拖拽到图层“泥土 01”之上，并将透明度降低到 40%，如图 2.3.21所示。

(9)将“Grs _ 1024”也导入“地基”层，按照泥土层相同的处理方法，也把植被图层铺满整个画面，并将所有植被图层合并为一个图层。

(10)单击橡皮擦工具，将不透明度改为 60%。

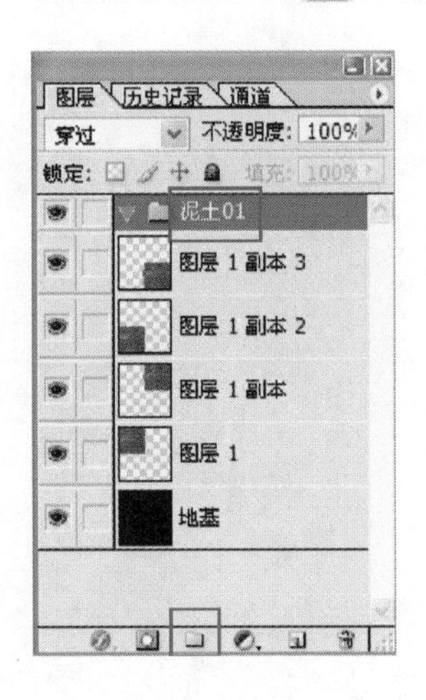

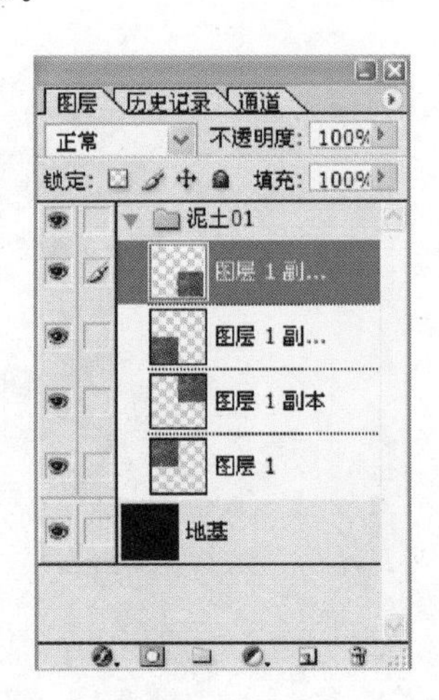

图 2.3.20

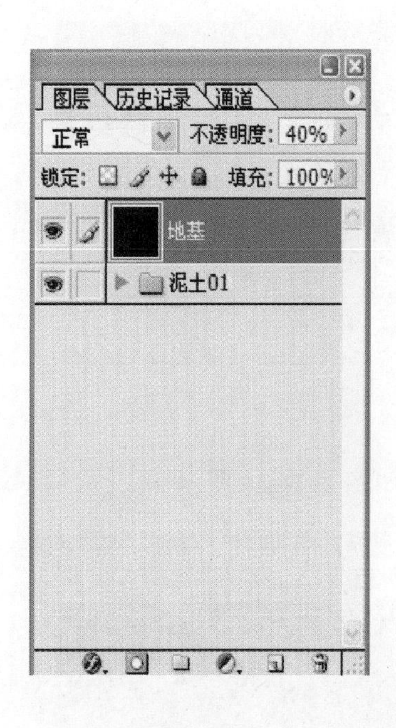

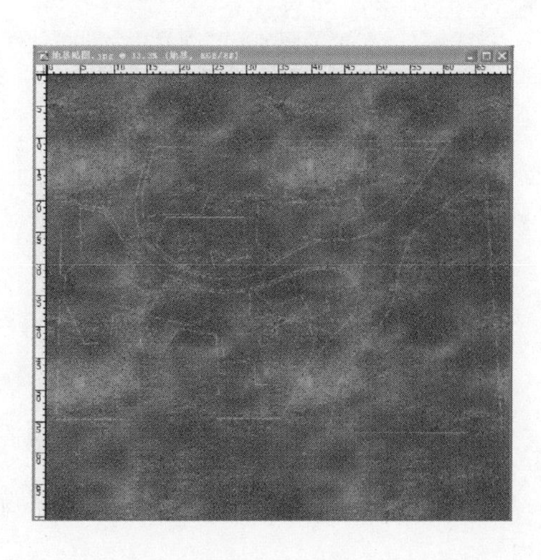

图 2.3.21

(11)使用橡皮擦工具擦拭“植被 01”，原则是将“布局线”范围内的植被多擦抹去一些，范围外的少擦抹一些，形成泥土，植被交错的感觉，然后再调整植被图层的颜色，初步的效果如图 2.3.22 所示，注意观察颜色效果时要先暂时关闭“地基”层。

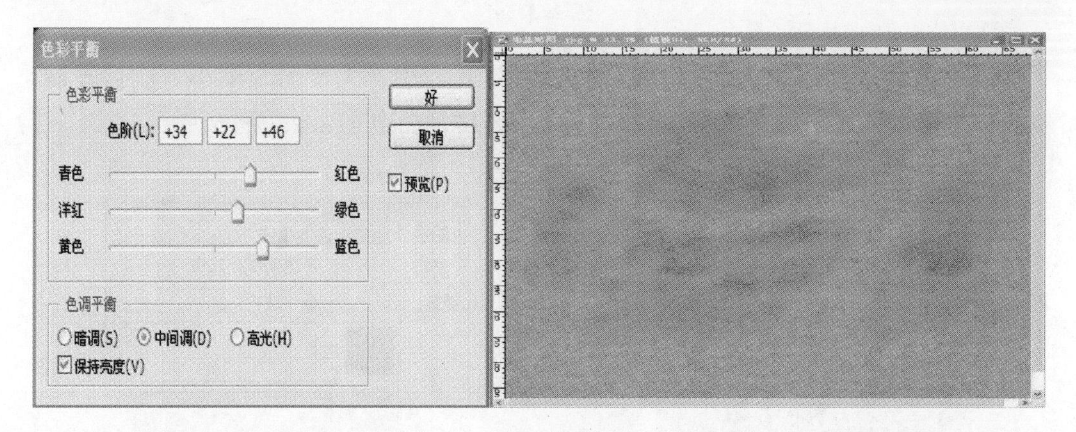

图 2.3.22

(12)这样，基本的土地层我们就处理完了，下面开始制作砖地贴图，打开“stone _ 02.jpg”，使用色彩平衡调整素材颜色，如图 2.3.23 所示。

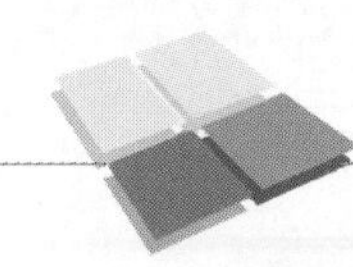

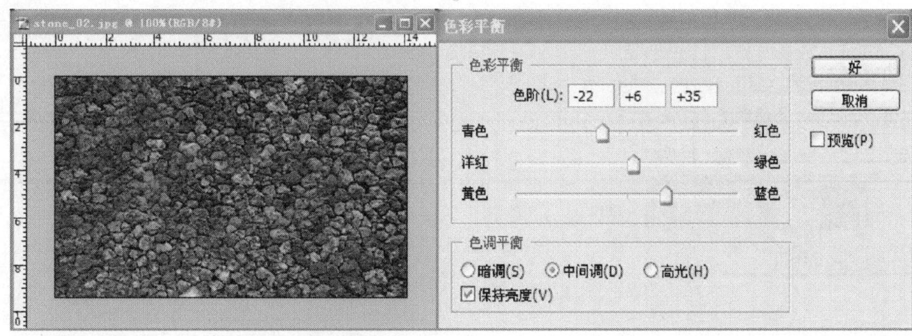

图 2.3.23

(13)然后使用色相/饱和度命令再次修改，效果如图 2.3.24 所示。

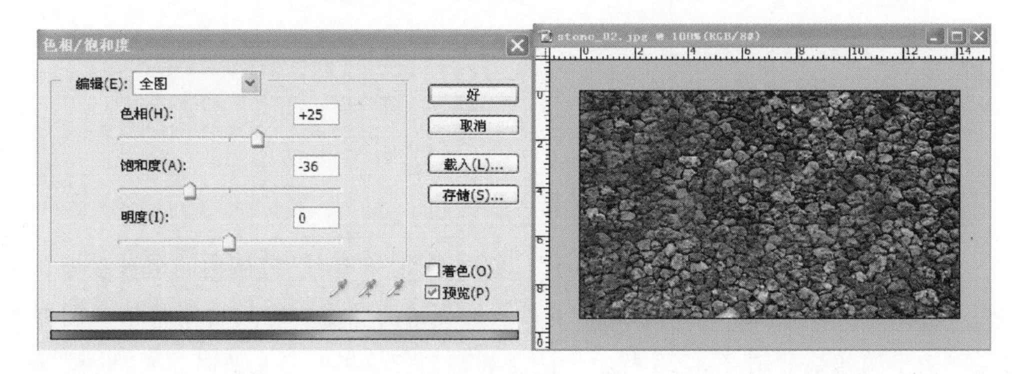

图 2.3.24

(14)将“stone _ 02.jpg”拖拽到“地基贴图 .jpg”中，先将图片缩小，然后复制，铺满整个画面，而后合并，命名为“砖地 01”图层，如图 2.3.25 所示。

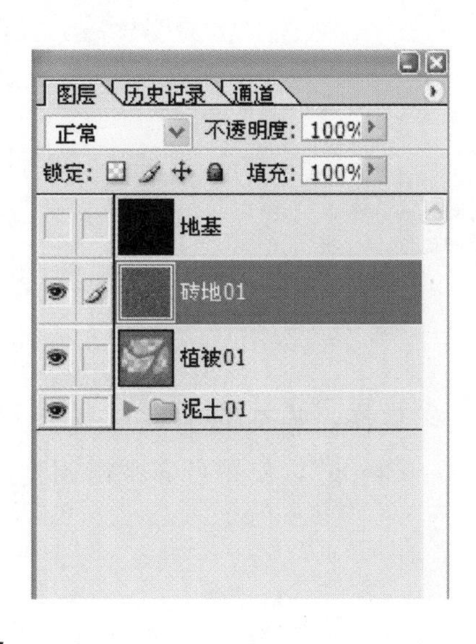

图 2.3.25

(15)把“布局线”外的地砖层用橡皮擦擦掉，层的透明度调为 70%，如图 2.3.26 所示。

(16)为了破除贴图的重复性，我们再打开一张事先准备好的贴图“stone _ 01.jpg”，拖拽入“地基贴图 .jpg”，叠加方式更改为“变亮”，应用范围与“砖地 01”一致，透明度调整为 45%，效果如图 2.3.27(1)，参数如图 2.3.27(2)。

图 2.3.26

图 2.3.27(1)

图 2.3.27(2)

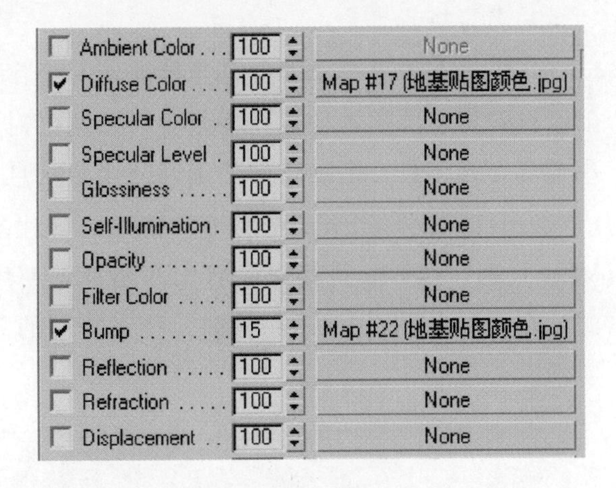

图 2.3.28

(17)至此，贴图的绘制工作就完成了，将文件保存为 JPEG 格式，命名为“地基贴图 color”，在 Max 中打开材质编辑器，将贴图赋予材质“地基”的漫反射通道，替换掉之前的棋盘格贴图，拖拽漫反射通道的贴图“地基贴图 color.jpg”到凹凸通道，选择 Copy 的复制方式，凹凸通道强度参数设定为 15，如图 2.3.28 所示。

(18)转到摄像机视图，渲染，如图 2.3.29。

图 2.3.29

4)布置场景

场景的布置至关重要，甚至能决定一个作品最终效果的好坏。下面我们就将之前制作的房屋、树木放置在场景中。在这里需要大家用之前教过的方法，制作一些小道具导入场景，增加场景的细节与生活气息，这样也会显得更逼真一些。

(1)首先我们先来摆设房屋，按照之前代理树的制作方法，我们制作了房屋的Vray代理，这样如果场景中有太多房屋，使用代理物体就可以节省很多的渲染资源，在复制房屋的Vray物体时，注意复制的方式为关联，放置的位置如图 2.3.30 所示。

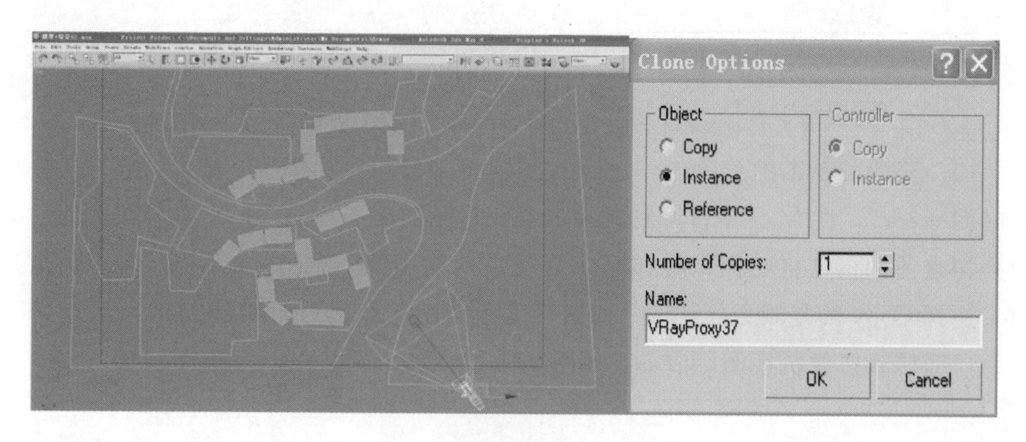

图 2.3.30

(2)我们放置的房屋主要集中在镜头范围内，这么做主要考虑节省渲染资源。在布局中，我们要考虑到疏密结合，在视线中心空出足够的空间，设置为空地，使视线不至于被堵住。在摄像机视图中，我们看到房屋之外的空间还是很空，如图2.3.31所示。

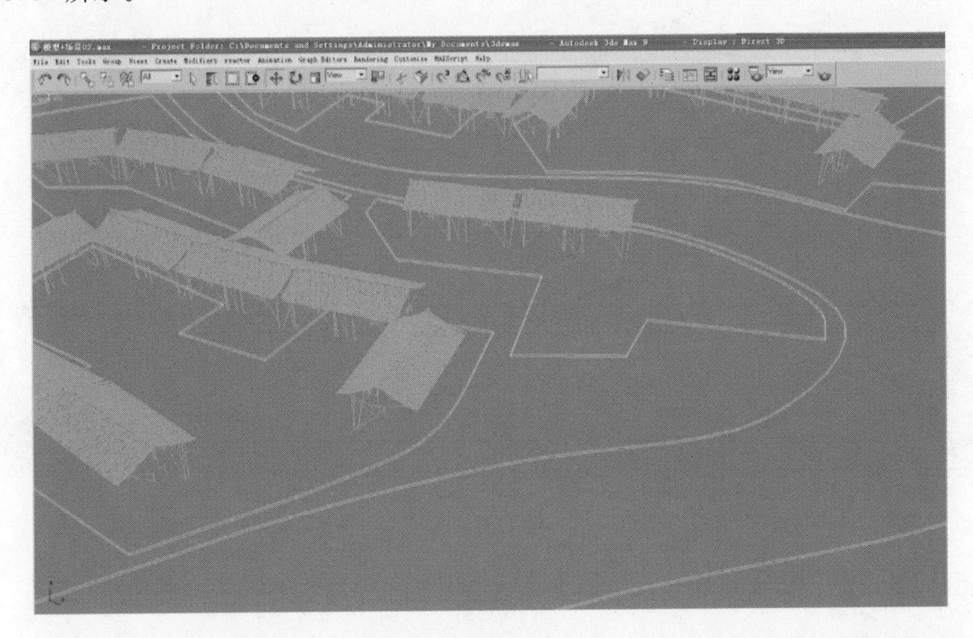

图 2.3.31

(3)下面我们把代理树合并到文件中，按照图2.3.32所示位置参考摆设。

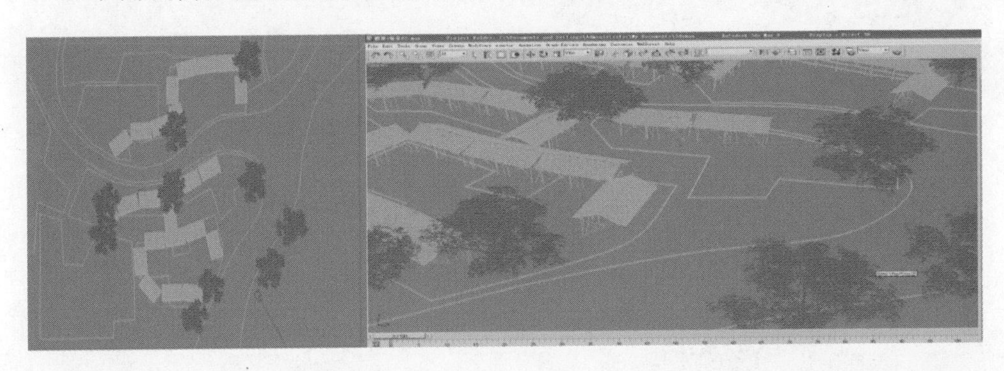

图 2.3.32

(4)场景中两个最重要的元素放置完成了，但是就算是不经过渲染成图，我们仍然会发现场景中还欠缺很多细节。下面我们就增加一些使场景看起来富有生气的道具，包括双轮车、晒衣杆、河边的石头、低矮的灌木等。这些在光盘中都已经为大家准备好了，制作起来的原理也与房屋无异，所以这里就不再赘述，我们依次把道具导入文件。

灌木的位置，如图 2.3.33 所示。

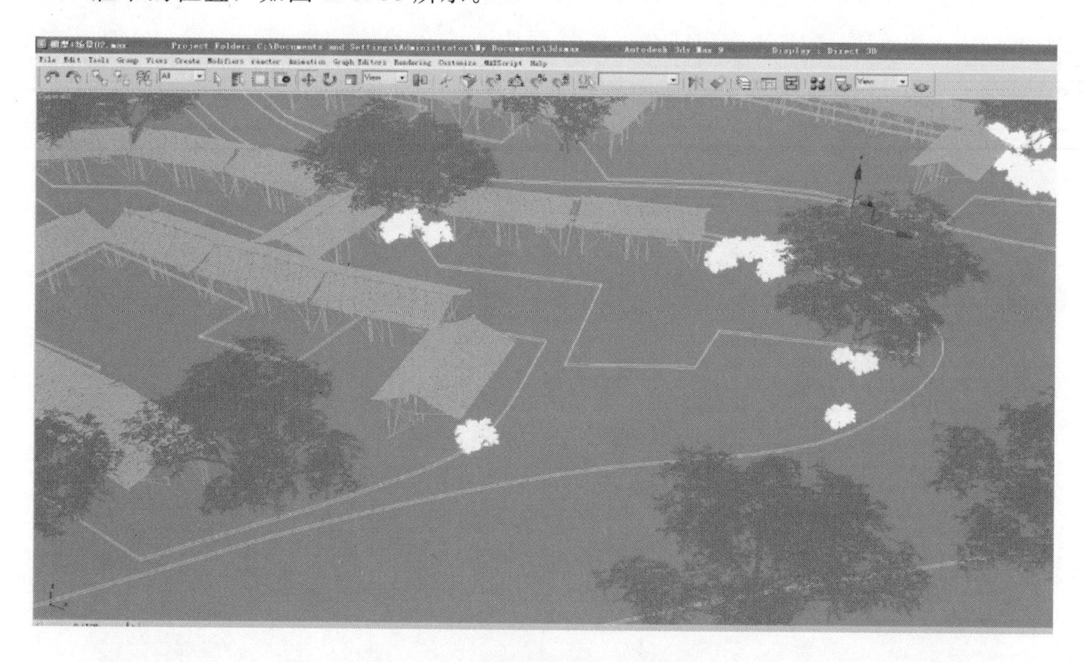

图 2.3.33

(5)其次是沿着河边布置的石头及植被，如图 2.3.34 所示。

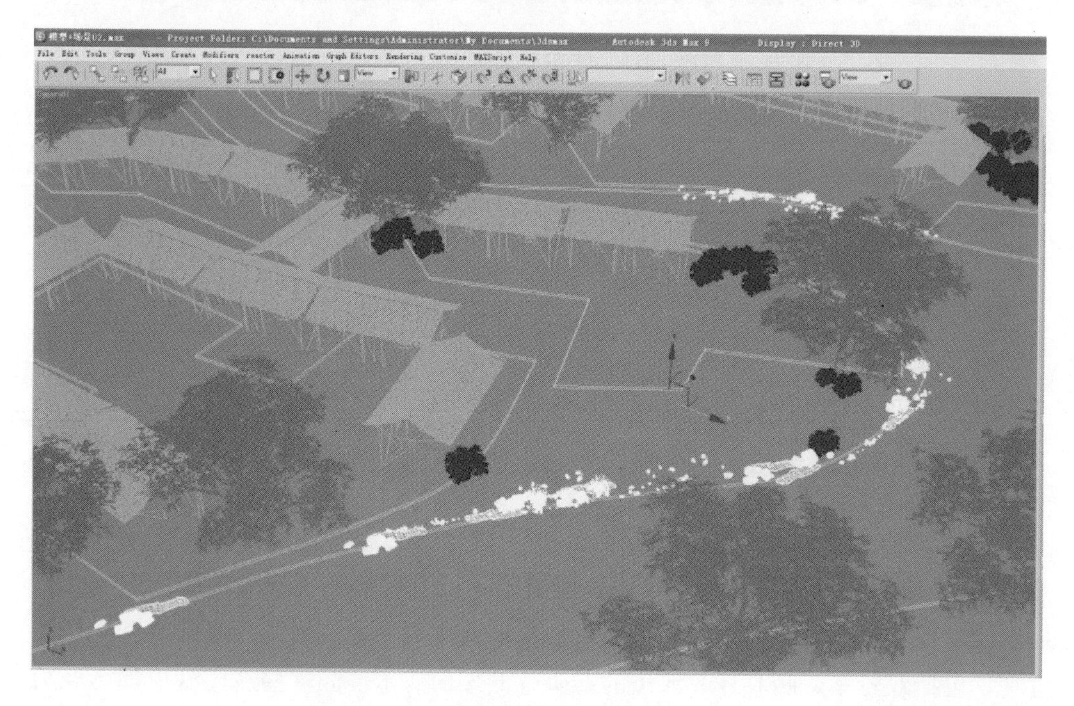

图 2.3.34

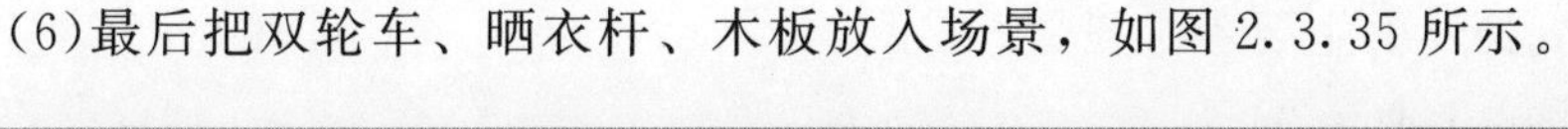

(6)最后把双轮车、晒衣杆、木板放入场景，如图 2.3.35 所示。

图 2.3.35

2. 巩固训练

为读者自行设计的北方民居制作地形文件，并加入与之相匹配的各种道具。制作贴图时要考虑北方的气候及植被特点。

任务 4　灯光及后期处理

☆情景描述

在正式开始灯光渲染工作前，我们需要在技术和艺术两个层面上考虑该如何进行工作，技术上，我们使用“Vray”渲染器来完成渲染，所以灯光只打一盏主灯，背光和辅光效果可以交由“Vray”渲染器自动计算生成；艺术层面上，根据工作经验，灯光位置一般放置在镜头视线的侧对方向，形成一定角度的侧逆光效果，且灯光角度与地面角度不大于 45 度，这样影子才足够长，画面细节就会很丰富。这一节，我们同样分为三个步骤完成：灯光渲染调节；水面材质；后期校色。

☆相关知识与技能点

1. 场景中主灯的设置方法及参数调节；

2. “Vray”渲染器的主要参数设置；

3. 后期校色的主要工作。

☆工作任务

1. 实践操作

1)灯光渲染调节

(1)打开灯光创建面板，创建一个目标平行光，打开阴影开关，灯光颜色及强度调节如图 2.4.1 所示。

图 2.4.1

(2)光照范围参数如图 2.4.2 所示。

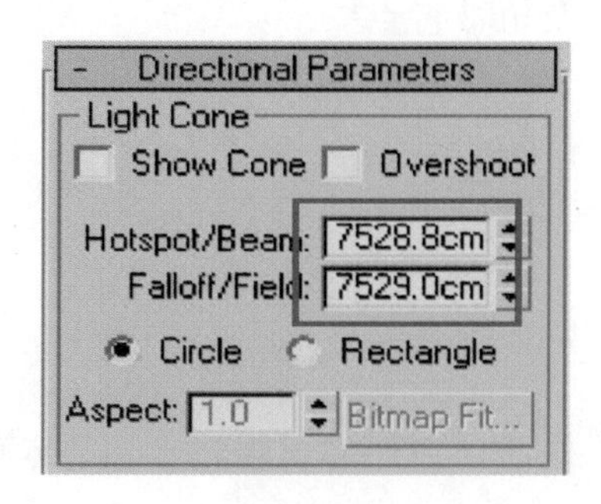

图 2.4.2

说明：光照的范围能够把场景全部包括即可，不用太大。

(3)下面对灯光位置进行调整，位置如图 2.4.3 所示。

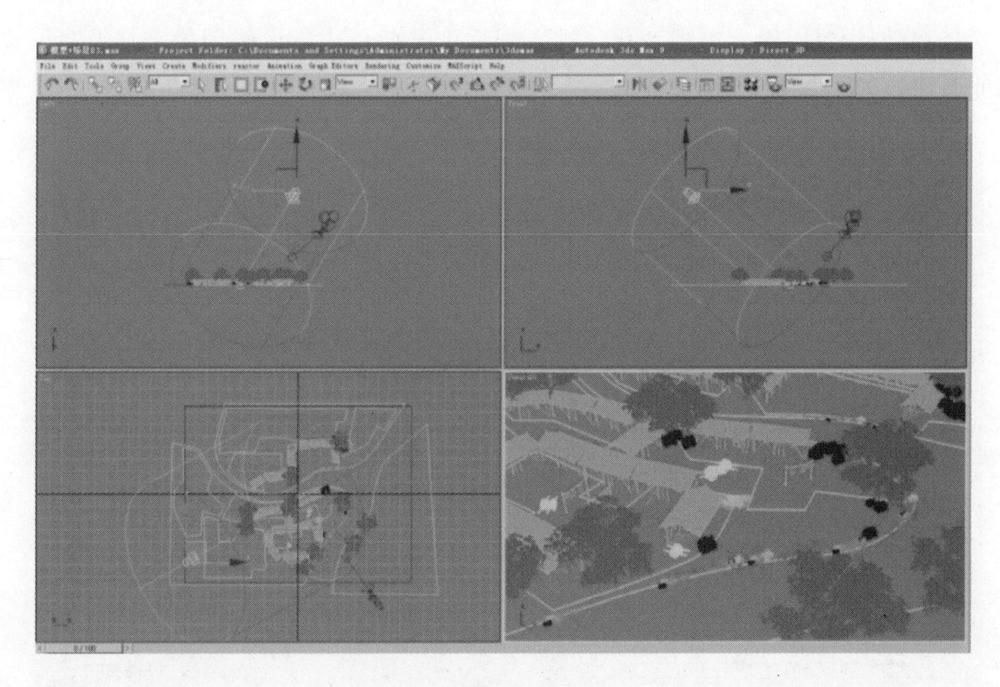

图 2.4.3

(4)灯光调整完毕，接下来调节渲染器参数，单击，打开渲染设置面板，单击图 2.4.4 所示按钮，选择“Vray”渲染器，单击“OK”。

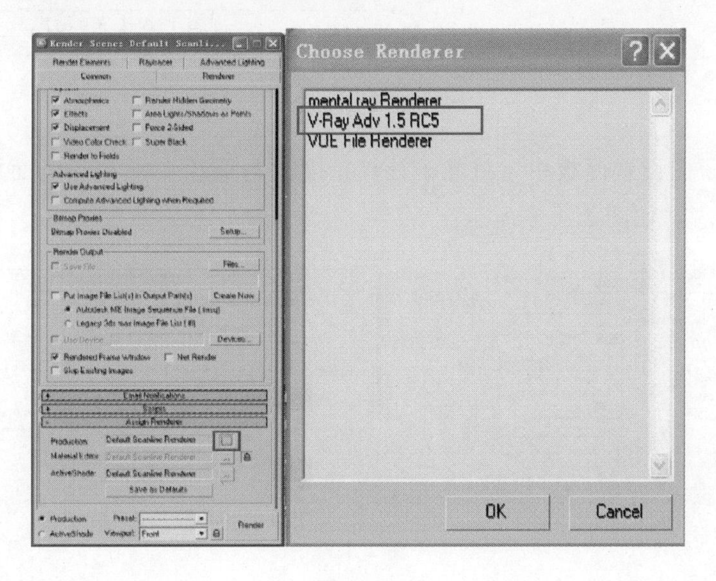

图 2.4.4

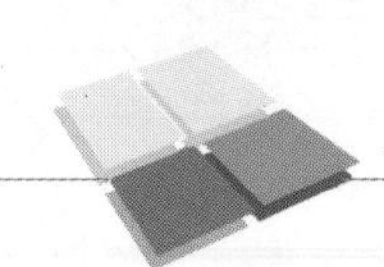

(5)渲染设置面板会出现变化，进入到渲染子面板中，设置图像采样及打开全局光系统，如图 2.4.5 所示。

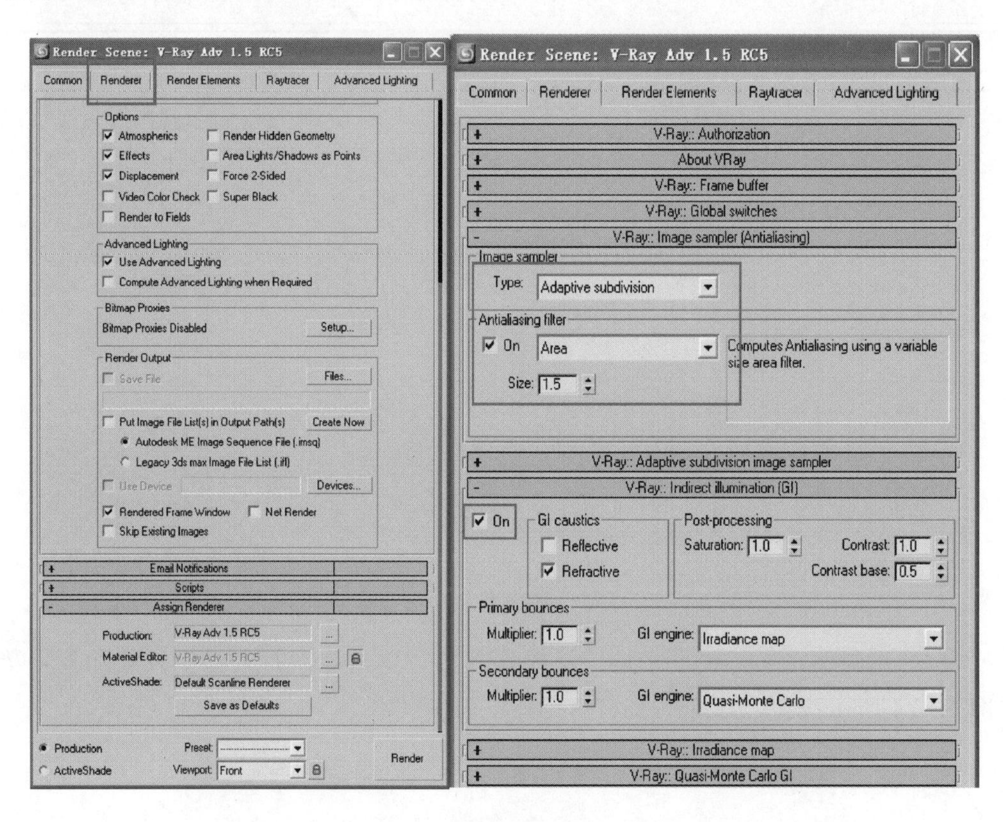

图 2.4.5

(6)在光子图设置面板中，将光子计算精度改为低级，并在环境面板打开天光，设置数值为 0.7，如图 2.4.6 所示。

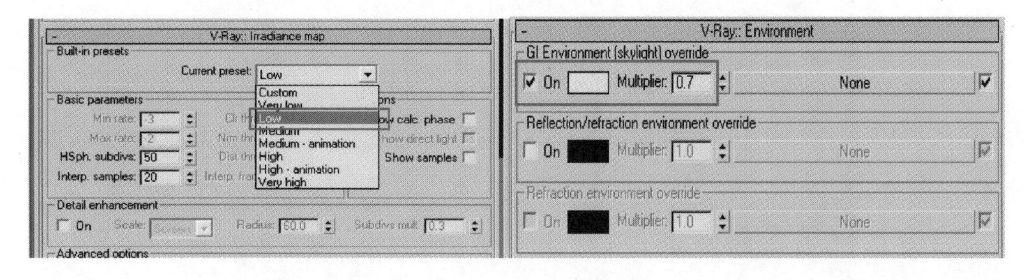

图 2.4.6

(7)选择摄像机视图，单击渲染，效果如图 2.4.7 所示。

图 2.4.7

2)水面材质

(1)我们看到，整个场景的光感和材质都很到位，唯独就差水面的材质没有完成。打开材质编辑器选择水面的材质球，单击标准材质，在弹出的面板中选择“Vray”材质，如图 2.4.8 所示。

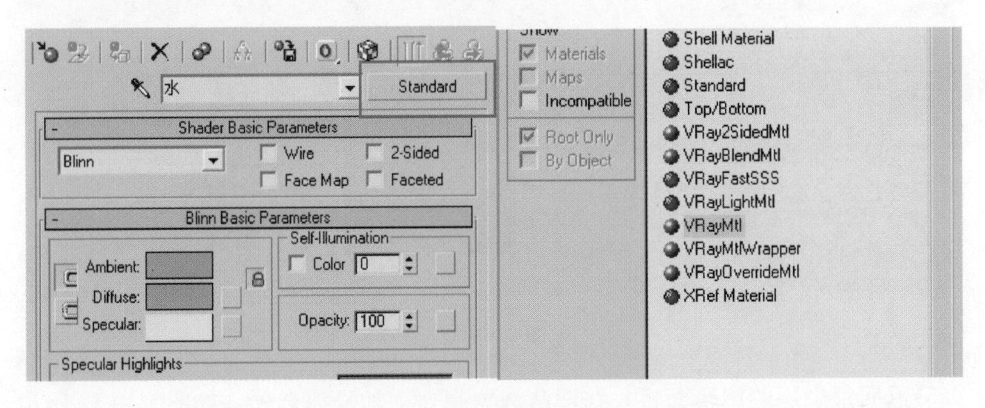

图 2.4.8

(2)单击漫射的颜色按钮，将水面的漫射改为深蓝色，具体的 RGB 值参考图示 2.4.9。

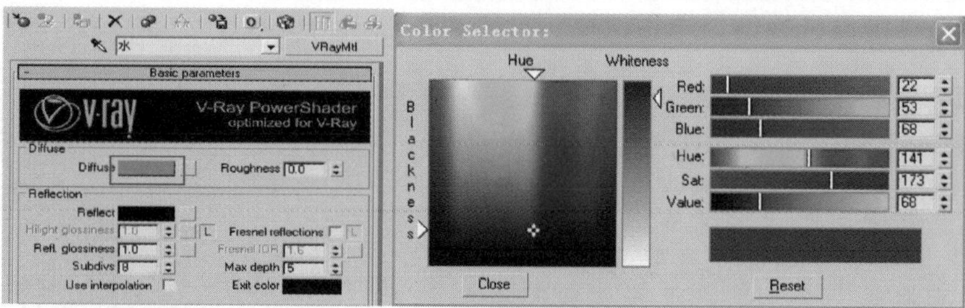

图 2.4.9

(3)单击反射按钮，选择“Falloff”(衰减)，如图 2.4.10 所示。

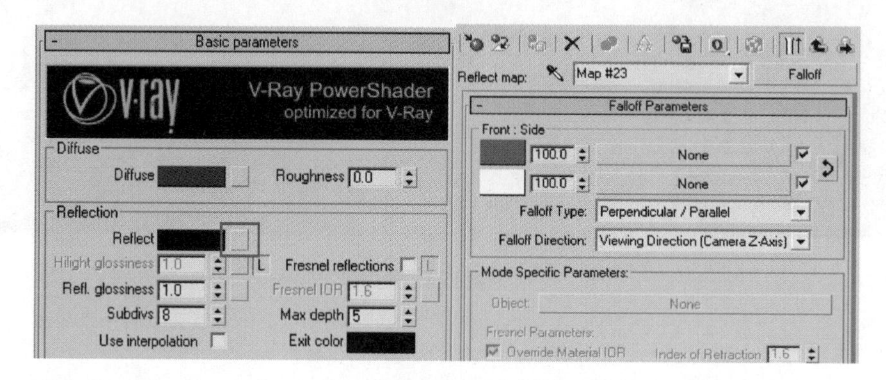

图 2.4.10

(4)图示的深色色块改为灰色，RGB 数值如图 2.4.11 所示。

图 2.4.11

(5)返回最上层的编辑面板，在凹凸选项中，增加噪波选项，如图 2.4.12 所示。

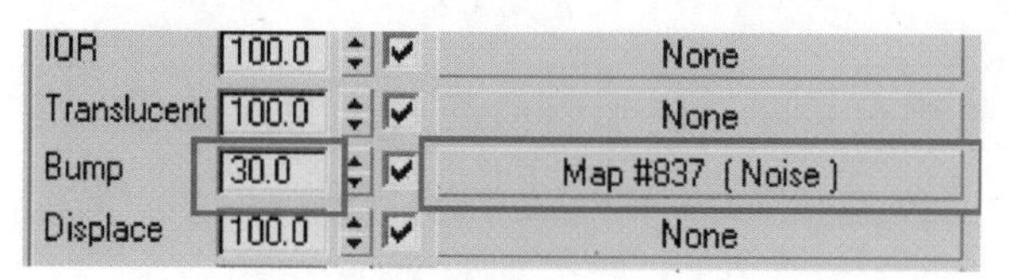

图 2.4.12

(6)噪波选项内的参数设置如图 2.4.13 所示。

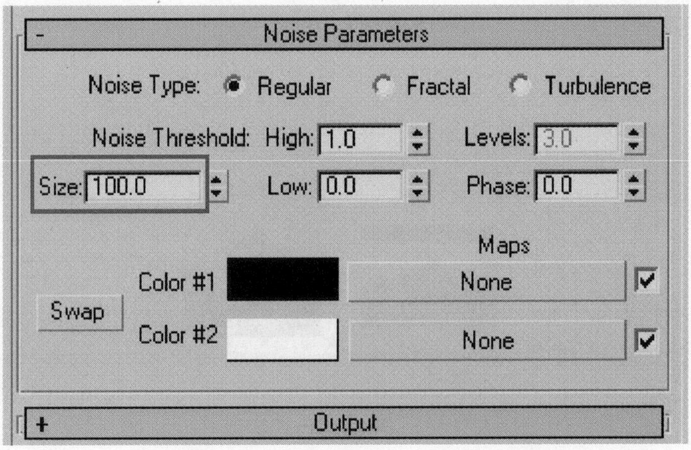

图 2.4.13

(7)水面的材质设置完毕，将材质赋予水面物体。但是由于水具有很强的反射性，还需再次进行环境设定，以利于水面的反射效果。打开环境面板，在环境中添加位图选项，如图 2.4.14 所示。

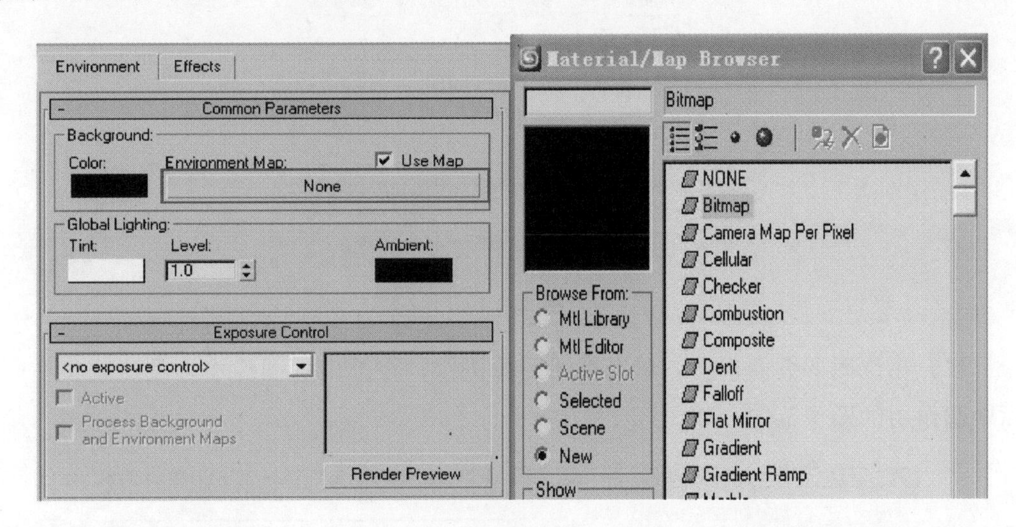

图 2.4.14

(8)鼠标左键单击位图按钮，拖拽到材质球上，在位图路径中，选择 HDRI 图片“hugo wolf2”，如图 2.4.15 所示。

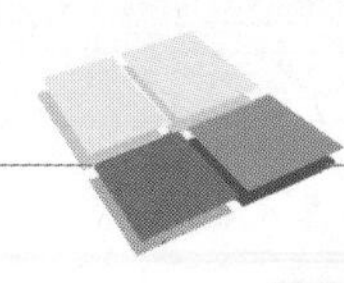

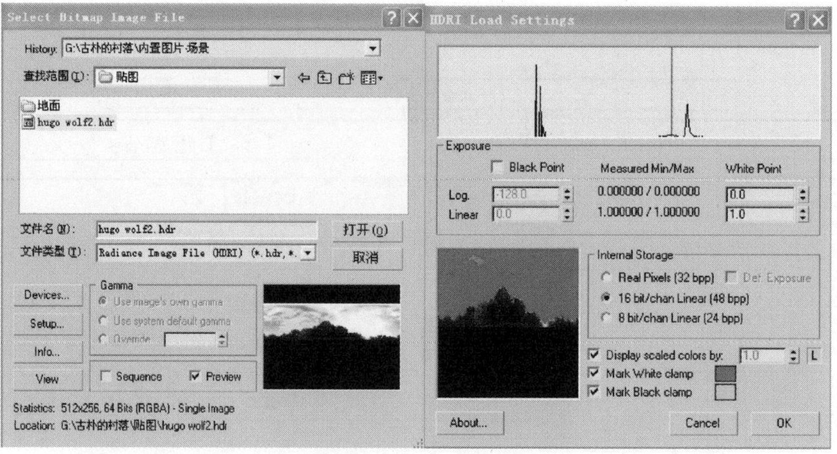

图 2.4.15

(9)在环境材质球上的参数设置如图 2.4.16。贴图类型为球形环境。

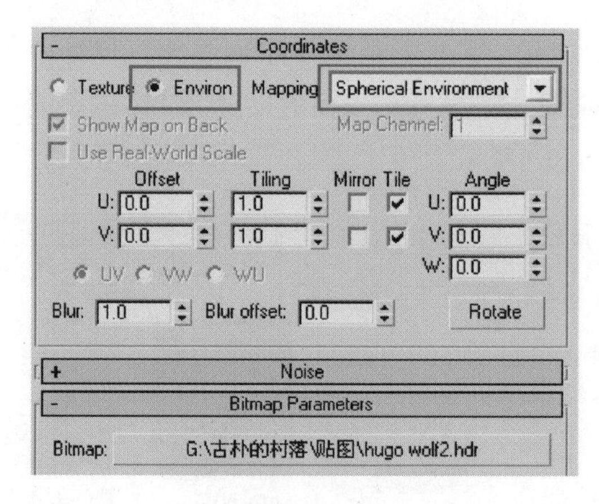

图 2.4.16

(10)在位图参数面板中，单击视图图像按钮，在弹出的图像中，重新调整在画面中起作用的图像范围，如图 2.4.17 所示。

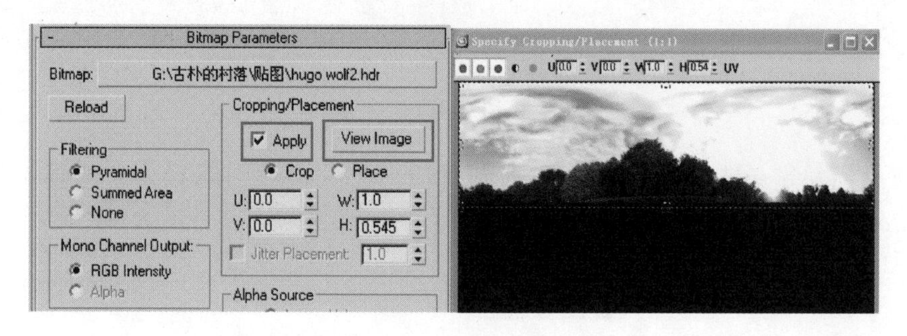

图 2.4.17

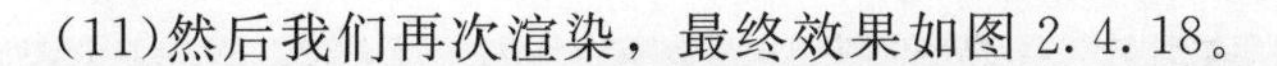

(11)然后我们再次渲染，最终效果如图 2.4.18。

图 2.4.18

3)后期校色

(1)我们在 Max 中的工作就要告一段落，下面我们需要在 Photoshop 中作校色，打开 Photoshop 软件，导入存储的渲染图片。我们注意到画面中水面的青色与整体色调格格不入，所以我们需要调整，选择色相/饱和度命令，选择青色一项，重新调整参数，效果如图 2.4.19。

图 2.4.19

(2)新建一个图层，在新图层上建立图示的选区，并单击右键，在弹出的面板中选择“羽化”，数值设定为 50，如图 2.4.20。

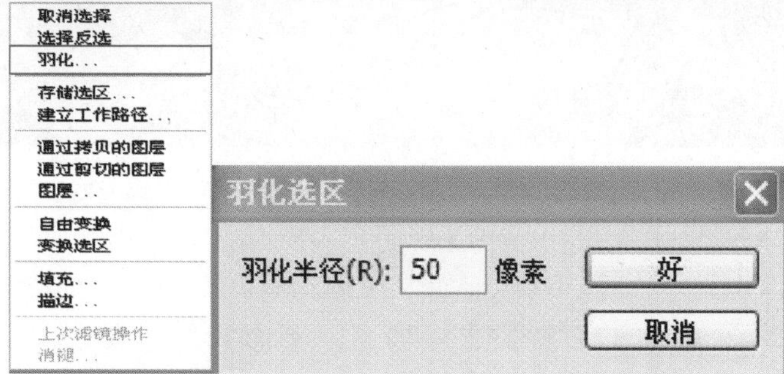

图 2.4.20

(3)将前景色设置为深蓝色，RGB 数值如图 2.4.21 所示。

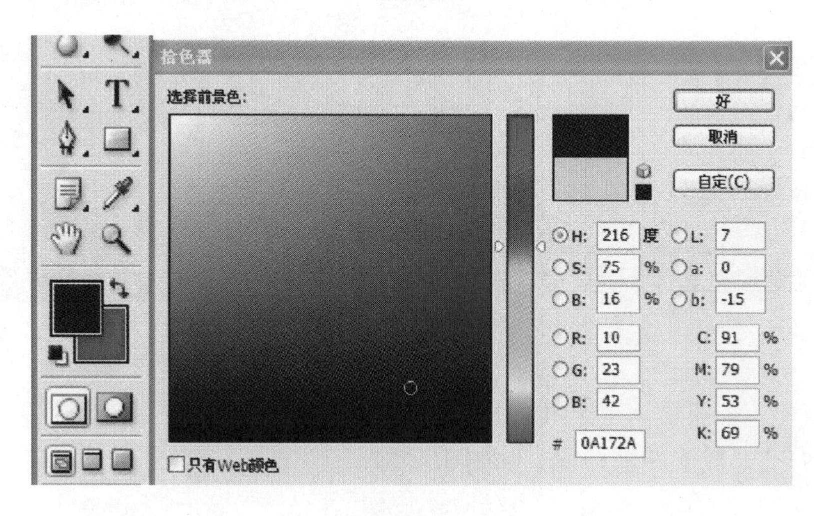

图 2.4.21

(4)把颜色填充在新建立的图层上，叠加方式改为“柔光”，效果如图 2.4.22。

图 2.4.22

(5)在图片图层上，建立一个如图的选区，同样使用“羽化”命令，不过数值这次改为 100，如图 2.4.23 所示。

图 2.4.23

(6)然后使用“曲线”命令，调整画面中心的亮度与对比度，如图 2.4.24 所示。

图 2.4.24

(7)最后我们再整体看一下图片，感觉画面中绿色与黄色调还是过于抢眼，所以同样我们使用色相/饱和度命令，再次调整绿色与黄色参数，如图 2.4.25 所示。

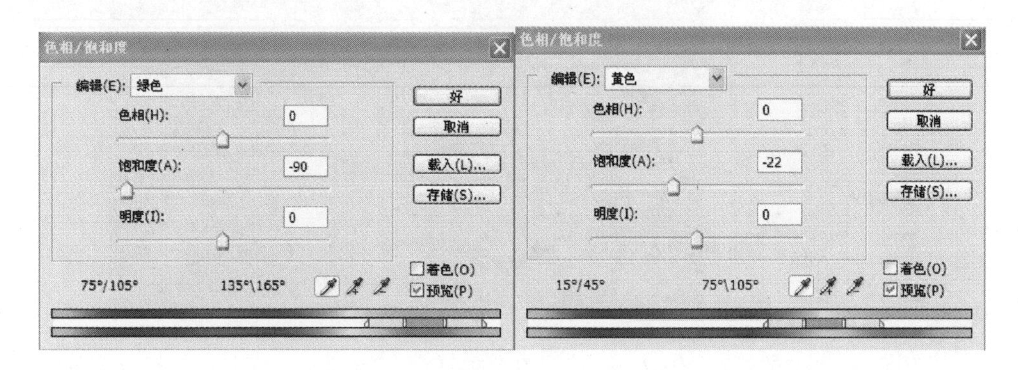

图 2.4.25

(8)本项目的最终效果就完成了，如图 2.4.26 所示。

图 2.4.26

2. 巩固训练

为读者自行设计的北方民居添加灯光，进行渲染处理，并对渲染出的效果图进行 PS 后期处理，使之达到预期的效果。

知识探究

灯光设置的几条原则

光与影是三维作品的生命，不过，对于3DS Max初学者来说，最头疼的就是灯光布置。光的设置方法会根据每个人的布光习惯不同而有很大的差别，这也是灯光布置难于掌握的原因之一。布光前应对画面的明暗及色彩分布有一定的设想，这主要是为了使灯光布置具有目的性。接下来就是如何用3D Studio Max中超现实的灯光去模拟自然光复杂的变化。

布光的原则有以下几条：

1. 在3D Studio Max场景中黑色是基色，所以应注意留黑，这样会使灯光的设置有调节的余地，可以产生微妙的光影变化。切勿将灯光设置太多、太亮，使整个场景一览无余，亮得没有了一点层次和变化，使渲染图显得更加生硬。记住，要谨慎地使用黑色，因为一切从黑色开始。

2. 灯光的设置不要有随意性，应事前规划。初学者都有随意摆放灯光的习惯，致使成功率非常低。大部分时间要在此耗费掉。根据自己对灯光的设想有目的地去布置每一盏灯，明确每一盏灯的控制对象是灯光布置中的首要因素，使每盏灯尽量负担少的光照任务，虽然这会增加灯光的数量，使场景渲染时间变慢，但为了得到逼真的效果，这是十分必要的。

3. 在布光上应做到每盏灯都有切实的效果，对那些效果微弱，可有可无的灯光要删除。不要滥用排除、衰减，这会加大对灯光控制的难度。使用效率高，可控强，表现效果好的光照模拟体系是灯光布置的目标。

知识拓展

渲染图的后期Photoshop处理

渲染图的后期Photoshop处理，对于某些初学的人可能会认为这是个结尾的过程，不太重要，其实这是个非常重要的过程。渲染完成的只是一个主体，离预期的效果可能会差得很远，大部分都是靠PS进行后期处理，一般有合成、调色、加元素几种手法。

后期处理主要包括以下几个方面：

1. 修改缺陷。这是效果图后期处理的第一部分，主要是修改模型的缺陷或由于灯光设置所形成的错误。

2. 调整图像的品质。通常是使用“亮度/对比度”“色相/饱和度”等进行调整，

以得到更加清晰、富有层次感的图像。

3. 添加配景。使建筑效果图更加真实、生动。但需要注意的是，在后期处理时添加的配景，无论是人物还是车子，都必须保证其透视角度与建筑物的透视角度保持一致，光影效果与建筑物的光影效果一致。

4. 制作特殊效果。比如制作光晕、光带，绘制水滴、喷泉等。

思考与练习

1. 如何布光才能达到最佳的效果？

答：进行灯光布置时，主要根据场景的大小。小的场景可以采用三角形布光法(即三点照明法)，这种布光法有三种基本类型的光源(主光、背光、辅助光)，三者的排列多呈三角形。如果是一些大场景，则将一个大的区域分割成几个小区域，然后分别使用基本的三角形布光法照明小区域。

三点照明容易学和理解，这种设置的最大问题是它是故意的，并不能反映真实。三点照明简单制造出的光照类型在自然中并不存在，因此它看起来很假。如果想要照明一个环境或者一个物体，那么在照明中尝试一些自己的创造性的想法将会好得多，多研究在自然中发生的光照情景，然后发明自己的光照解决方案。

2. 有关 Vray 代理物体的几个知识点

答：(1)VR 代理物体可以调整大小、修改贴图、编辑材质球。

(2)VR 代理物体可以关联复制、拷贝复制、可根据场景的需要，自我选择。

(3)VR 代理物体无法编辑、修改模型部分，如需要修改只能在制作 VR 代理物体之前就修改好，再制作成 VR 代理物体。

(4)VR 代理物体在场景中的显示方式可以选择 Box 显示，这样节约内存让操作更加顺畅。

项目3　水果庄园

学习目标

1. 能熟练掌握卡通场景建模的基本操作方法；

2. 了解为卡通场景模型赋予材质和贴图；

3. 掌握卡通场景布灯的基本操作方法；

4. 掌握场景渲染基本设置。

技能要求

1. 建模要求在保证外观造型严谨且合理，避免模型布线中产生乱线；

2. 卡通材质的调节方法，以及透明贴图和自发光贴图的应用；

3. 掌握室外灯光、球形环境贴图。

任务1　制作桃子屋模型

☆情景描述

桃子是一个可爱的姑娘，居住的屋子也是圆润可爱的形状。桃子的造型、粉红的颜色、俏皮的发团，构成了桃子屋。

☆相关知识与技能点

1. 修改场景单位；
2. 模拟桃子的样子做出模型外观。

☆工作任务

1. 实践操作

1)修改单位

(1)软件的菜单栏单击“Customize ”(自定义)→“Units Setup”(单位设置)。

(2)打开修改单位对话框“Display Unit Scale”(显示单位大小)→“Metric”中的“Meters”(米)改为“Centimeters”(厘米),如图 3.1.1 所示。

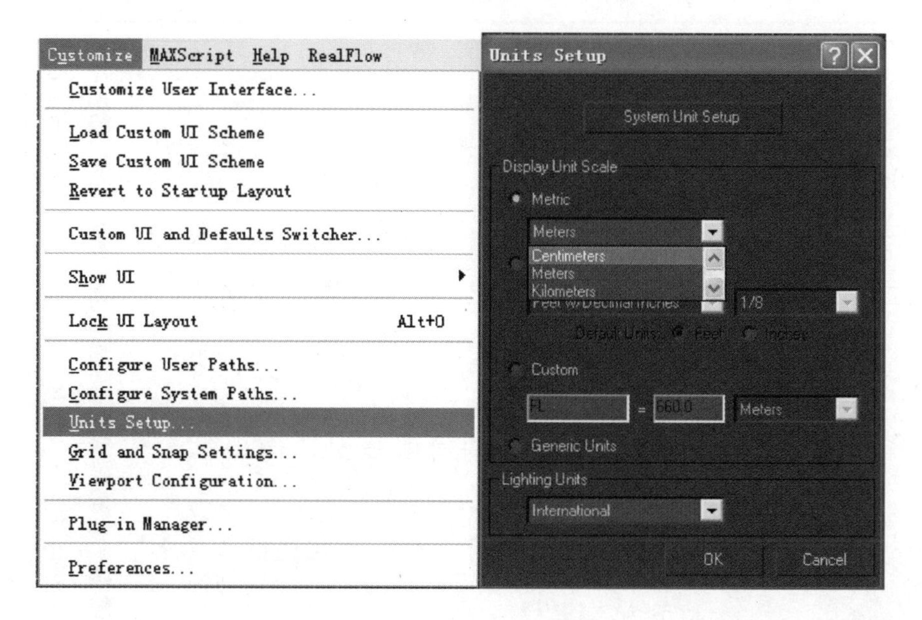

图 3.1.1

(3)单击“System Units Setup”(系统单位设置)按钮,把“System Units Scale”→“Inches”(英寸)改为“Centimeters”(厘米),如图 3.1.2 所示。

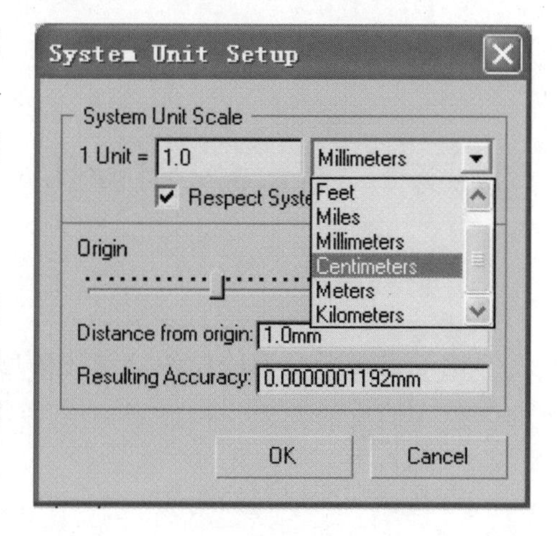

图 3.1.2

2)制作桃子屋模型

(1)创建球体作为桃子屋的基本形状。因为最后要给模型 Meshsmooth(网格平滑),所以在模型编辑的时候把分段数降低,便于操作节省资源。把 Segments(分段)改为 16,Hemisphere 改为 0.4,得到一个半圆形。

(2) 选择创建的半圆形,在物体选择状态下单击鼠标右键在快捷菜单中选择“Convert to”(转化)→“Convert to Editable Poly”(转化为可编辑多边形),如图 3.1.3 所示。

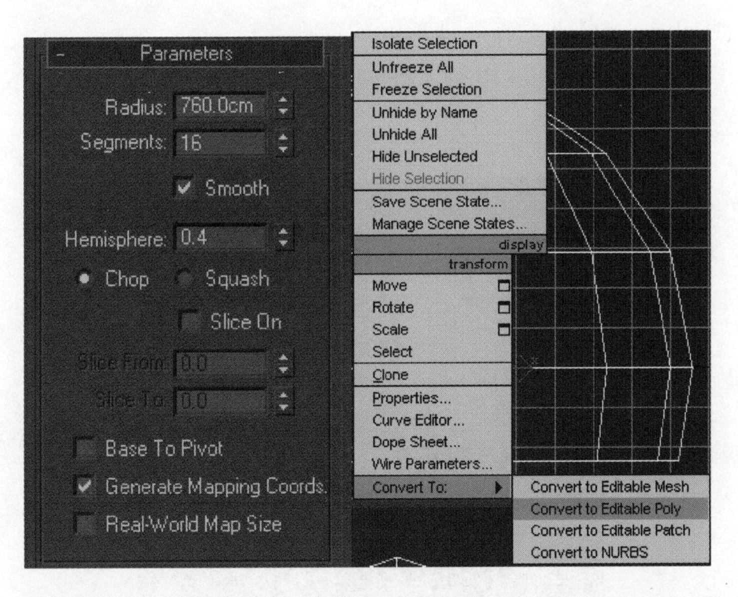

图 3.1.3

(3)选择打开“Editable Poly”(可编辑多边形)中的“Vertex”(点)层级，打开“Soft Selection”(软选择)勾选“Use Soft Selection”(使用软选择)，“Falloff”(衰减)改为 500 cm。

(4)选择最上面的点向上移动，如图 3.1.4 所示。

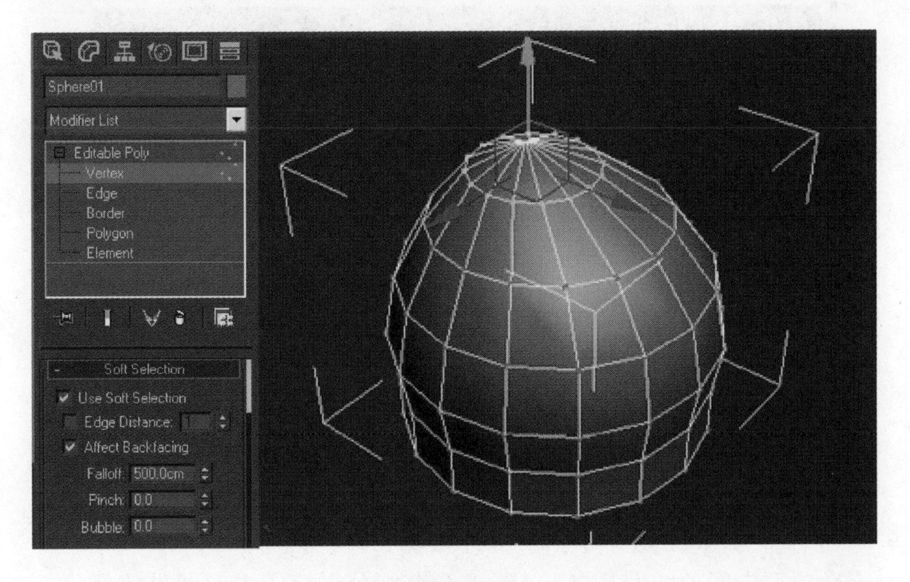

图 3.1.4

(5)进入“Polygon”层级选择底部所有的面删除。

(6)进入“Border”层级选择底部一圈开放的边，按住“Shift”键向下拉伸出新的面，如图 3.1.5 所示。

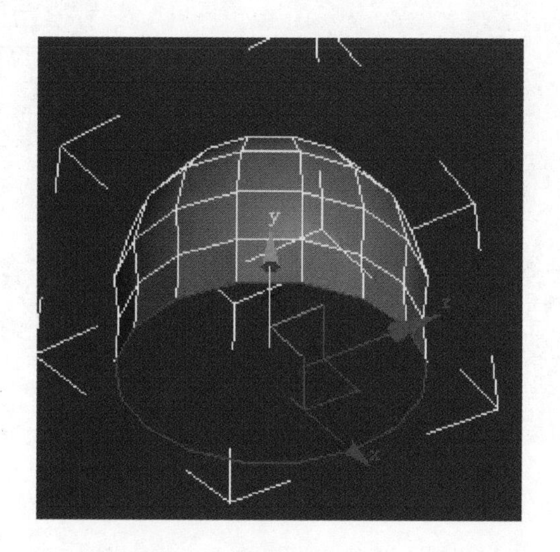

图 3.1.5

(7)进入“Polygon”层级选择中间一圈的面，加入“Slice Plane”(切割平面)单击 Slice 切出新的面，如图 3.1.6 所示。

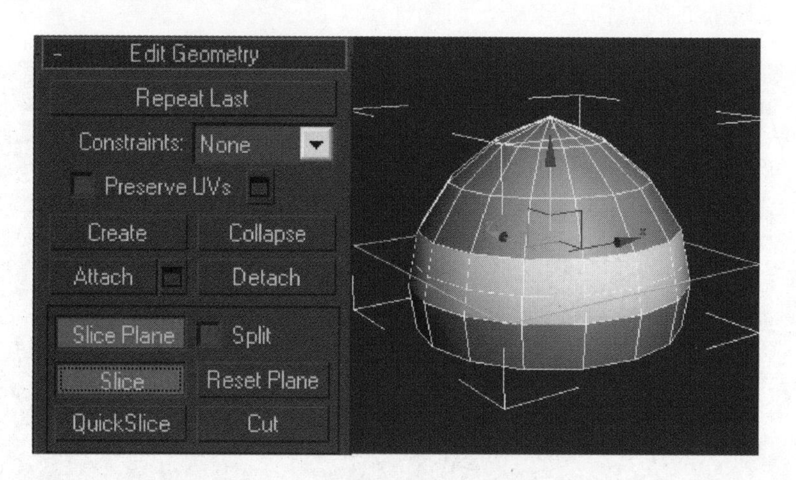

图 3.1.6

(8)选择中间的六个面删除作为屋门的开口。

(9)选择模型中间的线使用“Charmer”命令细分做桃子中间凹进的部分。选择打开的口位置的点使用移动工具做出门的造型，最后给整个模型加入“Shell”(壳)修改器做出厚度，如图 3.1.7 所示。

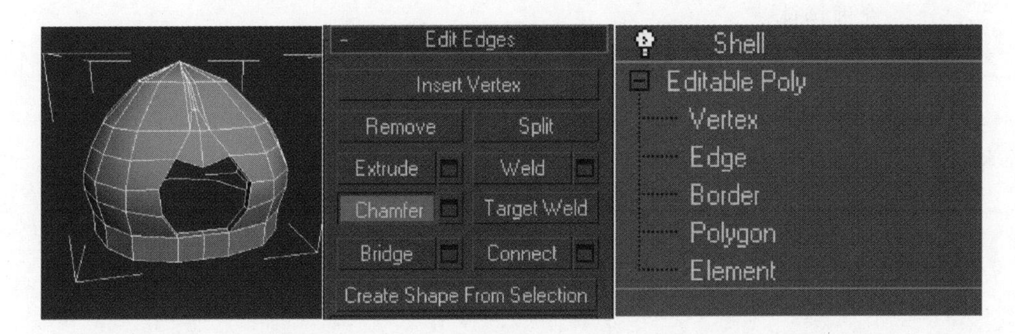

图 3.1.7

3)美化细节

创建两个球体、两个圆柱体作为桃子屋的细节，然后把整个模型 Group(成组)，组名称为"桃子屋"，如图 3.1.8 所示。

图 3.1.8

4)分层管理物体

(1)单击工具行的 Layer Manager 层管理按钮。

说明：图层工具是非常重要的控制工具，在制作大场景时经常用到，下面简单介绍一下图层工具一些命令的作用。

打开层窗口以后出现 6 个按钮分别是：

Create New Layer(创建新层)

Delete Highlighted Empty Layers(删除空层)

注意：这里的删除按钮在图层不为空或者图层为空但是该层在选择状态下时，是未激活状态不能使用。

Add Selected Object to Highlighted Layer(添加选择物体到该层)

Selected Highlighted Objects and Layers(选择物体和层)

Highlighted Selected Objects' Layers(选择物体所在层)

Hide/Unhide All Layers(隐藏/取消隐藏所有层)

注意：这里的隐藏功能大于层自身的隐藏功能。

Freeze/Unfreeze All Layers(冻结/取消冻结所有层)

注意：这里的冻结功能大于层自身的冻结功能。

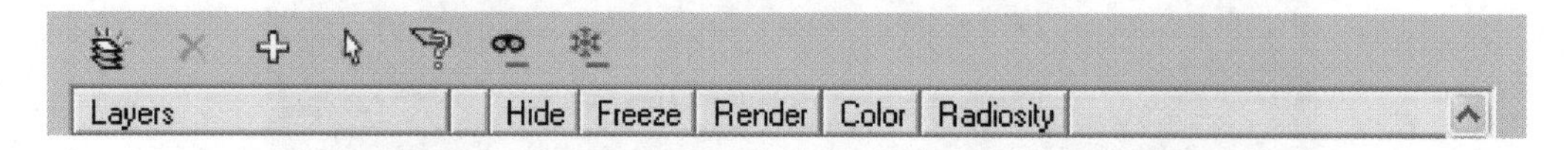

(2)打开 Layer 层窗口以后按下 Create New Layer(创建新层)如图 3.1.9 所示。

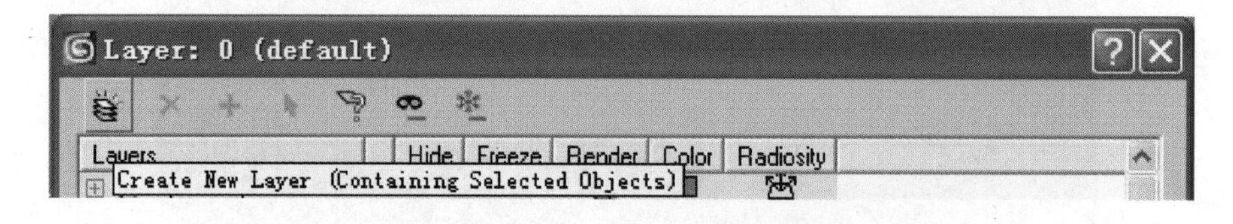

图 3.1.9

(3)把新的层改名为“桃子屋”，选择刚刚创建的模型单击“Add Selected Object to Highlighted Layer”按钮把模型添加到“桃子屋”层中。如图 3.1.10 所示。

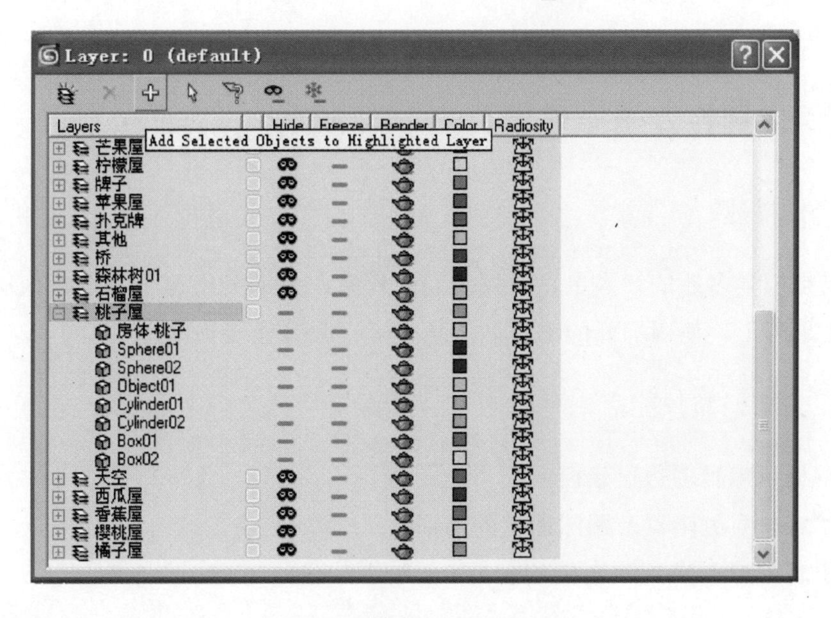

图 3.1.10

2. 巩固训练

通过上述工作任务我们制作了一个桃子形状的房屋，在制作过程中重点讲解了模型制作的常用手法及分层管理工具；请参考下面样图 3.1.11 制作冷饮型建筑。

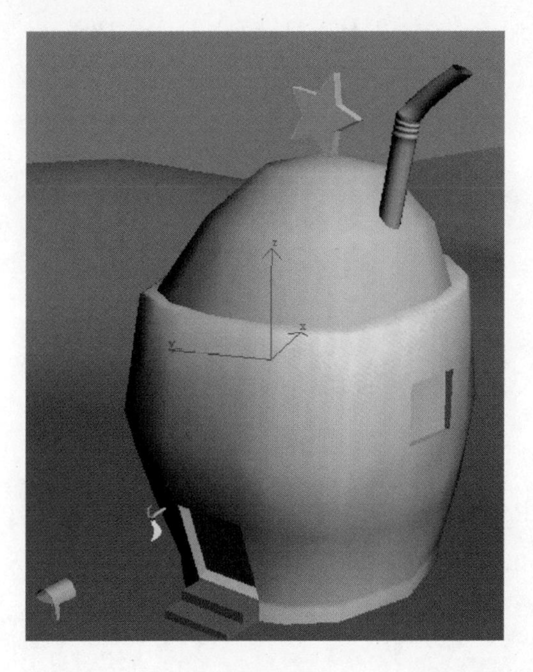

图 3.1.11

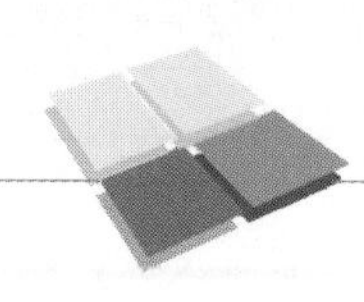

任务 2　制作芒果屋模型

☆情景描述

芒果是博学多才的智多星，是村民们的智囊，为了突出这个特点，他居住的屋子采用芒果外形，使用翻开的书本做屋顶、黑框眼镜做装饰物。

☆相关知识与技能点

1. 掌握可编辑多边形建模；
2. 了解材质编辑器及贴图通道的使用；
3. 了解模型 UVW 拆分和 Photoshop 制作贴图。

☆工作任务

1. 实践操作

1)制作台阶

(1)台阶：创建“Box”(立方体)“Length”(长)135 cm“Width”(宽)120 cm“Heigh”(高)270 cm，“Width Segs”(宽分段)改为 3，如图 3.2.1 所示。

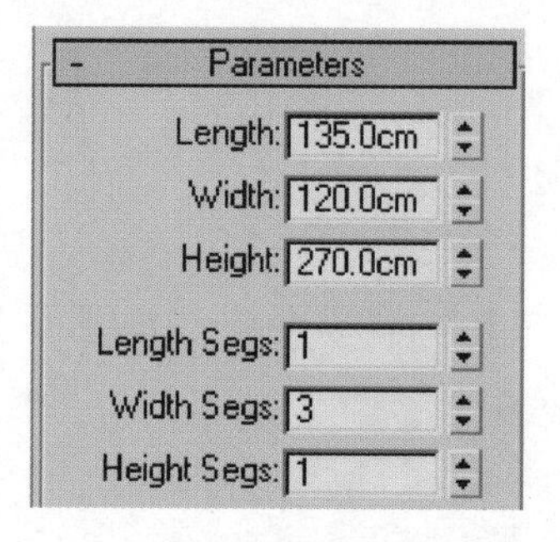

图 3.2.1

(2)右键转化“Editable Poly”(可编辑多边形)，进入“Polygon”层级选择下面的两个面“Extrude”(挤出)100 cm，如图 3.2.2 所示。

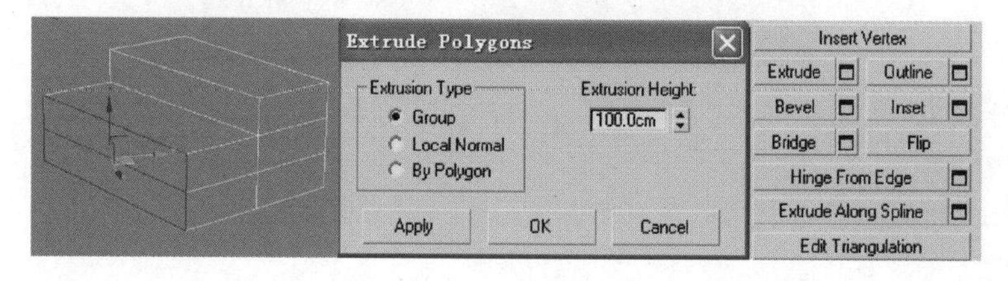

图 3.2.2

(3)再选择最下面的一个面“Extrude”(挤出)90 cm，如图 3.2.3 所示。

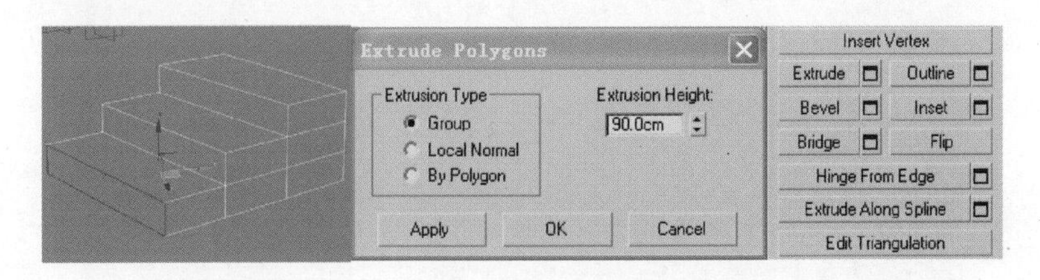

图 3.2.3

2)制作芒果屋

(1)建立“Sphere”(球体)“Radius”(半径)550 cm，“Segment”(分段)24，在物体选择状态下单击鼠标右键在快捷菜单中选择“Convert to”(转化)→“Convert to Editable Poly”(转化为可编辑多边形)，如图 3.2.4 所示。

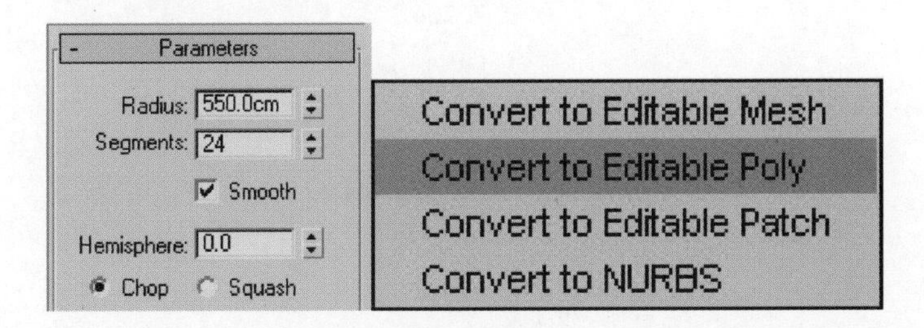

图 3.2.4

(2)进入“Vertex”(点)层级，打开“Soft Selection”(软选择)选择“Use Soft Selection”(使用软选择)，Falloff(衰减)改为 1000 cm，选择最后面的点移动做出芒果基本形状，如图 3.2.5 所示。

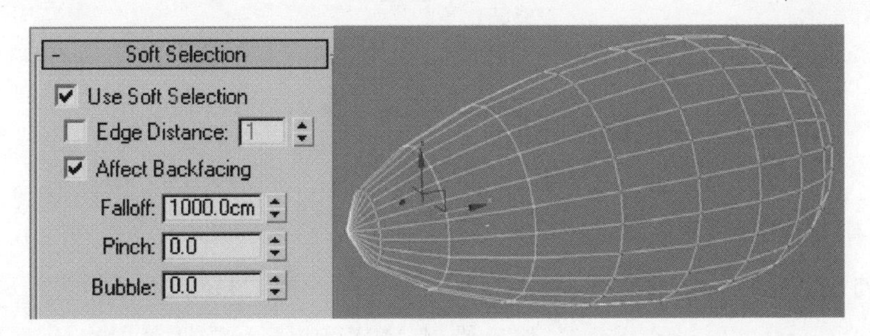

图 3.2.5

(3)使用移动工具编辑出芒果的形状，选择中间的四个面“Detach”(分离)，分出房屋的主体和门两部分，如图 3.2.6 所示。

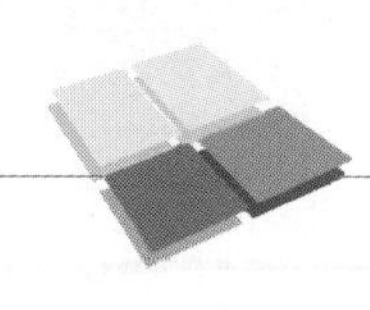

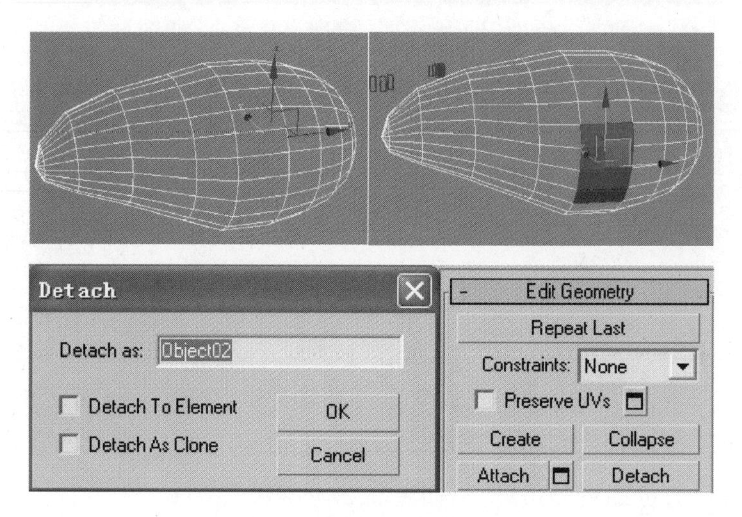

图 3.2.6

(4)分别给门和房屋添加“Shell”(壳)修改器，厚度为 30 cm，如图 3.2.7 所示。

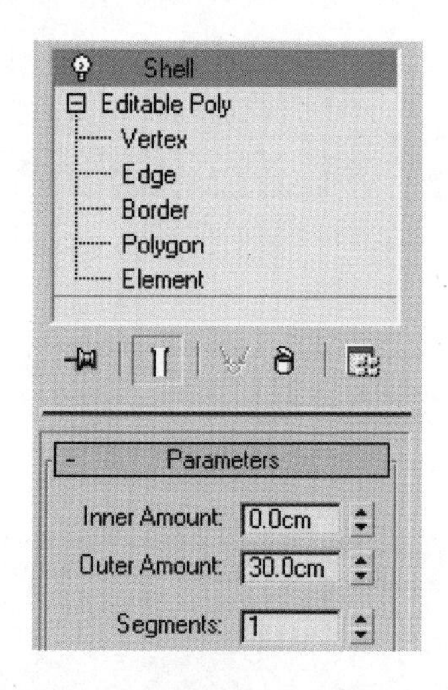

图 3.2.7

3)制作屋顶

(1)创建“Box”(立方体)“Length”(长)“Width”(宽)“Heigh”(高)为：850 cm×170 cm×150 cm；“Length Segs”(长分段)4，“Width Segs”(宽分段)4。

(2)在物体选择状态下单击鼠标右键在快捷菜单中选择“Convert to”(转化)→“Convert to Editable Poly”(转化为可编辑多边形)。在“Vertex”(点)层级，用移动工具移动点的位置做出弯曲的形状，如图 3.2.8 所示。

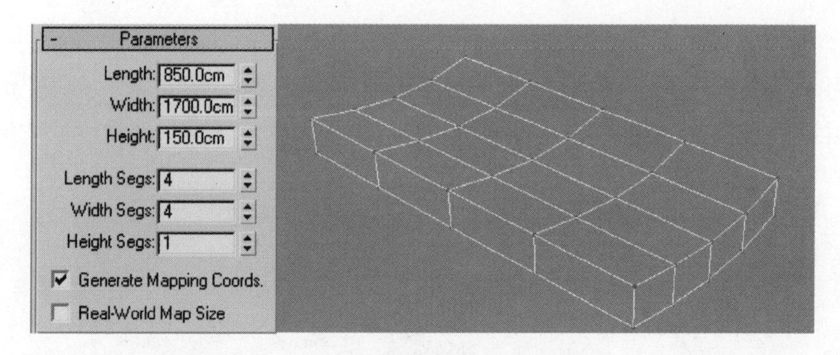

图 3.2.8

(3)使用旋转工具旋转 45°，进入“Polygon”(面)层级选择右侧的四个面“Extrude”(挤出)120 cm，在“Vertex(点)”层级，用移动工具移动点的位置，如图 3.2.9 所示。

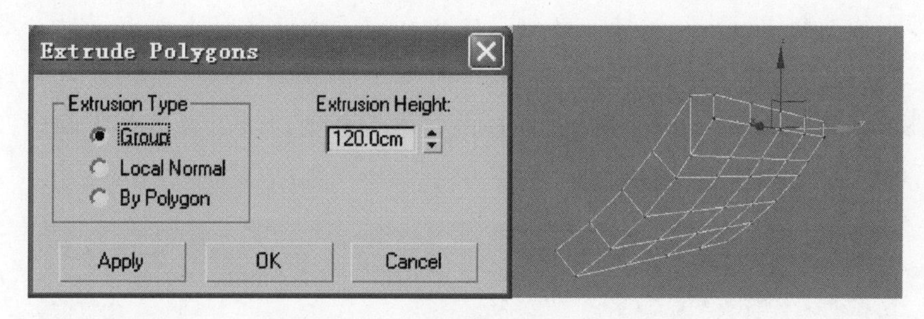

图 3.2.9

(4)添加“Symmetry”(对称)修改器，选择对称轴为 Z 轴，进入“Mirror”(镜像)层级使用旋转工具旋转 45°，再移动“Mirror”位置做出屋顶的形状，如图 3.2.10 所示。

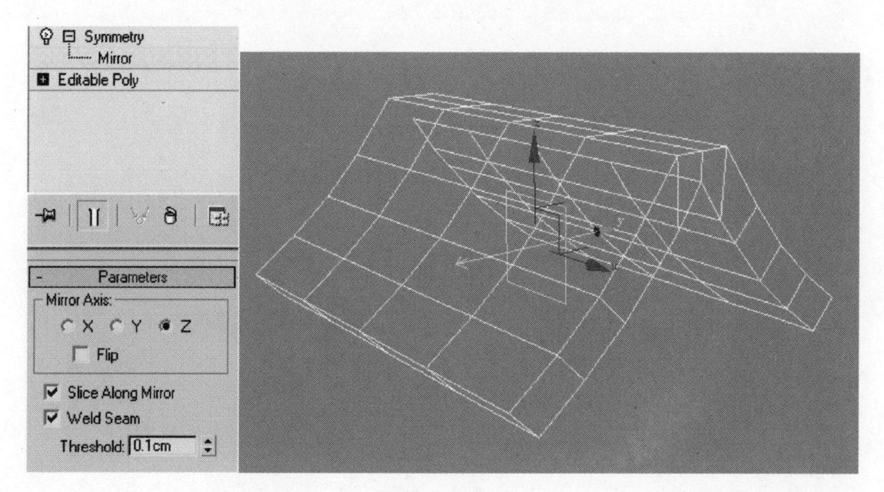

图 3.2.10

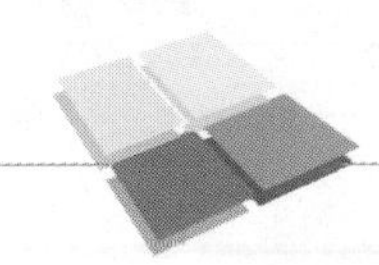

4)制作眼镜

(1)为了突出芒果博学多才的个性在屋子上添加眼镜形的装饰。创建“torus”(圆环),使用移动旋转工具放到芒果屋模型前端,圆环参数如图 3.2.11 所示。

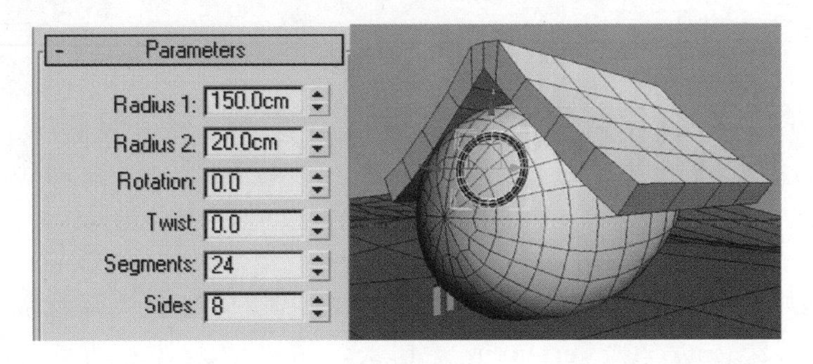

图 3.2.11

(2)眼镜的制作方法和屋顶一样也是做出在物体选择状态下单击鼠标右键在快捷菜单中选择“Convert to”(转化)→“Convert to Editable Poly”(转化为可编辑多边形)。进入到物体的 Vertex(点层级)选择两侧的点移动。然后再选择中间的四个面“Bevel”(倒角挤出),如图 3.2.12 所示。

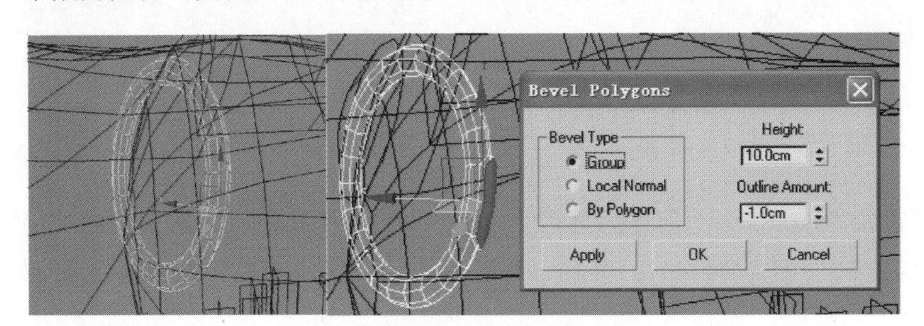

图 3.2.12

(3)选择继续使用“Extrude”(挤出)并调整点的位置。使用同样的方法作出后面的部分,完成眼镜的制作。如图 3.2.13 所示。

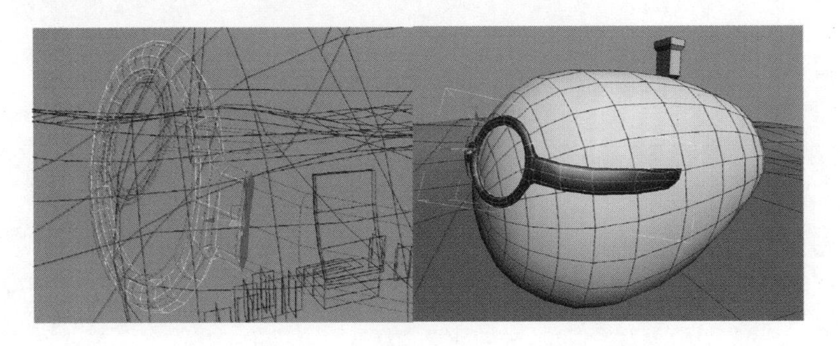

图 3.2.13

(4)添加“Symmetry”(对称)修改器做出完整的眼镜。创建“Sphere”(球体)降低“Segments”(分段数)为 12，“Hemisphere”(半球)为 0.68，作为眼镜的镜片。

5)制作烟囱

创建 Box(立方体)转化为“Editable poly”，选择顶面“Bevel”(倒角挤出)扩大顶面在使用“Extrude”(挤出)命令，建立烟囱的模型放到屋顶上，完成芒果屋的制作。如图 3.2.14 所示。

图 3.2.14

6)制作材质

(1)制作芒果屋本体材质，按下“M”键，打开材质编辑器选择一个空的材质球把 Diffuse 颜色改为黄色，接近芒果的颜色即可，选择芒果模型单击材质编辑器中的“Assign Material to Selection”(赋予材质到选择)按钮，把做好材质赋予到芒果模型上。如图 3.2.15 所示。

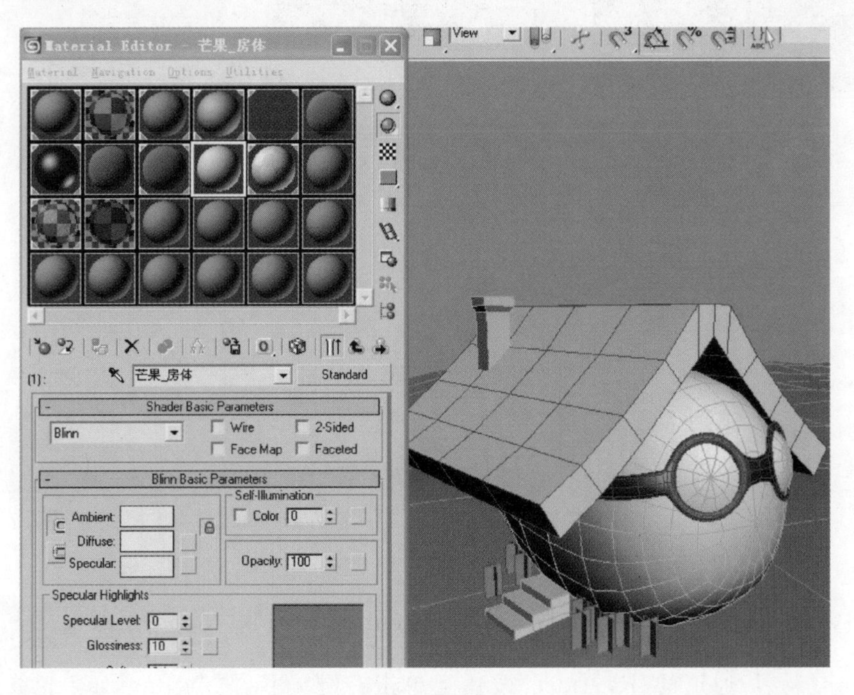

图 3.2.15

(2)制作眼镜框的材质，按下“M”键，打开材质编辑器选择一个空的材质球把“Diffuse”颜色改为黑色，“Specular Level”(高光级别)值改为 75，“Glossiness”(光泽度)改为 21，选择眼镜框模型单击材质编辑器中的“Assign Material to Selection”(赋予材质到选择)按钮，把做好材质赋予到眼镜框模型上。如图 3.2.16 所示。

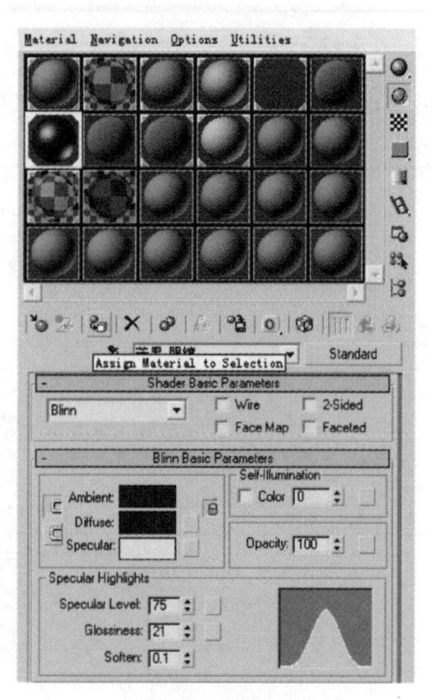

图 3.2.16

(3)眼镜片的玻璃材质。按下“M”键，打开材质编辑器，选择一个空的材质球把“Diffuse”颜色改为白色。打开 Maps 贴图区选择“Reflection”(反射)通道单击“None”按钮打开贴图列表选择“Raytrace”光线跟踪贴图，单击“OK”按钮确定。如图 3.2.17 所示。

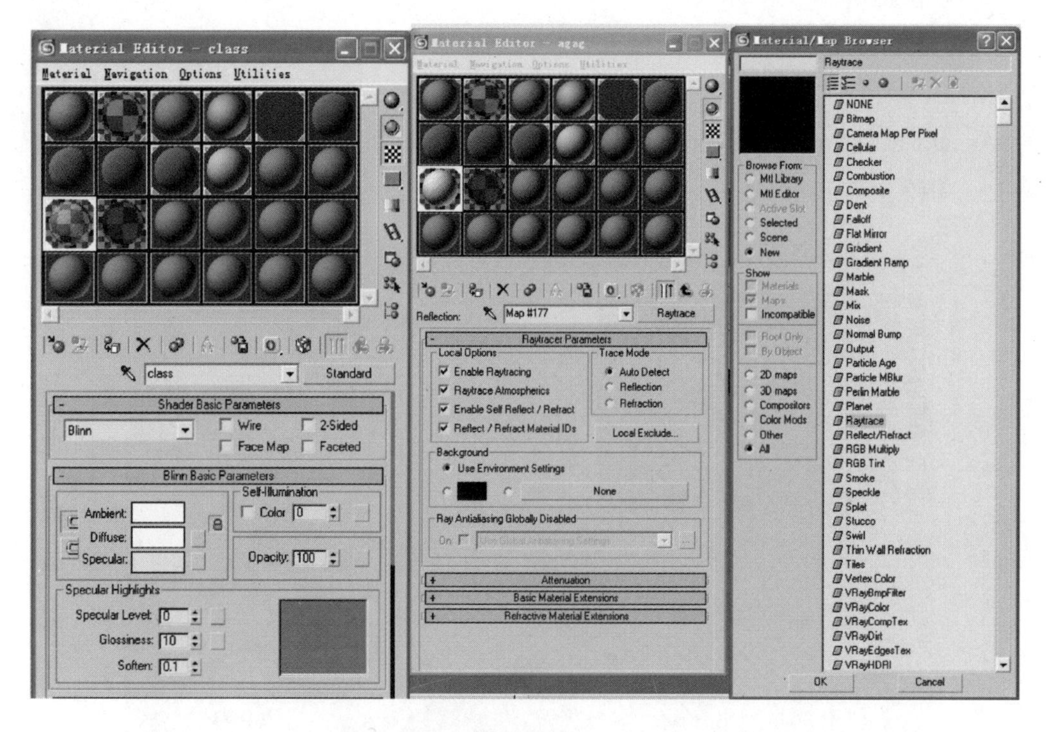

图 3.2.17

(4)完成反射通道的贴图单击“Go to Parent”按钮回到“Maps”层级，在 Reflection(反射)通道的“Raytrace”按钮上单击右键 copy 复制 Raytrace 光线跟踪贴图，Paste 粘贴到“Refraction”(折射)通道的“None”按钮上，最后把反射通道的

Amount值改为 20，折射通道 Amount 值改为 80。如图 3.2.18 所示。

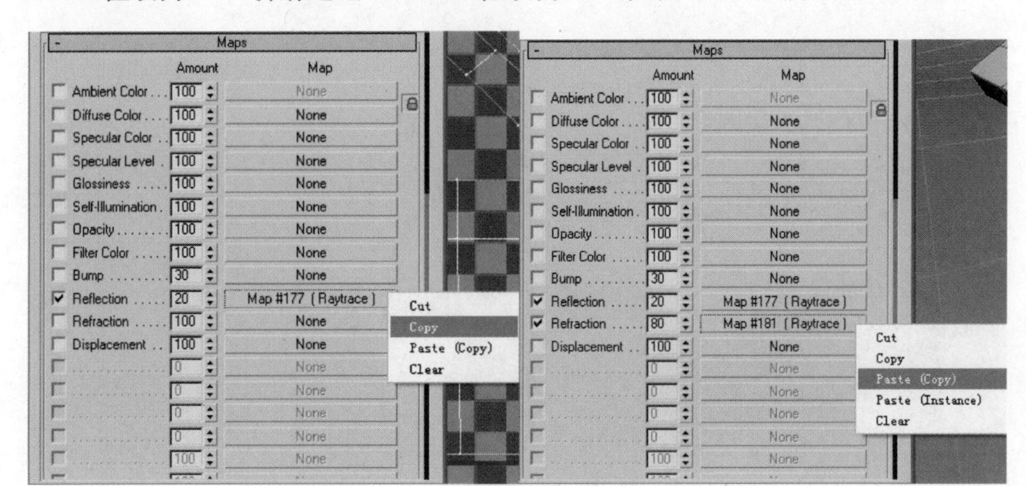

图 3.2.18

(5)材质效果完成后，选择场景中的镜片模型，单击材质编辑器中的"Assign Material to Selection"(赋予材质到选择)按钮，把做好的玻璃材质赋予到镜片模型上。如图 3.2.19 所示。

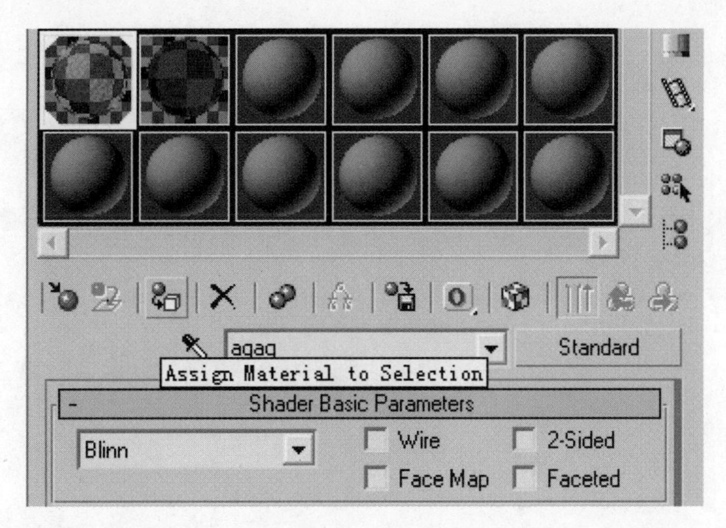

图 3.2.19

(6)下面开始制作屋顶的材质，屋顶的装饰比较复杂，直接使用材质球不能满足制作需要，所以选择屋顶模型在修改列表里添加 Unwrap UVW 修改器。如图 3.2.20 所示。

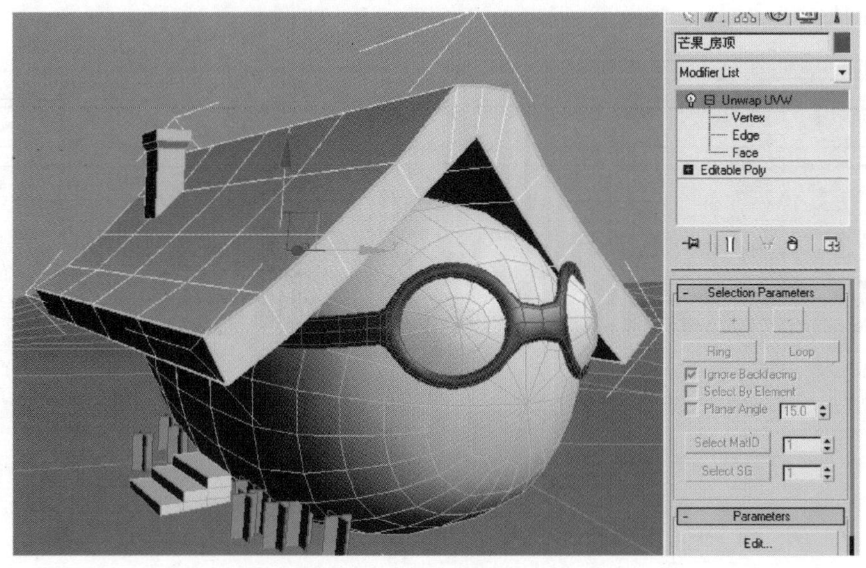

图 3.2.20

(7)单击“Edit”编辑按钮，打开 UVWs 编辑窗口，蓝色方块内为贴图区，选择修改器中的“Vertex”点层级使用移动工具拆分 UVW 把屋顶的每个面都打开展平。如图 3.2.21 所示。

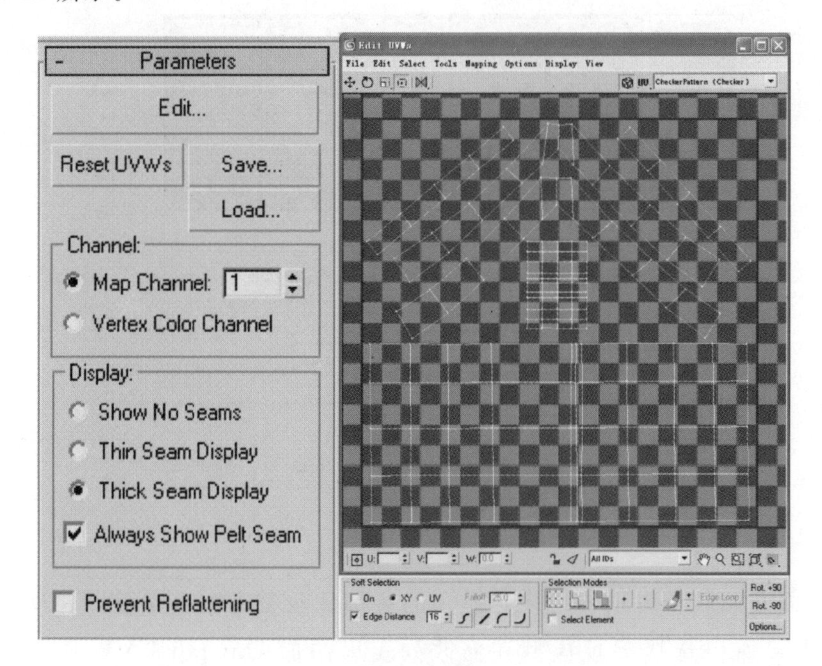

图 3.2.21

(8)使用菜单中的“Tools”(工具)→“Render UVW Template”命令打开“Render UVs”窗口。如图 3.2.22 所示。

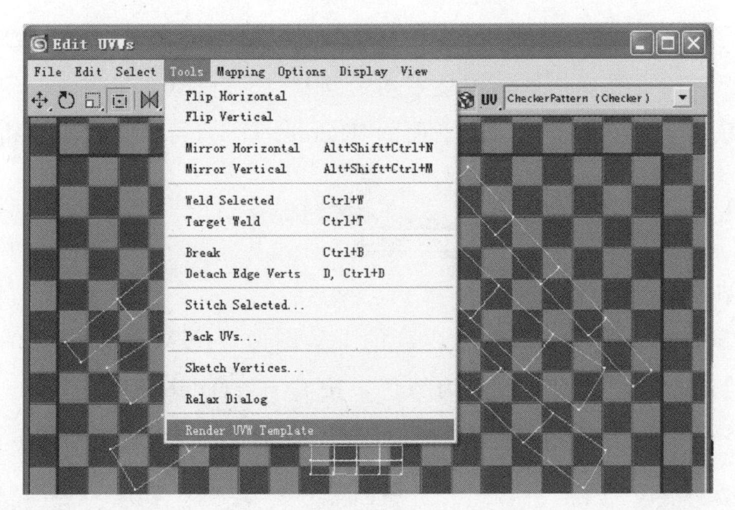

图 3.2.22

(9)把“Width”值和“Height”值改为 512。

说明：这两个数值决定渲染 UV 图像的大小也是贴图的大小，数值越大，图像越清晰效果越好，反之，效果越差。

(10)取消“Seam Edge”的选择。如图 3.2.23 所示。

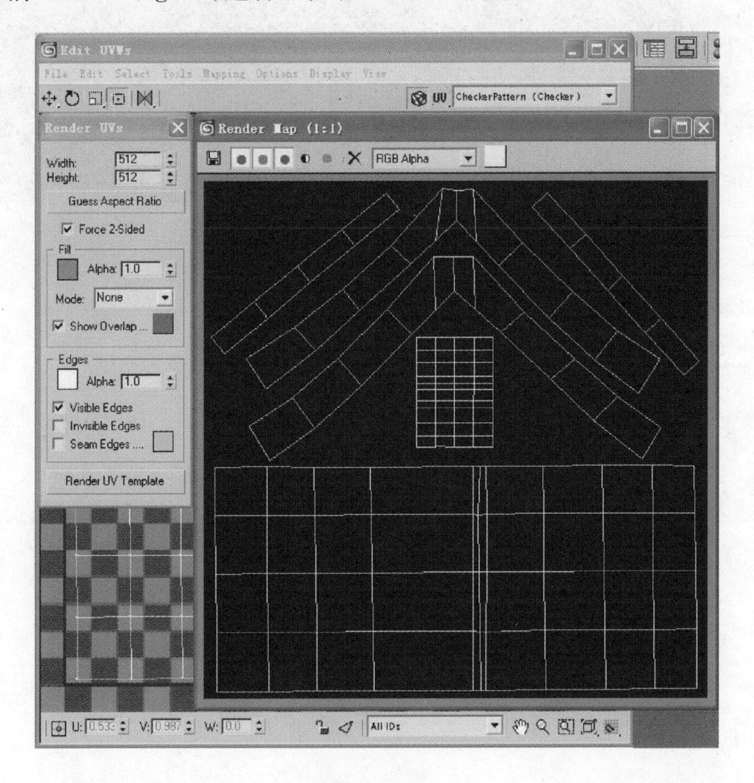

图 3.2.23

说明：这个选择决定缝合边缘线的颜色，默认为绿色取消以后为白色，这里取消选择使用白色的线更加清晰，方便贴图的绘制。

(10)做好以上设置单击窗口最下面的“Render UV Template”按钮得到模型 UV 的图像，单击“Save Bitmap” 按钮保存。

7)制作贴图

(1)用 Photoshop 软件打开刚才保存的 UV 图像，按 M 键使用“选框工具”按照 UV 的形状绘制选区，把前景色改为绿色，按 Ctrl＋Delete 组合键填充前景色制作贴图，新建图层使用文字工具输入“△○”作为屋顶贴图的图案。如图 3.2.24 所示。

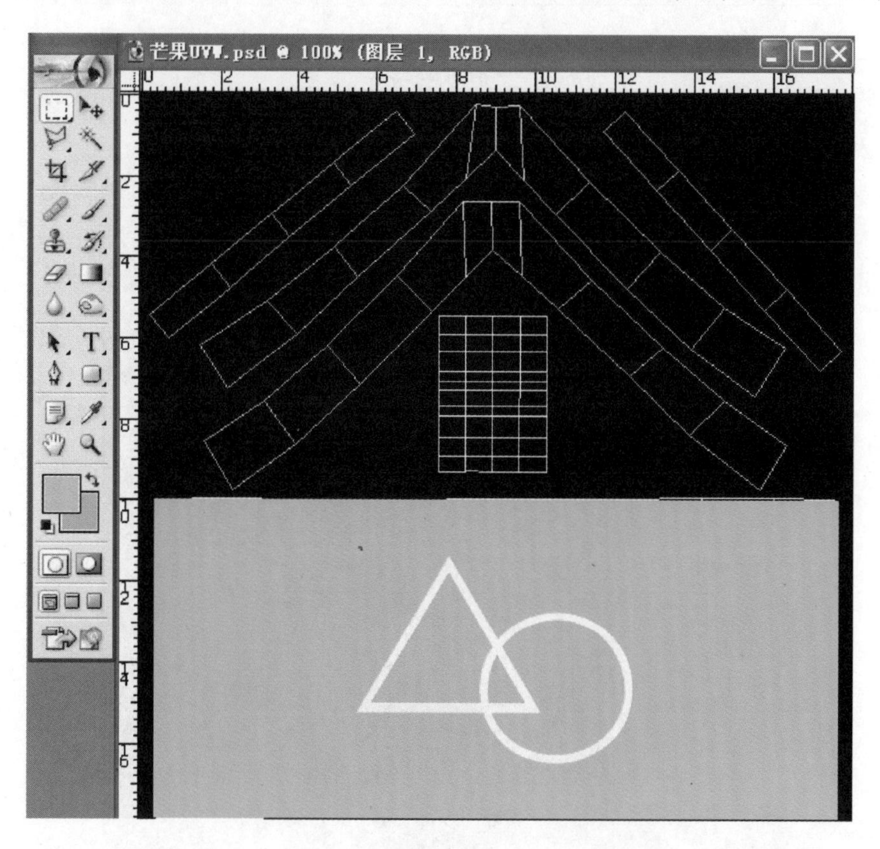

图 3.2.24

(2)使用钢笔路径工具，按照屋顶 UV 的形状绘制路径，做好封闭的路径以后按鼠标右键转化为选区，按照最初的设计思路，屋顶是一本打开的书造型，所以选区填充白色作为书内页的部分。如图 3.2.25 所示。

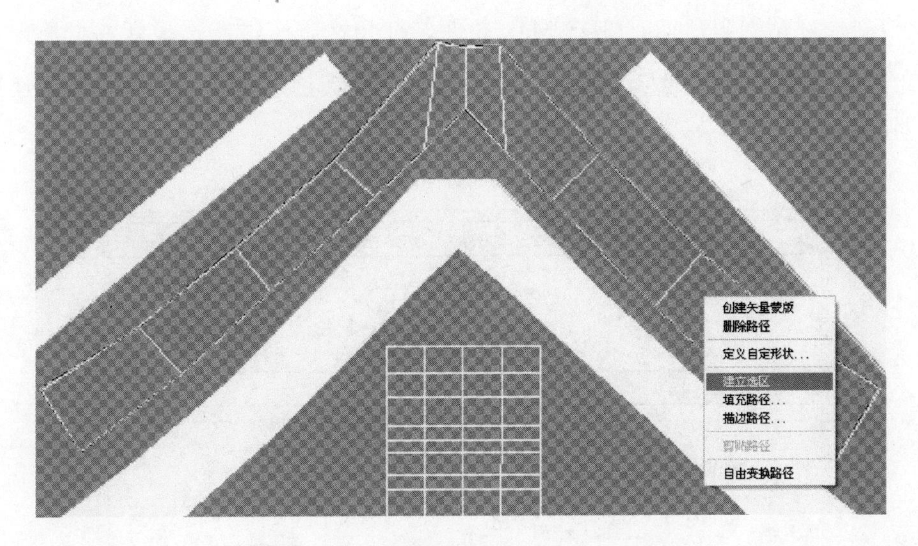

图 3.2.25

(3)使用选框工具绘制内页的细节，最终贴图效果如图 3.2.26 所示。

图 3.2.26

(4)制作好贴图以后回到 3DS Max 软件，打开材质编辑器选择新的材质球单击“Diffuse”旁的按钮打开漫反射通道，贴图列表选择“Bitmap”，选择刚刚保存的贴图。如图 3.2.27 所示。

Shader Basic Parameters
Blinn
Wire
2-Sided
Face Map
Faceted
Blinn Basic Parameters
Self-Illumination
Ambient:
Color
0
Diffuse:
M
Specular:
Opacity:
100
Specular Highlights
Specular Level:
0
Glossiness:
10
Soften:
0.1

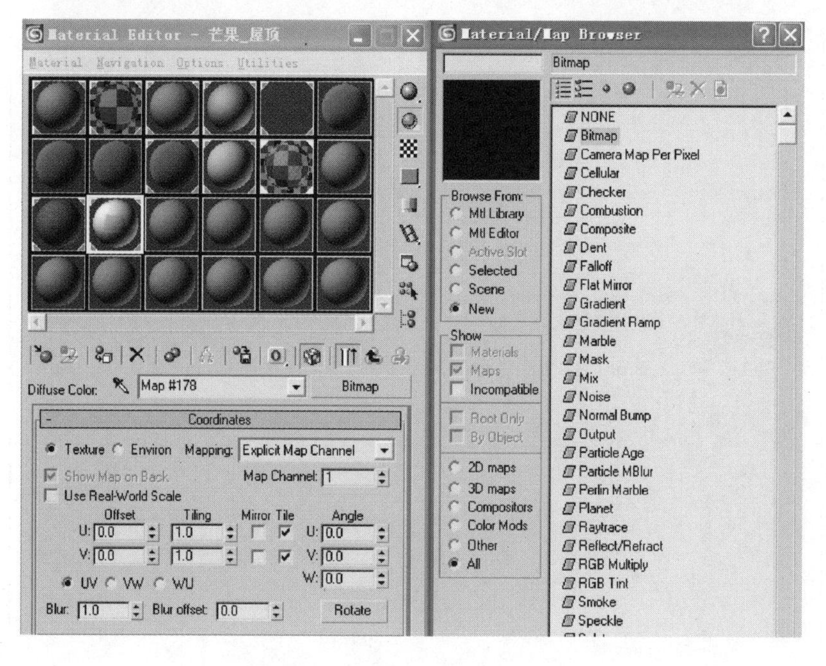

图 3.2.27

(5)接下来制作屋顶烟囱的贴图，同样选择新的材质球单击“Diffuse”旁的按钮打开漫反射通道，贴图列表选择“Bitmap”，选择素材文件夹中的“Brkwea. JPG”图片作为烟囱的贴图。如图 3. 2. 28(a)所示。

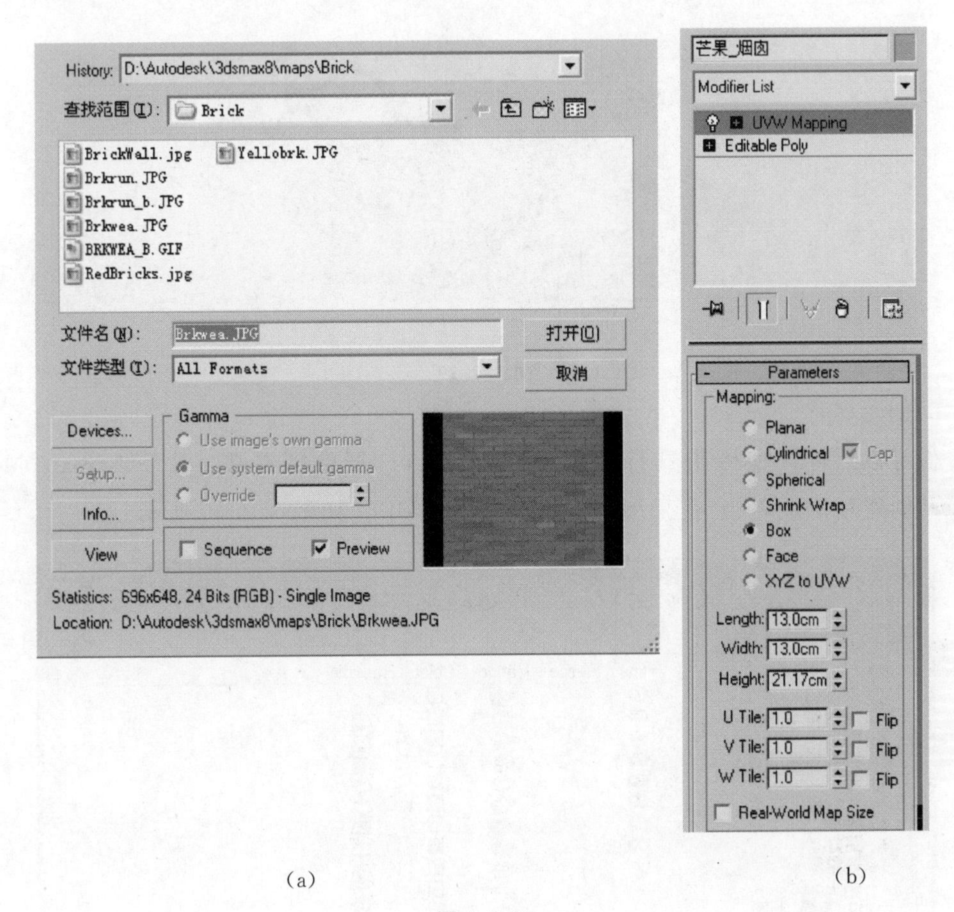

(a) (b)

图 3. 2. 28

(6)单击材质编辑器中的“Assign Material to Selection”(赋予材质到选择)赋予到模型上以后会发现贴图出现拉伸。这没关系，我们选择修改列表中的“UVW Mapping”修改器，按照烟囱的外形轮廓选择“Mapping”贴图方式中的“Box”立方体。如图 3. 2. 28(b)所示。

(7)最后找到一张木头纹理的图片使用相同的方法制作木门和台阶的贴图，这里就不复述了。最后完成效果如图 3. 2. 29 所示。

图 3.2.29

8)创建名称

做好以后同样使用工具行的“Layer Manager”层管理按钮，按下“Create New Layer”创建新层改名为“芒果屋”添加模型到该层中。如图 3.2.30 所示。

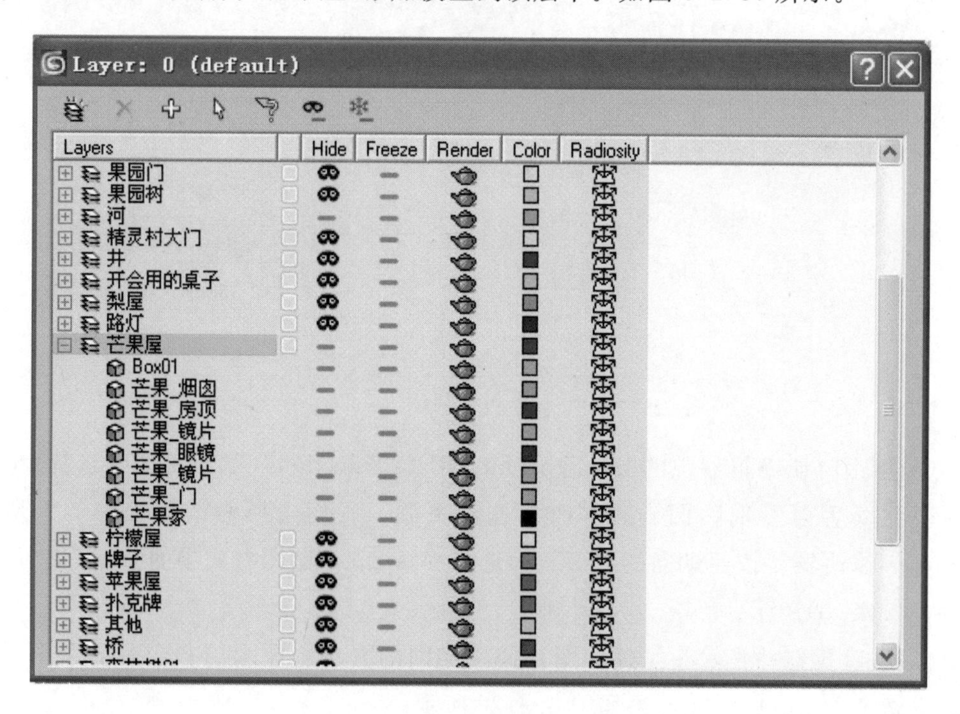

图 3.2.30

2. 巩固训练

通过上述工作任务我们制作了一个芒果屋的模型，制作过程中讲解了模型制作和贴图表现的方法；使用掌握的方法制作桃子屋的贴图。

任务 3　制作大树模型

☆情景描述

庄园中的大树是集会的地方，树顶有个巨大的铃铛，是召集村民时用的集合铃。外表有很多窗户和月亮形状的灯作为装饰。是场景中最大，最复杂的模型。

☆相关知识与技能点

1. 掌握可编辑多边形的合并和焊接；
2. 了解材质编辑器及自发光、透明通道的使用。

☆工作任务

1. 实践操作

1）制作树干

（1）大树的模型基本上可以归纳为两个圆柱体加上若干个树枝，再加上像窗户铃铛、树叶之类的东西。如图 3.3.1 所示。

说明：在制作过程中可以先做出树干，再做细节部分。树杈、灯光、窗户等模型做好一个后，进行移动复制或旋转复制即可。

了解了基本思路，下面我们来具体制作这个模型。

此模型的难点在于树干上有楼梯，为什么说它比较难呢，原因在于它的螺旋形结构。我们知道 3DS max 的多边形建模对于这种螺旋形结构没有什么特别的解决方法，只能慢慢调整，这就对我们的初学读者提出了较高要求，特别是耐心上的要求。我们相信你学习完本教程后，再遇到类似模型将不再是头疼的问题。

图 3.3.1

(2)在创建面板第二项“Shapes”图形中单击“Line”按钮按照楼梯旋转的结构创建一个样条线，做好以后在修改面板打开“Line”的“Spline”层级使用“Outline”工具输入 280 cm，将样条线进行扩边处理，然后再进入 Vertex 点层级，调整点的位置得到螺旋形的线，如图 3. 3. 2 所示。

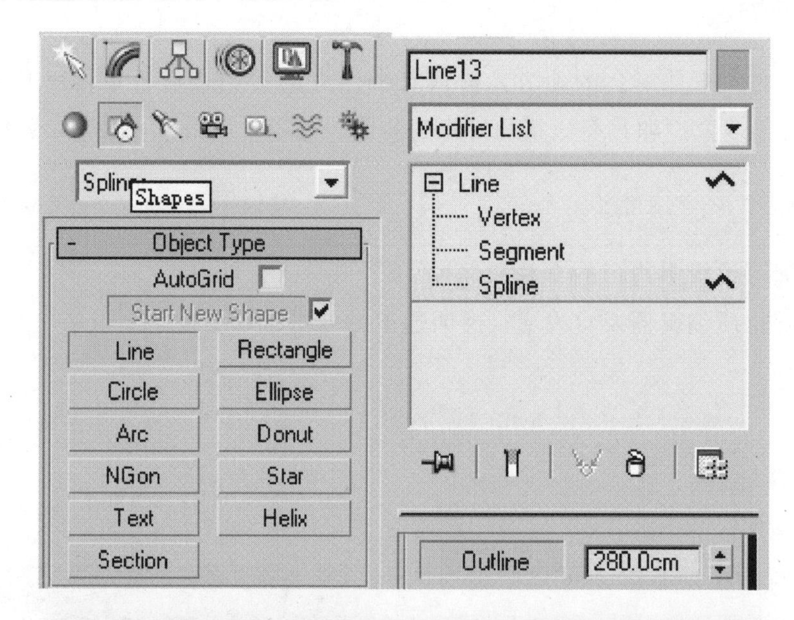

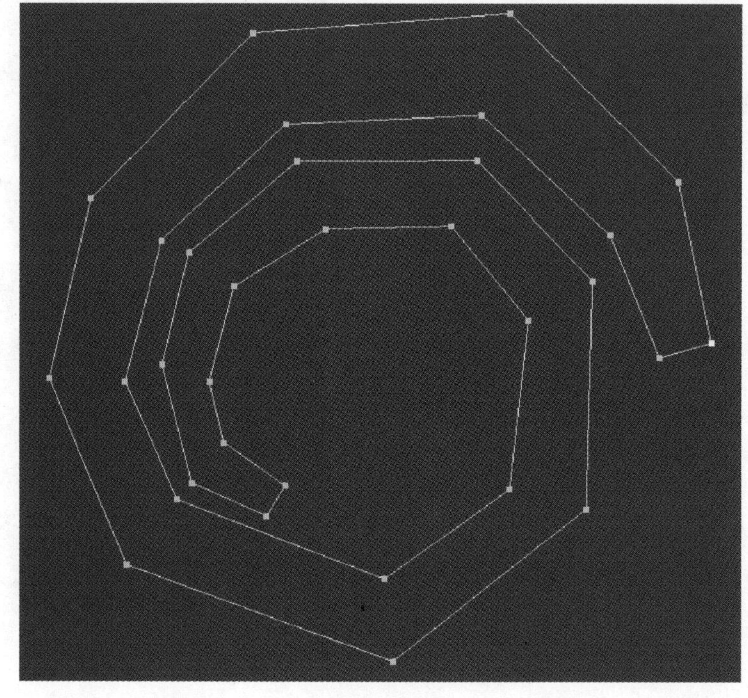

图 3. 3. 2

(3)在调整点的时候，点与点的间隔尽量相等。下一步我们要把它转变为可编辑多边形，选择物体按下鼠标右键，执行命令“Covert Editable Poly”，选择“Vertex”点层级中的“Cut”命令(切割)命令，按 Atl＋C 组合键，依次连接点。如图 3.3.3 所示。

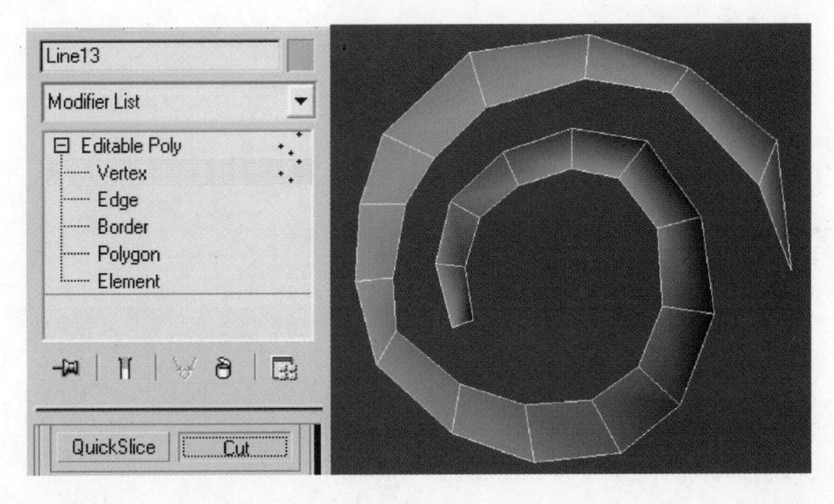

图 3.3.3

(4)继续选择点，使用移动工具在透视图中调节为如下效果。让旋转的形状有空间感不再是一个片。这样就形成了初步的楼梯，下一步我们要依据这个楼梯来做出主体。树干的结构是由楼梯的形状来决定的。如图 3.3.4 所示。

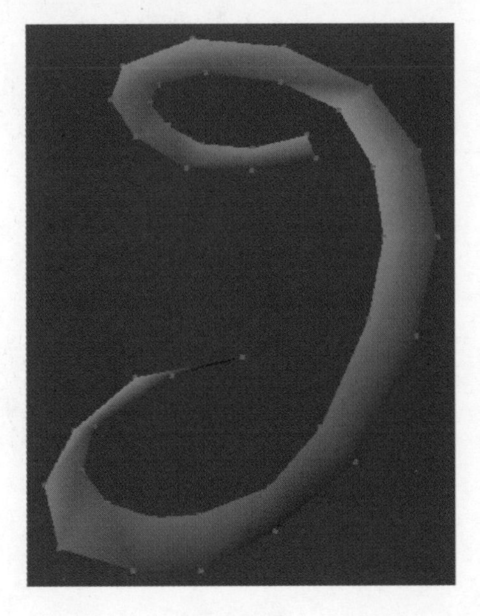

图 3.3.4

(5)在"Polygon"层级选择所有的面按下 Inset 插入按钮，"Inset Type"插入类型选择"By Group"，"Inset Amount"插入数值输入 20。如图 3.3.5、图 3.3.6 所示。

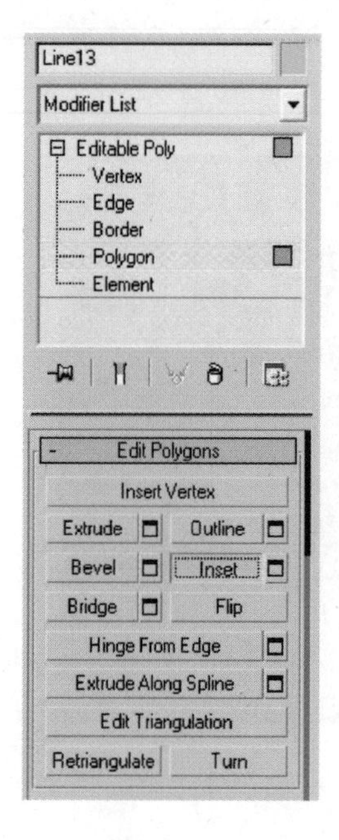

图 3.3.5

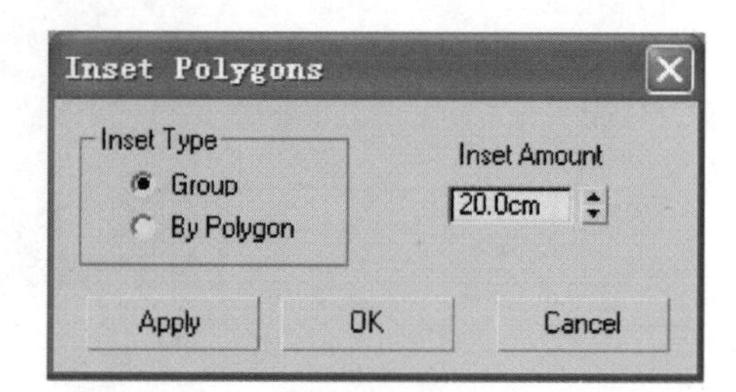

图 3.3.6

(6)在"Edge"边层级边选项选中上图的边缘线，按住 Shift 键向下移动，复制出树的主体模型。如图 3.3.7 所示。

图 3.3.7

(7)再加上一个类似瞭望台的小屋顶，同样是创建圆柱体(Cylinder)，高度分段参数为2，端面分段为1，边数一般设为8这样的偶数。选择物体按下鼠标右键执行命令“Covert Editable Poly”塌陷成可编辑多边形，选择“Vertex”点层级按下Alt＋C组合键使用“切割”命令把顶面的点连接上，如图3.3.8所示。

图3.3.8

(8)切换成正视图，选择“Polygon”层级，选择中间的四个面，执行“Bevel”倒角。如图3.3.9所示。

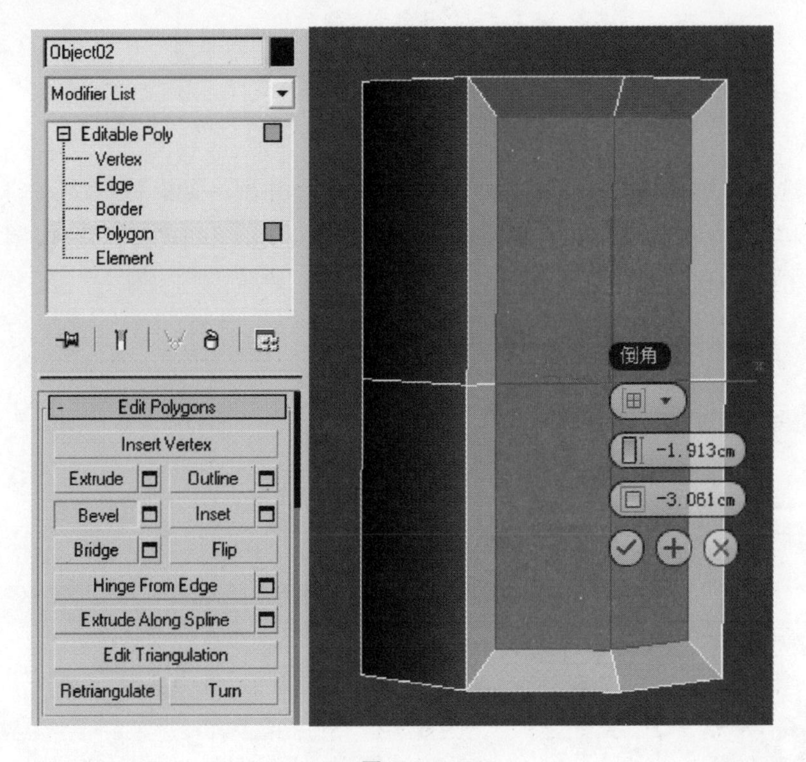

图3.3.9

(9)接下来使用焊接命令把两个模型合并为一个模型，用工具行的捕捉命令把两个模型需要焊接的点吸附到一起，右键单击捕捉工具图标选择捕捉类型为“Vertex”顶点，如图3.3.10所示。

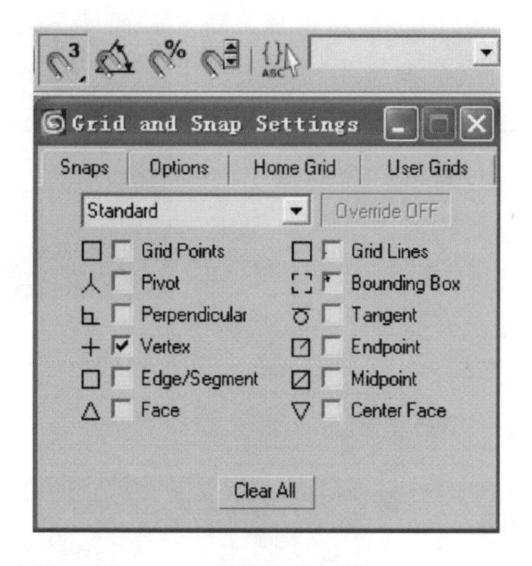

图 3.3.10

(10)选中模型使用“Attach”命令把两个模型合并到一起，在“Vertex”点层级选择需要焊接的点执行焊接命令(Weld)，数值不要太大，由于我们已经吸附过点，数值大概为 0.1 即可。如图 3.3.11 所示。

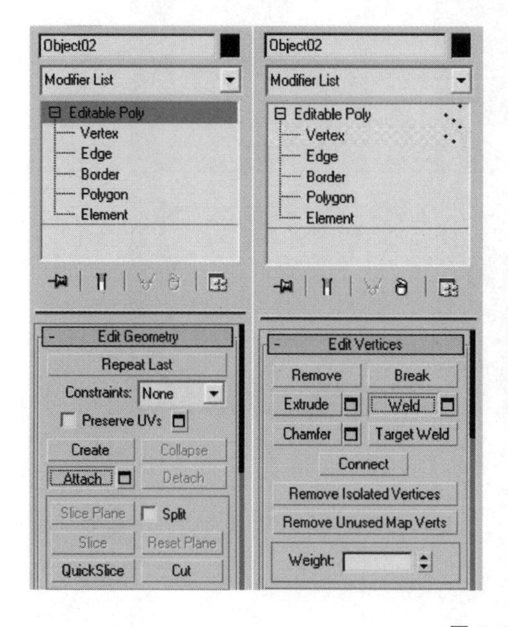

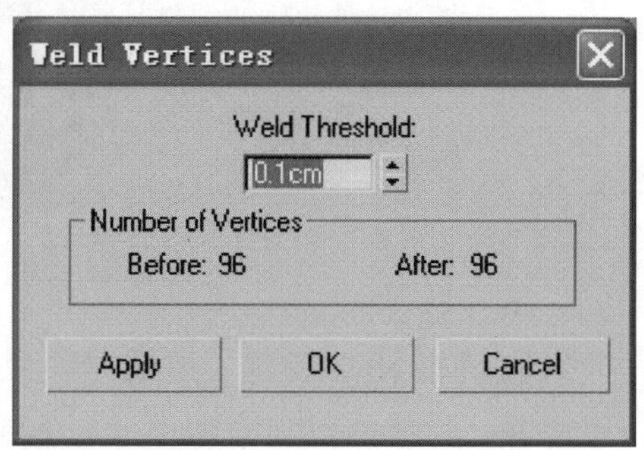

图 3.3.11

模型上的门的制作方法同上，不再叙述。

2)制作树枝

(1)用二维线(line)在正视图中画出形状如图 3.3.12 所示。

(2)执行“Extrude”挤出命令，按下鼠标右键执行命令“Covert Editable Poly”，在“Vertex”点层级按下 Alt+C 组合键用“Cut”命令把点连接上。把做好的模型插入到树的模型中。

图 3.3.12

3)制作灯

(1)创建圆柱体，塌陷物体，选择点层级，选中最上面的一排点，全部执行焊接命令。这样我们就得到了灯罩。

(2)月亮灯的制作方法，用二维线(line)在正视图中画出月亮形状，如图 3.3.13 所示。

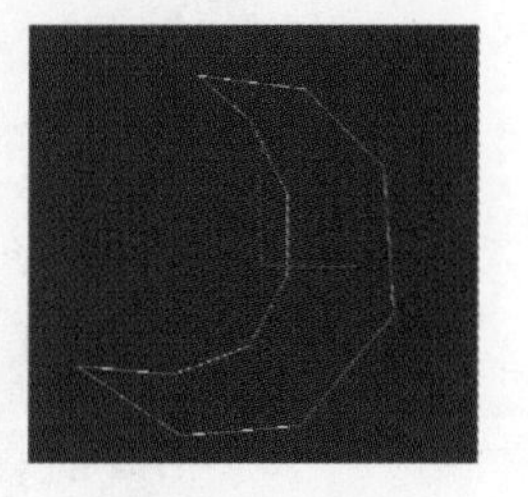
图 3.3.13

(3)执行“Extrude”挤出命令，按下鼠标右键执行命令“Covert Editable Poly”，在“Vertex”点层级按下 Alt+C 组合键用“Cut”命令把点连接上。

(4)给月亮灯自发光材质，按 M 键打开材质编辑器，选择一个空材质球，在自发光选择“Color”选择颜色为黄色，选中我们做的模型，单击材质编辑器中的“Assign Material to Selection”(赋予材质到选择)，可以看到我们的月亮灯亮了，说明自发光材质产生作用。如图 3.3.14 所示。

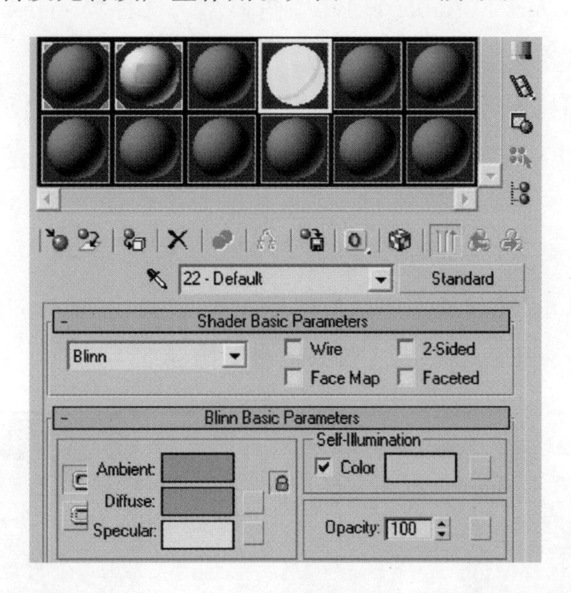

图 3.3.14

4)窗户的制作

(1)用二维线(line)制作出窗户框，在“Spline”层级使用“Outline”命令。如图 3.3.15 所示。

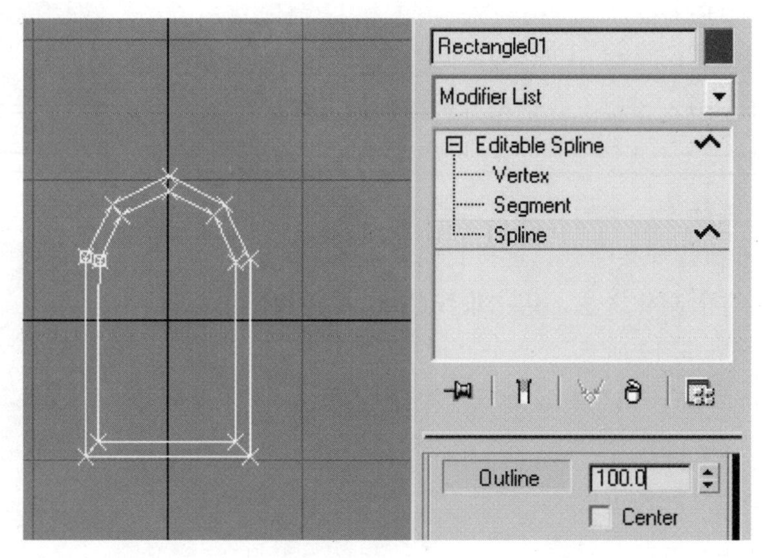

图 3.3.15

(2)执行挤出(Extrude)命令，这个值控制窗户的厚度，数值不要太大。按下鼠标右键执行命令“Covert Editable Poly”塌陷模型，选择“Vertex”点层级，执行“切割”命令，把点依次连接上。

(3)创建一个圆柱体，塌陷模型，为了能让模型显得不死板，我们随便调节上面的点，使其表现出一定弯度，调节完毕后使用“旋转”命令，复制此模型，效果如图 3.3.16 所示。

5)制作树根

(1)用二维线(line)在顶视图中画出图形，执行“挤出”命令，塌陷模型，选择点层级下的“Cut”命令，把点连接上。得到效果如图 3.3.17 所示。

图 3.3.16

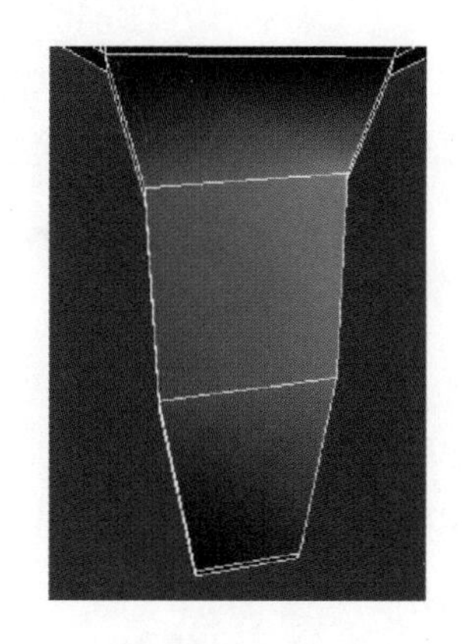

图 3.3.17

(2)在顶视图上复制出五个模型，作为树的树根分叉。如图3.3.18所示。

(3)把树杈的模型摆在树的主体模型旁边，注意摆好位置。如图3.3.19所示。

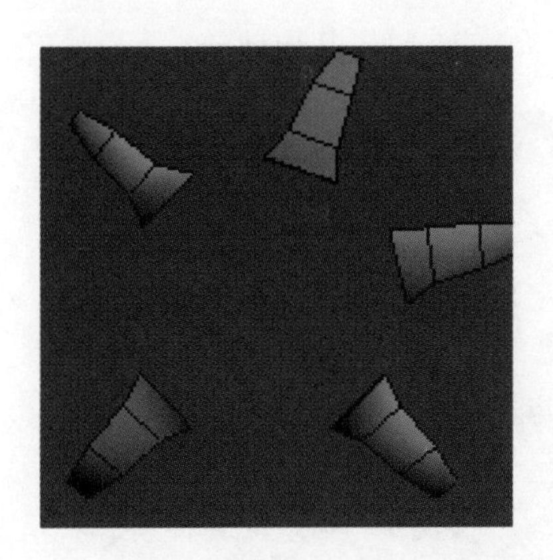

图3.3.18

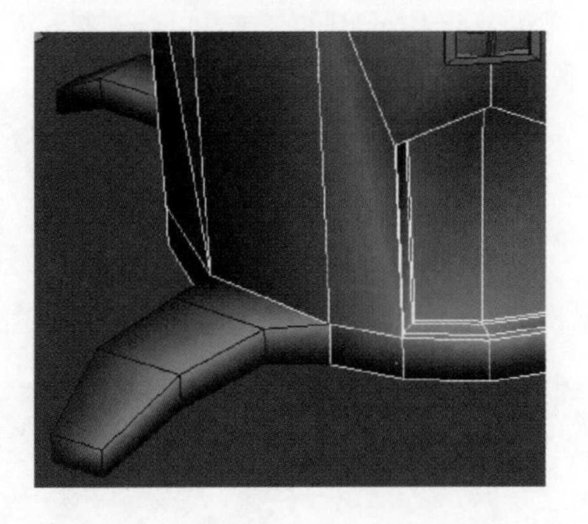

图3.3.19

6)模型焊接

(1)选中模型使用“Attach”命令，把两个模型合并到一起，但是模型的点还没有焊接上，使用“Vertex”点层级下的目标焊接(TargetWeld)。这个命令的特点是选中一个点后单击目标“焊接”命令，再点另外一个点，就能实现两个点的焊接。

说明：许多初学者容易选择焊点中错误的点而让两个不相关的点焊接上。而没有及时发现，事后发现造成不必要的麻烦，所以在选择要焊接点的时候，结合“F3”(显示线框)来操作，以免失误。

(2)把树枝依次像上图那样都焊接上，像窗户、分枝这样的模型，依照最终效果图摆放到相应的位置。

(3)树的底部没有封底，用边层级选中最低下的边，注意不要多选，选择缩放工具按住“Shift”键，用鼠标向下拉，复制出了一圈边，选择新复制出来的这些点，执行焊接命令。效果如图3.3.20所示。

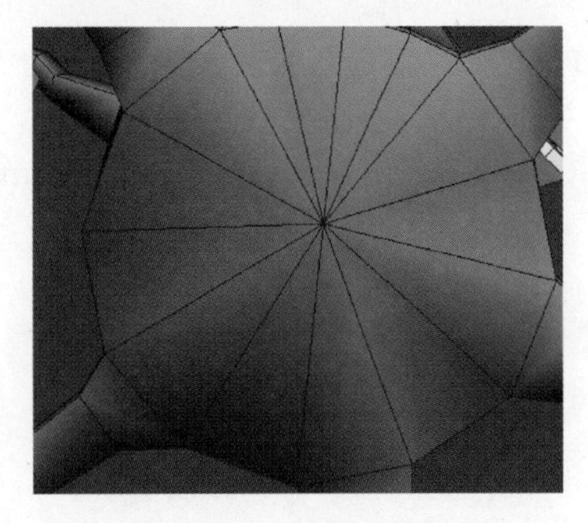

图3.3.20

7)模型细化

最后给树屋主体模型添加一个涡轮圆滑(Turbosmooth)。至此，树屋的模型部分制作完成。贴图部分方法和芒果屋相同，不涉及新的知识点和命令，可自行完成。

2. 巩固训练

通过上述工作任务，我们制作了一个大树的模型，在制作过程中重点讲解了模型的制作及焊接使用的工具。请参考下面样图 3.3.21 制作其他建筑。

图 3.3.21

任务 4　制作环境、灯光、渲染

☆情景描述

在秋高气爽的日子里也是各种作物丰收的季节，湛蓝的天空，洁白的云彩，蜿蜒连绵的山川和耀眼的阳光构成了一幅唯美的自然风景画面。这就是水果庄园的环境。

☆相关知识与技能点

1. 掌握球形环境的模拟方法；
2. 了解材质编辑器及透明通道的使用；
3. 灯光的照明方式、高级照明的使用；
4. 渲染的设置。

☆工作任务

1. 实践操作

1)制作环境

(1)完成房屋模型后为整个场景添加环境和天空，用于远景显示。在创建面板第一项“Geometry”几何体中选择“Cylinder”圆柱体，制作环形贴图模型。右键转化“Editable Poly”(可编辑多边形)，进入“Polygon”层级选择圆柱体的上下两个面按键“Delete”删除，然后为模型添加“Normal”法线修改器使模型表面向内。最后得到模型如图 3.4.1。

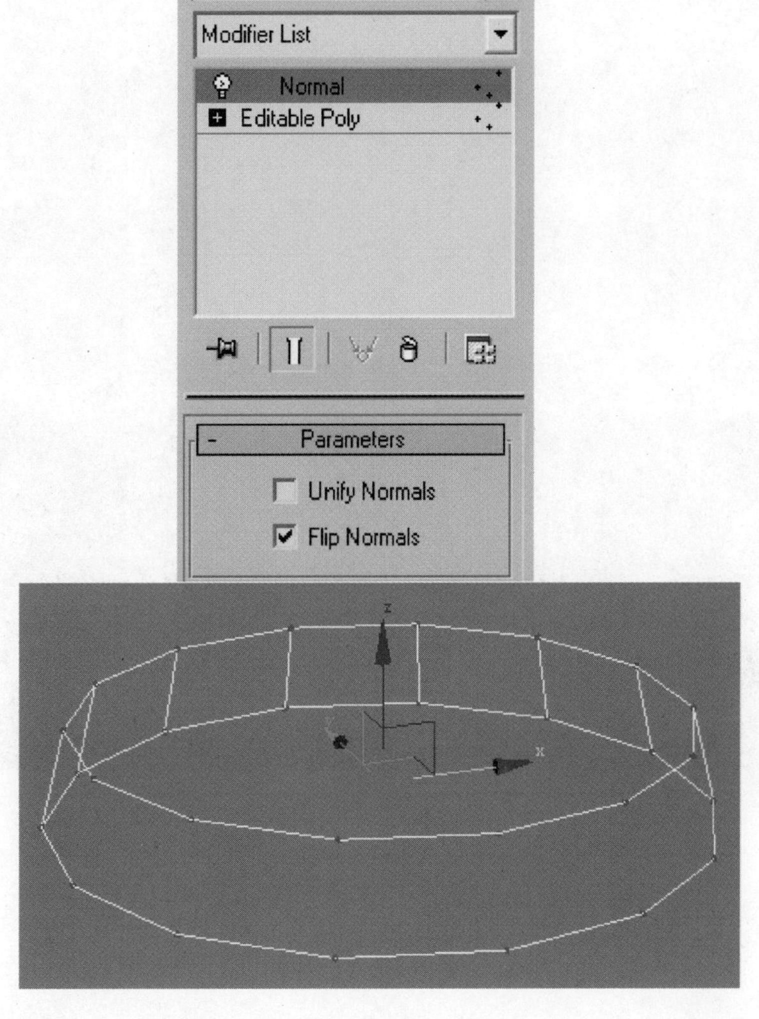

图 3.4.1

(2)打开材质编辑器选择新的材质球，单击“Diffuse”旁的按钮打开漫反射通道，选择贴图列表中的Bitmap打开素材文件夹中的Mountains.jpg图片，然后在Opacity透明通道打开素材文件夹中的Mount1 _ Mask.jpg图片作为透明贴图。

说明：透明贴图的工作原理是按照图像的黑白颜色信息决定透明的程度RGB值为“0”即黑色时为完全透明，RGB值为“255”即白色时为完全不透明。简单地说，四个字“黑遮白露”。图3.4.2～图3.4.4是透明贴图使用前和使用后的效果。

这里为了抛砖引玉说明透明贴图的作用，使用了3DS Max自带的两张贴图和最后完成的环境贴图不同。最终的环境贴图和黑白透明贴图是在Photoshop中绘制完成的。

使用前：

图 3.4.2

透明贴图：

图 3.4.3

使用后：

图 3.4.4

2)制作天空

(1)在创建面板第一项“Geometry”几何体中选择“Sphere”球体制作天空模型。添加 Normal 法线修改器使模型表面向内。

(2)选择新的材质球在“Diffuse”漫反射通道贴上天空的贴图。

(3)完成后在“Layer Manager”层管理中创建新层添加天空和环境。如图 3.4.5 所示。

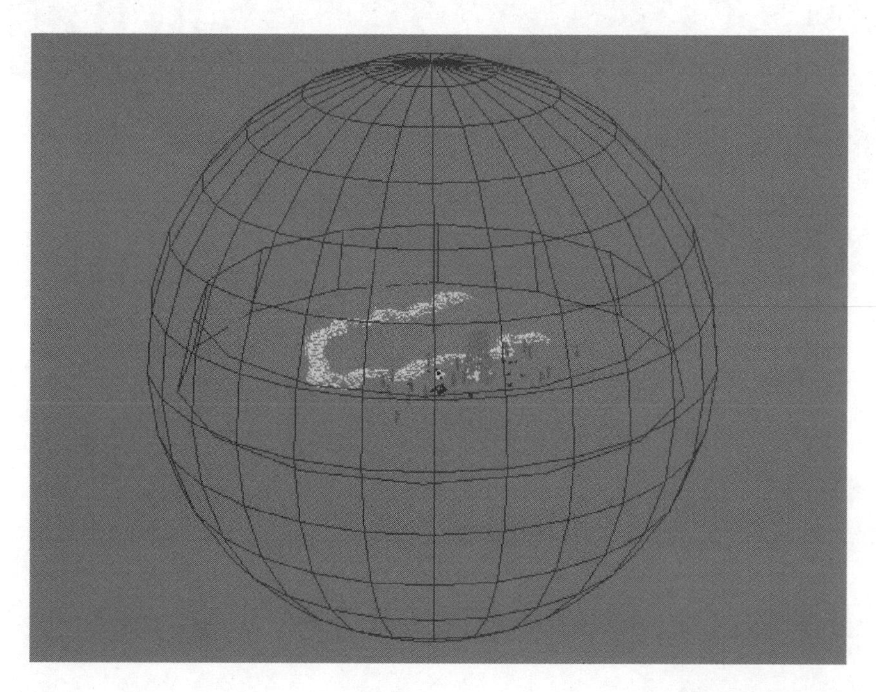

图 3.4.5

3)创建灯光

(1)完成了模型与材质下面为整个场景创建灯光，打开创建面板中的第三项“Lights”。如图 3.4.6 所示。

(2)这里我们选择“Target Spot”目标射灯作为场景的主光源模拟日光的效果。选择“Omni”泛光灯作为辅助光，辅助主光源进行照明。使用“Skylight”天光进行全局照明模拟天空的效果。因为场景中河流这种透明的物体，为了照明河流的底部采用“Target Spot”目标射灯作为场景的底光。完成后在“Layer Manager”层管理中创建新层添加四盏灯光到该层。总共四盏灯光为场景照明灯光，具体参数如图 3.4.7～图 3.4.8 所示。

图 3.4.6

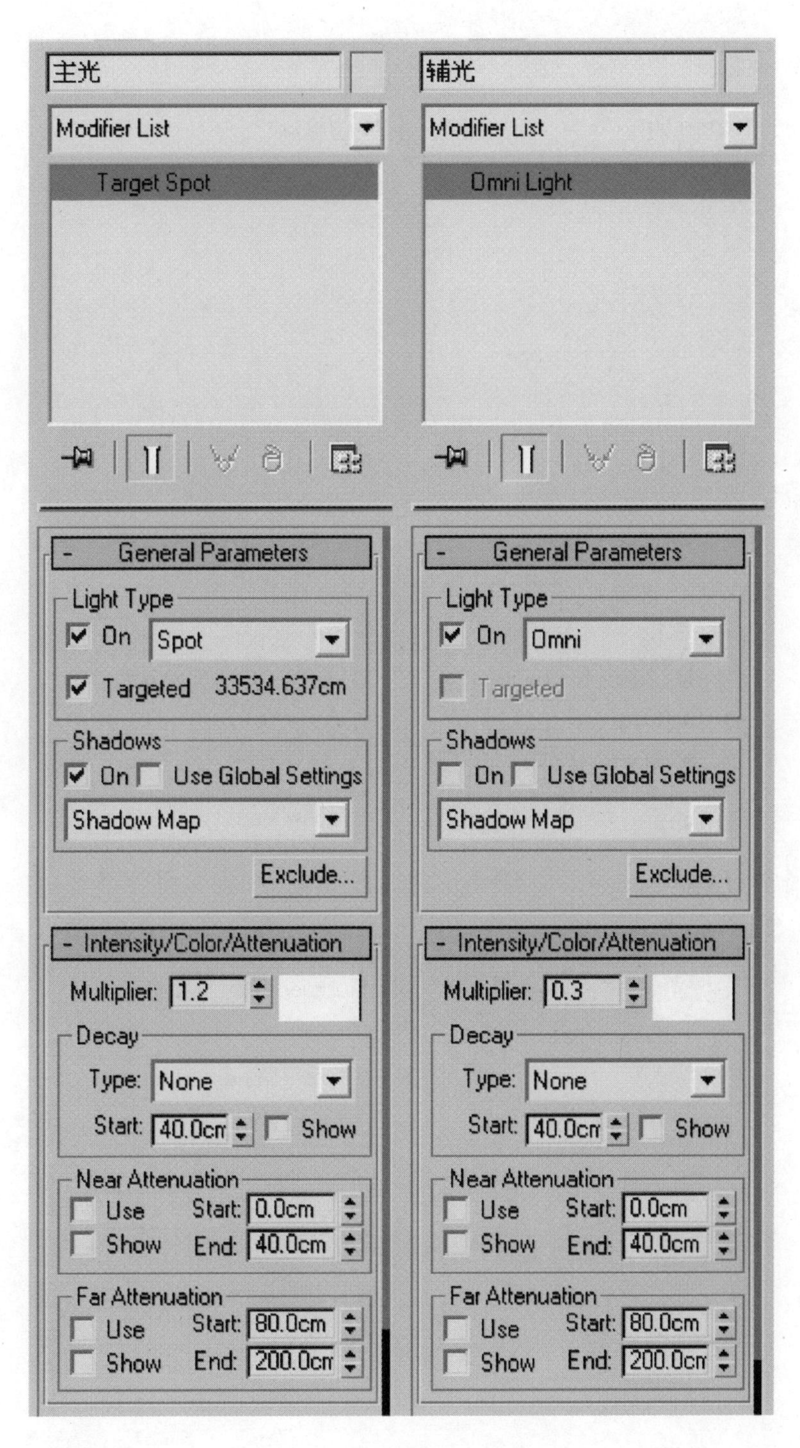
主光
Modifier List
Target Spot
General Parameters
Light Type
On
Spot
Targeted
33534.637cm
Shadows
On
Use Global Settings
Shadow Map
Exclude...
Intensity/Color/Attenuation
Multiplier:
1.2
Decay
Type:
None
Start:
40.0cm
Show
Near Attenuation
Use
Start:
0.0cm
Show
End:
40.0cm
Far Attenuation
Use
Start:
80.0cm
Show
End:
200.0cm
辅光
Modifier List
Omni Light
General Parameters
Light Type
On
Omni
Targeted
Shadows
On
Use Global Settings
Shadow Map
Exclude...
Intensity/Color/Attenuation
Multiplier:
0.3
Decay
Type:
None
Start:
40.0cm
Show
Near Attenuation
Use
Start:
0.0cm
Show
End:
40.0cm
Far Attenuation
Use
Start:
80.0cm
Show
End:
200.0cm

图 3.4.7

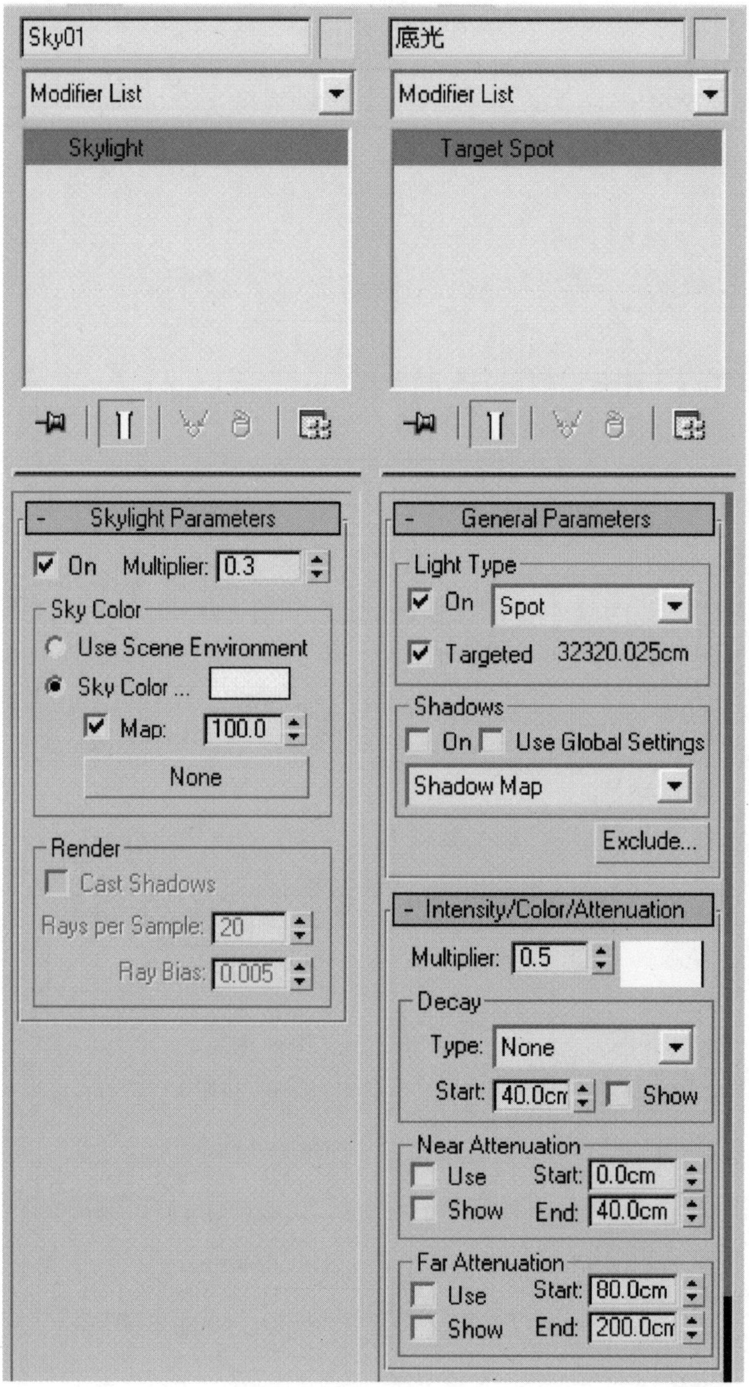

Sky01
Modifier List
Skylight

- Skylight Parameters
On Multiplier: 0.3
Sky Color
Use Scene Environment
Sky Color ...
Map: 100.0
None
Render
Cast Shadows
Rays per Sample: 20
Ray Bias: 0.005

底光
Modifier List
Target Spot

- General Parameters
Light Type
On Spot
Targeted 32320.025cm
Shadows
On Use Global Settings
Shadow Map
Exclude...

- Intensity/Color/Attenuation
Multiplier: 0.5
Decay
Type: None
Start: 40.0cm Show
Near Attenuation
Use Start: 0.0cm
Show End: 40.0cm
Far Attenuation
Use Start: 80.0cm
Show End: 200.0cm

图 3.4.8

(3)为场景打好四盏照明灯以后，选择菜单栏中的“Rendering”→“Advanced Lighting”→“Light Tracer”照明方式。如图3.4.9所示。

(4)打开“Light Tracer”窗口各项参数保持默认即可。如图3.4.10所示。

说明：“Advanced Lighting”高级照明中的“Light Tracer”是3DS Max中全局照明的一种方式，通过光子采样的方式展现物体阴影部分的细节，光照效果细腻柔和。

4)渲染设置

按下“F10”键打开渲染设置窗口，由于最后要输出视频文件，所以渲染前要修改成视频的制式、尺寸，在“Output Size”的列表中选择“Pal D－1 (video)”模式，大小576×720，像素比为1.33333，如图3.4.11所示。全部设置完成以后单击“Render”进行渲染，欣赏一下自己的艺术作品吧。如图3.4.12所示。

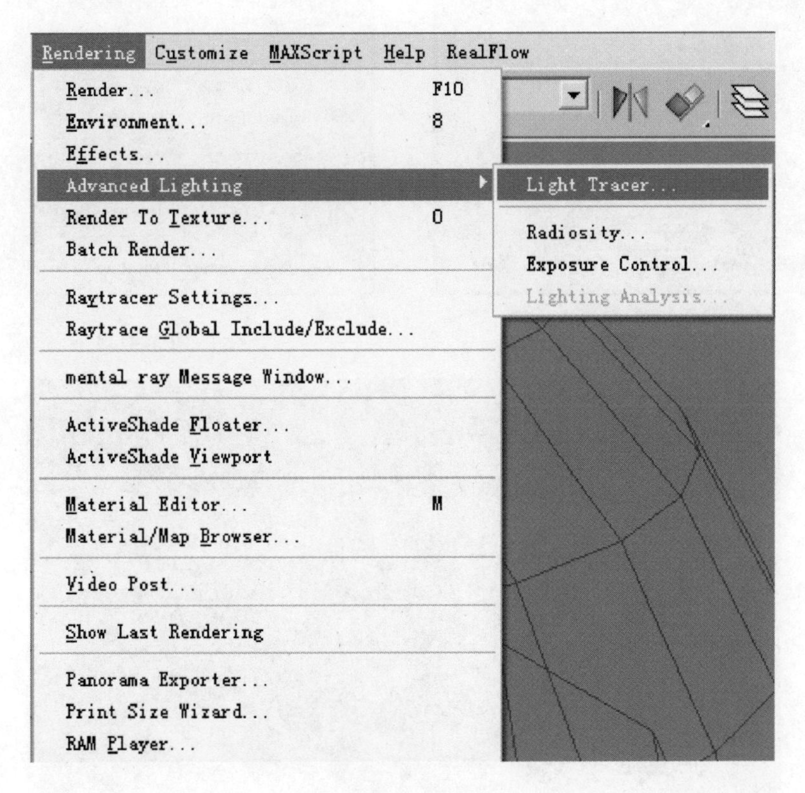

图3.4.9

Render Scene: Default Scanli...

Common | Renderer
Render Elements | Raytracer | Advanced Lighting

Select Advanced Lighting

Light Tracer ☑ Active

Parameters

General Settings:

Global Multiplier: 1.0 Object Mult.: 1.0
☑ Sky Lights: 1.0 Color Bleed: 1.0
Rays/Sample: 250 Color Filter:
Filter Size: 0.5 Extra Ambient:
Ray Bias: 0.03 Bounces: 0
Cone Angle: 88.0 ☑ Volumes: 1.0

☑ Adaptive Undersampling
Initial Sample Spacing: 16x16
Subdivision Contrast: 5.0
Subdivide Down To: 1x1
☐ Show Samples

Production Preset: ----------
ActiveShade Viewport: Perspective Render

图 3.4.10

Render Scene: Default Scanli...

Render Elements | Raytracer | Advanced Lighting
Common | Renderer

Common Parameters

Time Output
Single Every Nth Frame: 1
Active Time Segment: 0:0:0 To 0:38:10
Range: 0:0:0 To 0:3:8
File Number Base: 0
Frames 1,3,5-12

Output Size
PAL D-1 (video) Aperture Width(mm): 20.120
Width: 720 720x576 180x144
Height: 576 240x192 480x384
Image Aspect: 1.33333 Pixel Aspect: 1.06667

Options
☐ Atmospherics ☐ Render Hidden Geometry
☐ Effects ☐ Area Lights/Shadows as Points
☐ Displacement ☐ Force 2-Sided
☐ Video Color Check ☐ Super Black
☐ Render to Fields

Advanced Lighting
☐ Use Advanced Lighting
☐ Compute Advanced Lighting when Required

Production Preset: ----------
ActiveShade Viewport: Perspective Render

图 3.4.11

图 3.4.12

2. 巩固训练

通过上述工作任务我们制作了场景的环境，在制作过程中讲解了透明贴图、球形环境、灯光照明、渲染设置等内容；请思考制作写实场景。

知识探究

水果庄园的建立

本项目创作的关键就是创意思维，要求一眼就能看出相应的房屋里面住的是哪个角色。最初的考虑只是单纯的按照水果的造型来创建，但是做出来的房屋造型过于单薄并且单纯的水果造型也不能体现人物的性格、爱好。按照体现人物性格的思路，最后决定房屋由水果的造型加体现人物个性的装饰完成，比如芒果是个智多星，其房屋装饰书本和眼镜；西瓜是个大力士，房屋就装饰哑铃等健身器材等。

除了创意思维以外，造型方面要求我们具备深厚的素描和色彩功底。素描是造型艺术的基础，通过对物体的形象结构、比例关系、明暗变化等因素来表现物体。造型是千变万化的，实际都是基本形体的复化、变形、解构和重组，通过训练才能准确地观察和理解造型的基本规律——结构规律、透视规律、明暗规律等。所以物体的造型能力与素描功底有着密不可分的关系。

五光十色、绚丽缤纷的大千世界里，颜色的变化使万物显得生机勃勃。色彩作为一种最普遍的审美形式，无时无刻地与我们生活发生着密切的关系。“颜色是光作用于眼睛引起除形象以外的视觉特性”，制作材质时准确的颜色和真实的质感就需要具备丰富的色彩知识。色彩源于自然，我们制作材质时结合了自然色彩的启示和更加富于个性的色彩表现，才能使我们的作品更加多彩多姿。

严谨的结构、夸张的造型、绚丽的颜色再加上天马行空的创意，有什么理由不成为一幅好的作品呢？我们在加强素描、色彩等基础训练的同时也要善于观察，多思考，为今后创作更优秀的作品打下坚实的基础。

请读者按照之前所讲述的内容建立庄园中其他的房屋和植物。

思考与练习

1. 其他精灵屋的搭建

答：更改系统尺寸。按照相应水果的形状加上表现它们个性的装饰物就是一座水果房屋。

2. 制作好的卡通模型需要注重哪些方面？

答：结构清晰，造型别致，光感自然。在表现房屋结构合理的前提下，造型要做到情理之中、意料之外的合理变形和夸大。

项目4　城市一角

学习目标

1. 掌握Vray典型材质的调节方法。

2. 能熟练掌握Vray渲染器在测试渲染及动画序列帧渲染的方法。

3. 掌握动画后期合成校色的调节方法及后期输出动画序列帧的一般流程。

技能要求

1. 掌握Vray渲染器常用材质的制作方法。

2. 掌握Vray渲染器测试渲染时提高渲染速度的设置方法。

3. 掌握Vray光子贴图的渲染方法。

4. 掌握Vray渲染器渲染高质量动画序列帧的设置方法。

5. 了解动画制作流程的主要关键点。

6. 掌握动画后期合成校色及输出的流程及技巧。

任务1　前期材质灯光处理及测试渲染设置

☆情景描述

通过一个代表性的标清场景实例，讲授当今主流渲染流程及方法。按照制作流程中所涉及的内容提出相关知识点，意在介绍动画制作流程中的有关技巧。本项目最终效果如图所示。

城市一角最终效果

☆相关知识与技能点

1. Vray 材质基础；
2. Vray 阳光系统基础；
3. Vray 渲染面板中镜头动画的设置基础；
4. 后期合成及校色基础。

☆工作任务

1. 实践操作

1)按照镜头轨迹，模型整理，小品景观摆放

打开已经准备好的场景，我们开始整理场景并摆放小品。

所谓整理场景就是减少模型的面数、物体的数量、材质的数量。当然，重要的物体材质还是不能减掉的，比如主题建筑。

小品景观种类比较多，要根据画面的风格，表现的内容决定。本项目我们要表现的是河岸边的共建，而且镜头不是特写地面，加之支持标清分辨率，故小品和景观的摆放，主要是车辆和景观树木。在此选用尺度比较大的配景即可。但是一定要注意这些配景的固有尺度比例和构图。比如路灯高度、间隔，庭院灯高度、间隔，行道树的树种、高度、间隔等。如图 4.1.1 所示。

图 4.1.1

2)材质“粗调”

为什么这里叫“粗调”？因为材质物理属性的表现与它所处的灯光及环境有很大的关系。比如，在阳光下的一片叶子，它的固有色为绿色。可是当把它放在暗房里，此时只有一盏红色光源时，它的颜色关系就完全改变了，但我们还认为它是绿色的，原因是我们对物体的轮廓、形状、颜色都已产生了记忆。所以，我们在这一步骤中，只需要把物体的材质基本属性区分出来即可，当我们在布光时再进行微调，这样可以提高工作效率。

3)材质制作

我们先从主体公建开始：此镜头中，首要表现的内容就是主体公建，而公建表皮是玻璃幕墙，所以此镜头最关键的部分就是公建的玻璃材质了。

楼板材质，如图 4.1.2 所示。

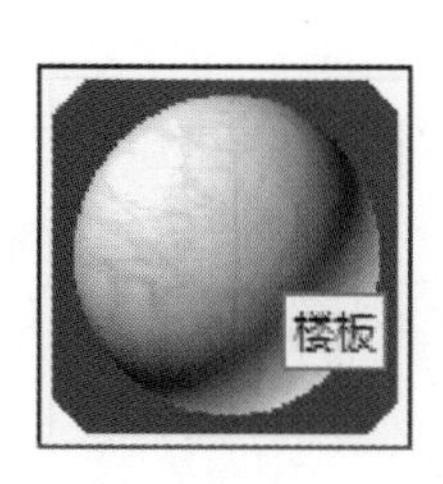

图 4.1.2　楼板材质

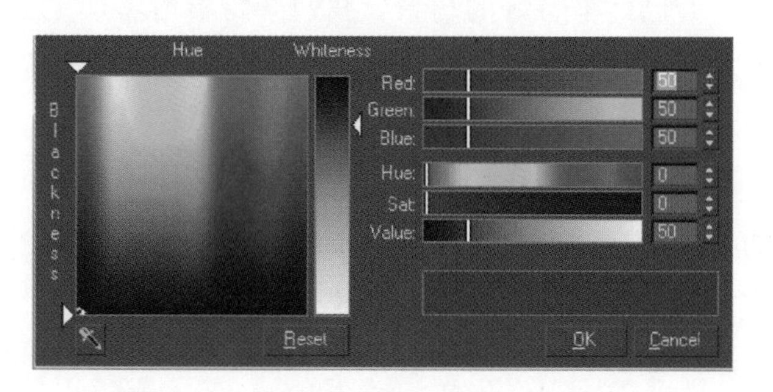

图 4.1.3　楼板材质

选择楼板，赋予“VrayMtl”材质，这个材质不是特别重要，我们用贴图即可。“Refect”：50(明度)，如图 4.1.3 所示。

“Refl. glossiness”：0.3(不是很光滑，高光面积大)，如图 4.1.4 所示。

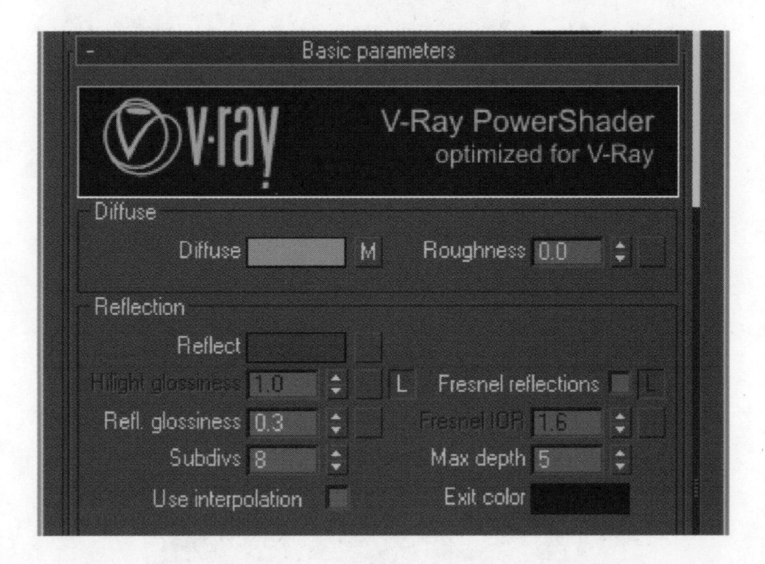

图 4.1.4

展开“Options”栏，关闭“Trace reflections”，此材质就不产生反射了。如图 4.1.5 所示。

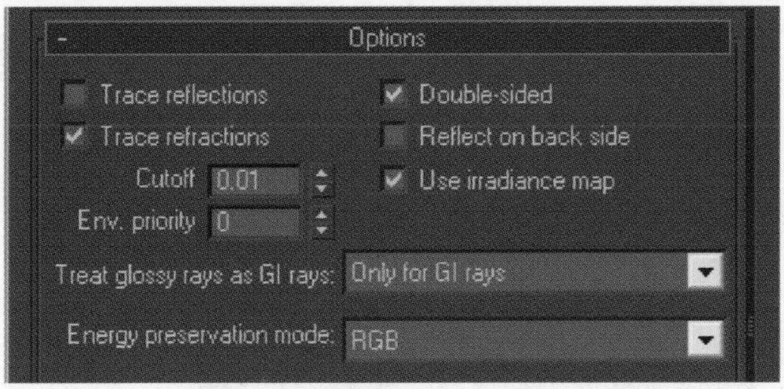

图 4.1.5

图 4.1.6

柱子材质，如图 4.1.6 所示。

选择柱子，赋予“VrayMtl”材质，“Refect”：100(明度)，如图 4.1.7 所示。

“Refl. glossiness”：0.7(比较光滑)，选择“Fresnel reflections”。如图 4.1.8 所示。

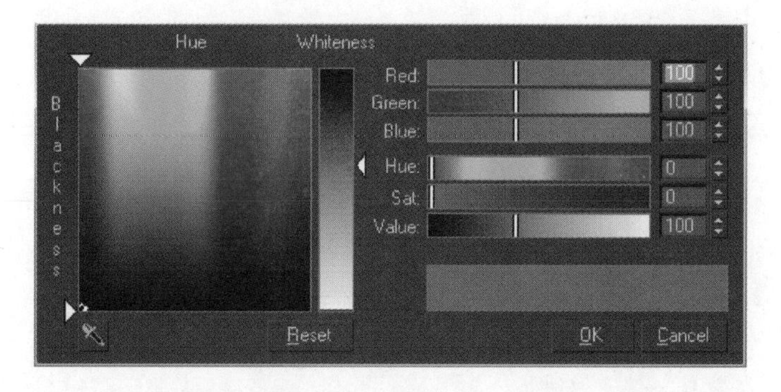

图 4.1.7

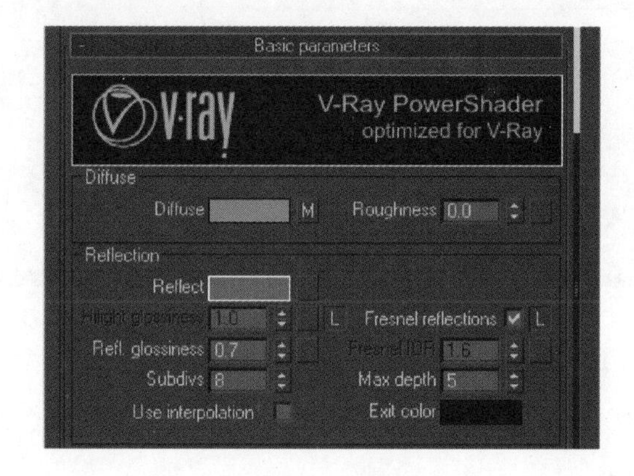

图 4.1.8

展开“Options”栏，同样关闭“Trace reflections”，不参与反射计算。如图 4.1.9 所示。

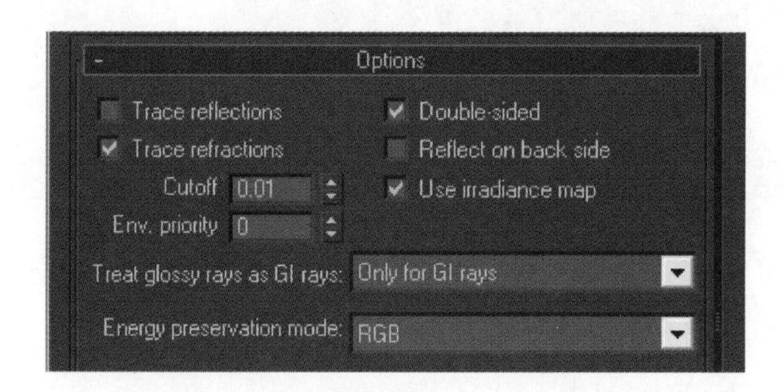

图 4.1.9

选择玻璃材质。

玻璃材质球最终效果如图 4.1.10 所示，面板整体参数设置如图 4.1.11 所示。

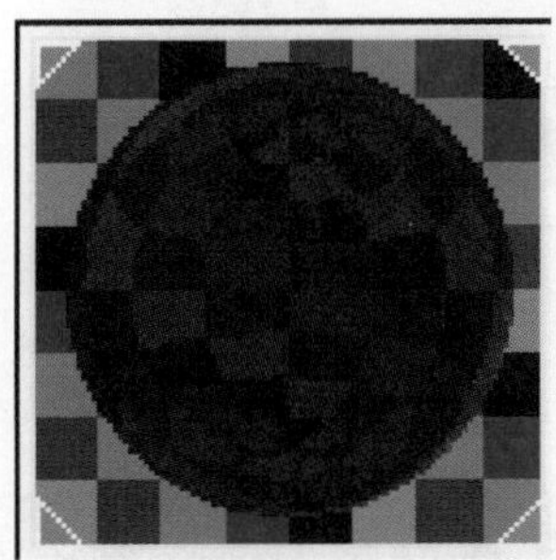

图 4.1.10

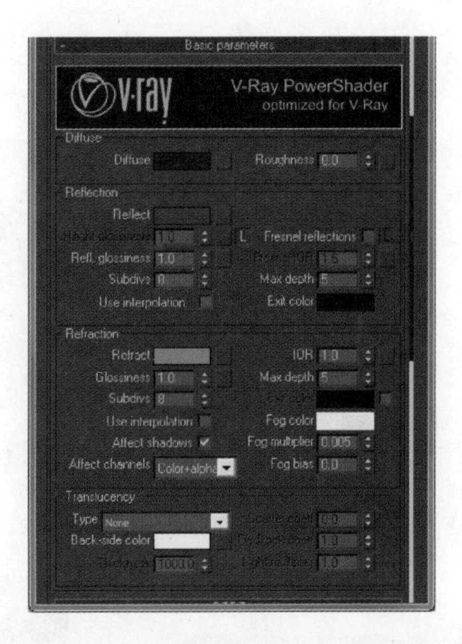

图 4.1.11

"Diffuse"(固有色)调节，如图 4.1.12 所示。"Reflection"(反射)调节，反射不要给的太高，因为我们不选择菲尼尔反射。如图 4.1.13 所示。

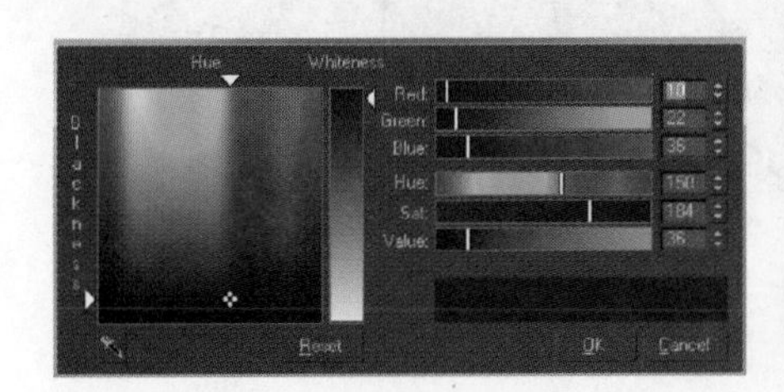

图 4.1.12

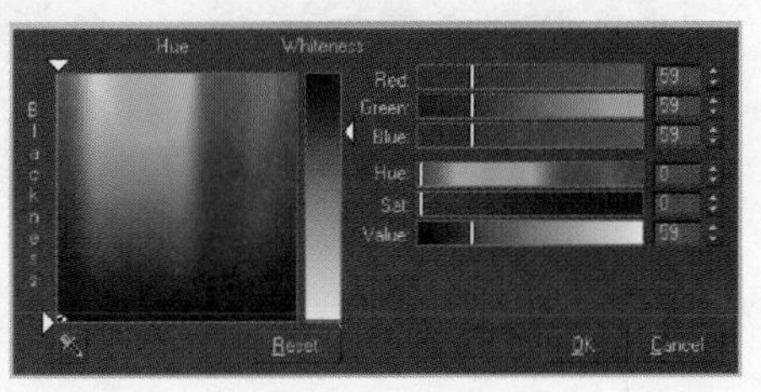

图 4.1.13

"Refraction"(折射)调色板颜色调节，如图 4.1.14 所示。

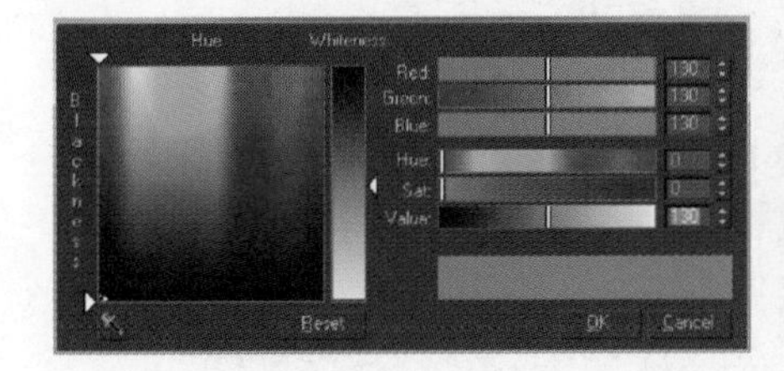

图 4.1.14

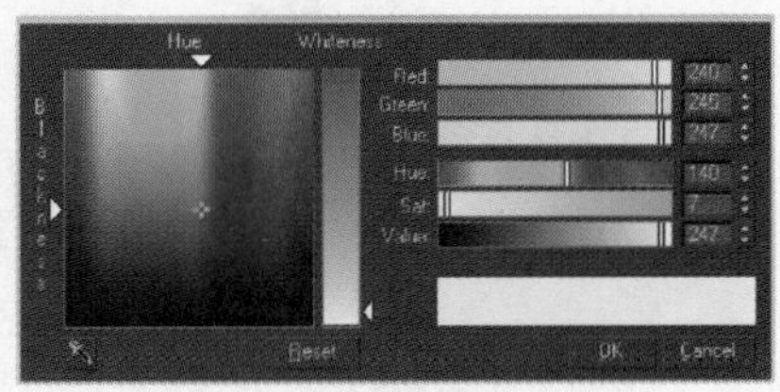

图 4.1.15

"(Refraction)IOR"(折射率)："1"不产生折射现象。

"Fog color"(雾色)调色板颜色调节，如图 4.1.15 所示。

"Fog multiplier"(雾色增倍值)：0.0005。

选择“Affect shadows”，“Affect channels”选择“Color＋Alpha”通道模式，如图4.1.16所示。

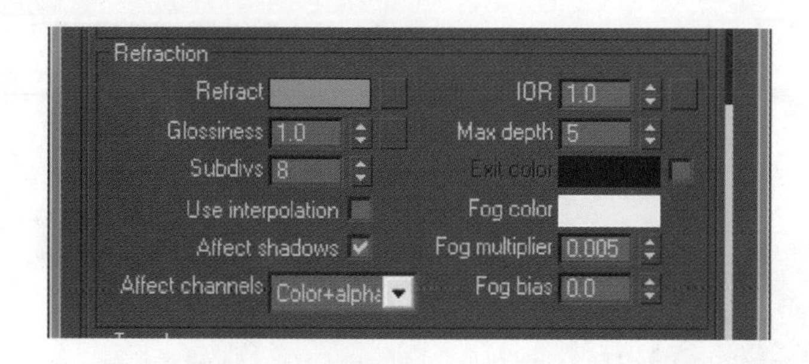

图 4.1.16

水面材质最终效果，如图4.1.17所示；基本参数设置，如图4.1.18所示。

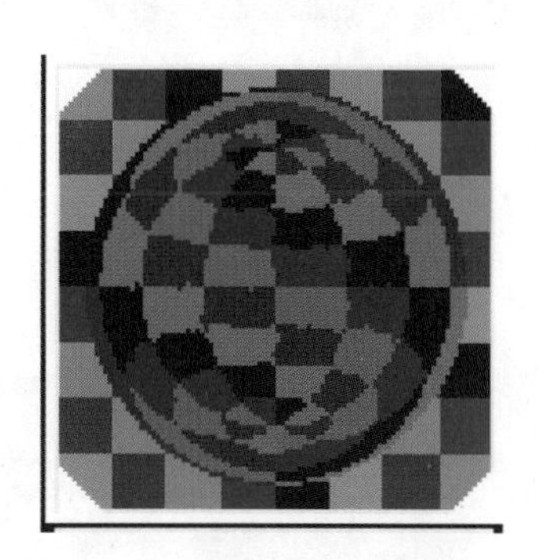

图 4.1.17

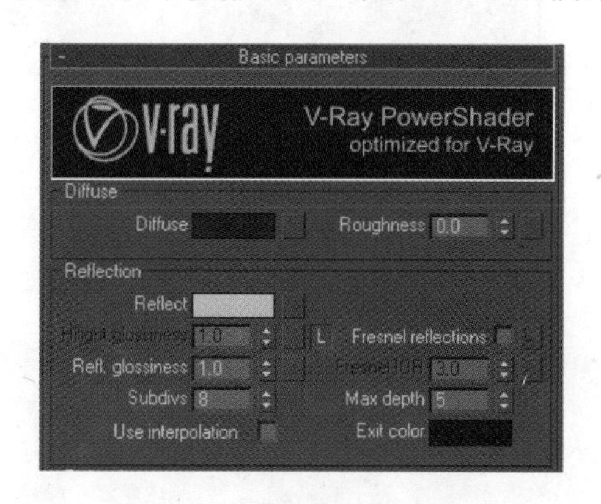

图 4.1.18

“Diffuse”(固有色)调节，如图4.1.19所示。

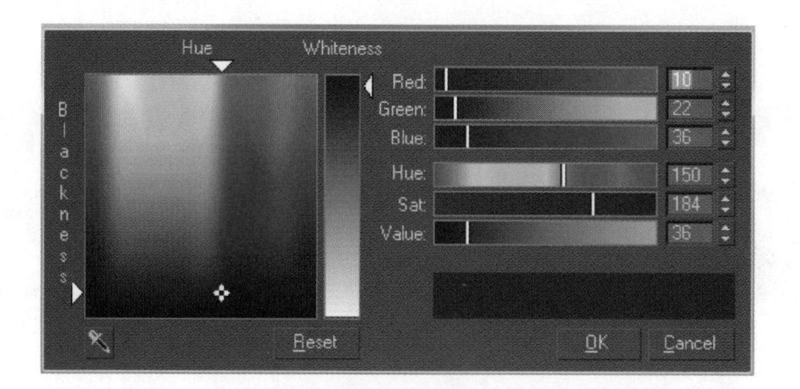

图 4.1.19

"Reflection"(反射)调节，如图4.1.20所示。

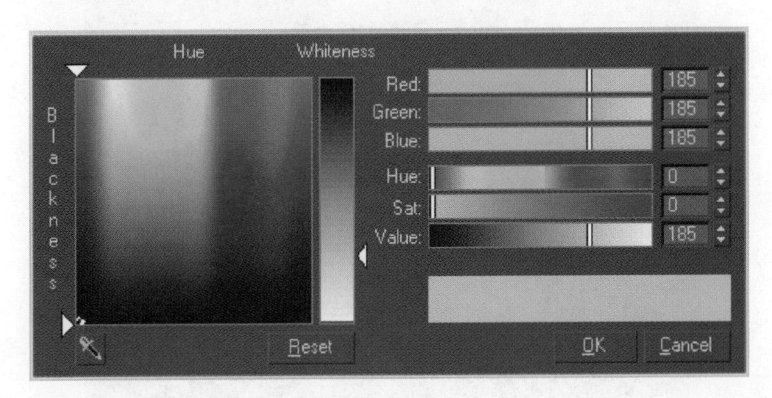

图4.1.20

单击"Maps"栏的"Bump"(凹凸)选项后面的"None"按钮，添加"Noise"程序纹理，如图4.1.21所示；权重设置为"5.0"。

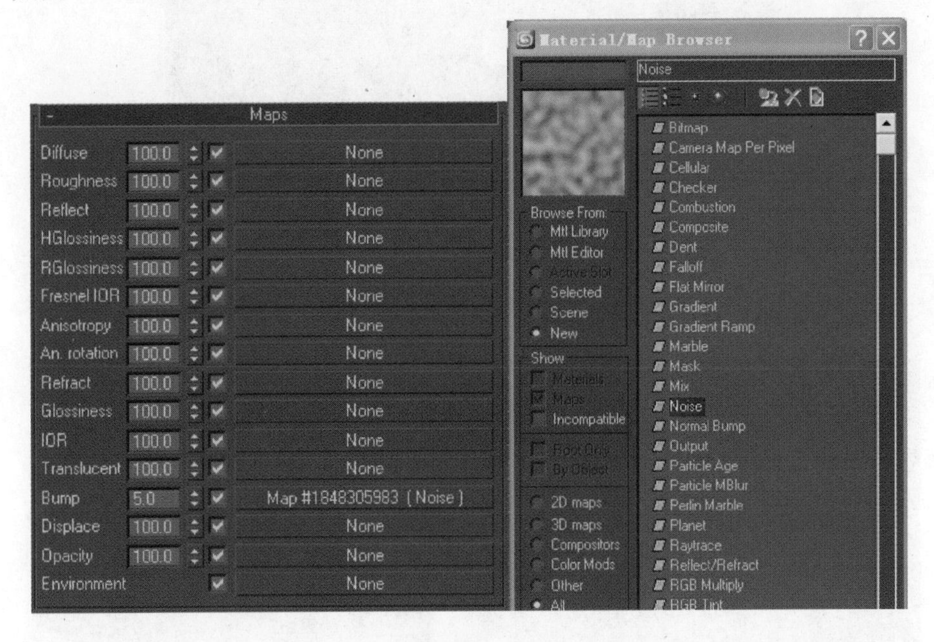

图4.1.21

我们设置两层"Noise"噪波节点，第一层模拟大的波纹，第二层模拟大波纹上的小波纹。

第一层"Noise"噪波节点："Tiling"(轴向阵列)，"XYZ"值为："0.5""2.0""1.0"，"Noise Type"(噪点类型)："Fractal"(不规则)；"Size"(大小)："300"；"levels"(程度)："3"。具体参数设置如图4.1.22所示。

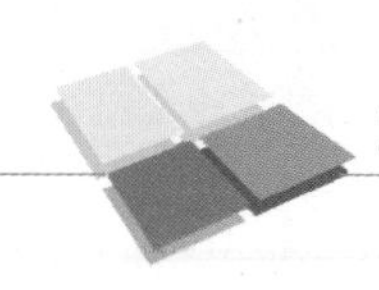

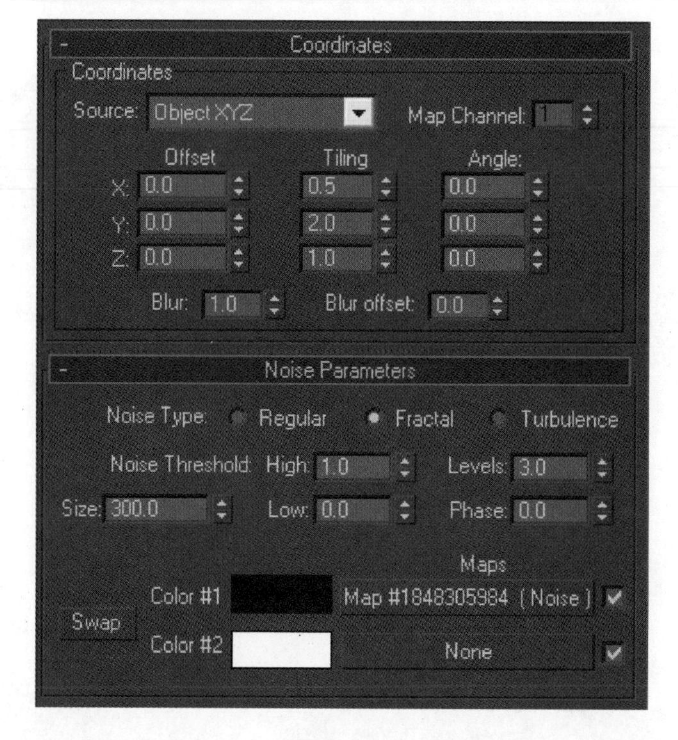

图 4.1.22

第二层“Noise”噪波节点：在父级“Noise”节点的“Color ＃1”处添加“Noise”噪波，参见图 4.1.22。“Noise Type”(噪点类型)：“Regular”(规则)；“Size”(大小)：“200”。第二层“Noise”噪波节点具体参数设置如图 4.1.23 所示。

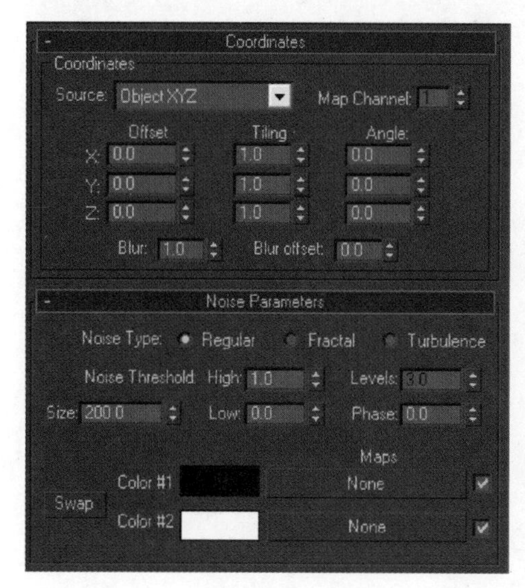

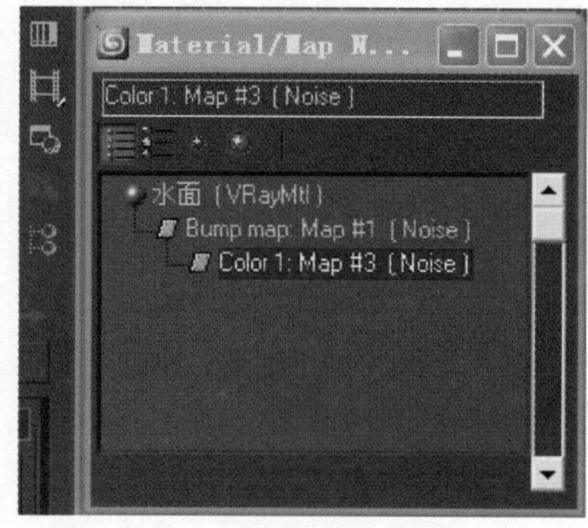

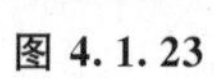
图 4.1.23

图 4.1.24

设置好该材质后，我们可以单击材质窗口右下角的"材质/贴图导航器"按钮，材质球的层级关系如图 4.1.24 所示。

4)布光、渲染调试

(1)创建 Vray 阳光系统

打开创建面板，单击灯光按钮，选择"Vray"+"VraySun"。在视图中建立 Vray 阳光系统。如图 4.1.25 所示。

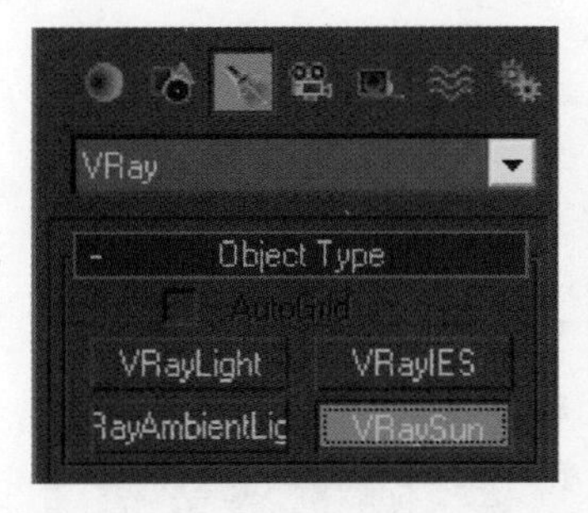

图 4.1.25

图 4.1.26

建立"VraySun"后，会弹出对话框询问是否同时在环境贴图里添加"VraySky"，单击"是"按钮。如图 4.1.26 所示。

我们在"Rendering"(渲染)菜单中单击"Environment"(环境)，如图 4.1.27 所示；弹出(环境与特效)窗口，如图 4.1.28 所示；此时可以看到环境已添加"Vray-Sky"，其他数值保持默认。

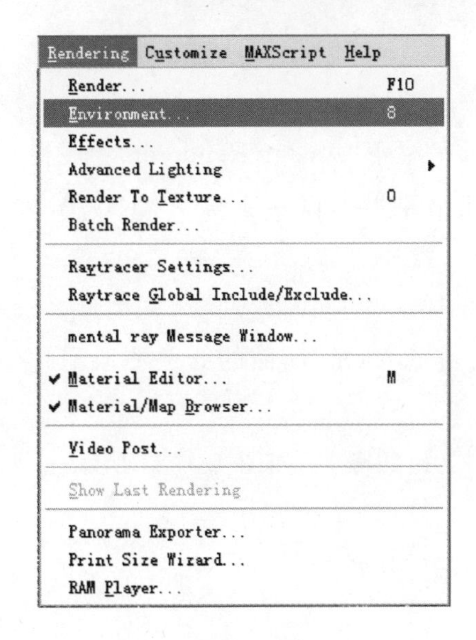

图 4.1.27

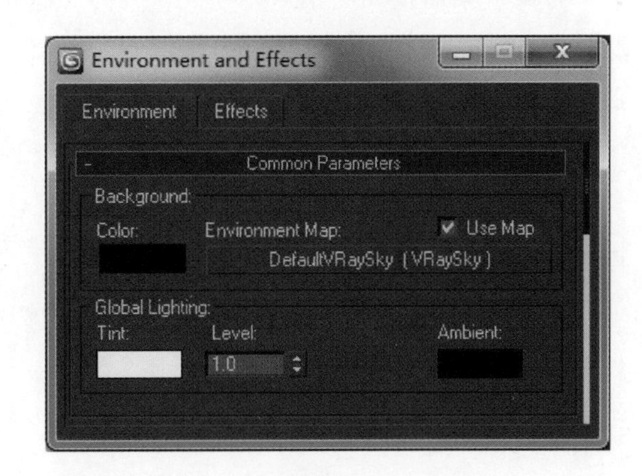

图 4.1.28

(2)测试渲染

在测试阶段，我们不要把渲染参数调得很高，把不重要的小尺度物体隐藏，比如窗框、人、车、斑马线等。这样会减少渲染的等待时间，提高工作效率。因为每次参数的微调，都需要进行渲染来查看调整的结果(如果使用“VrayRT”，GPU渲染可使得测试渲染的效率大幅提升，这里暂时不做介绍)。

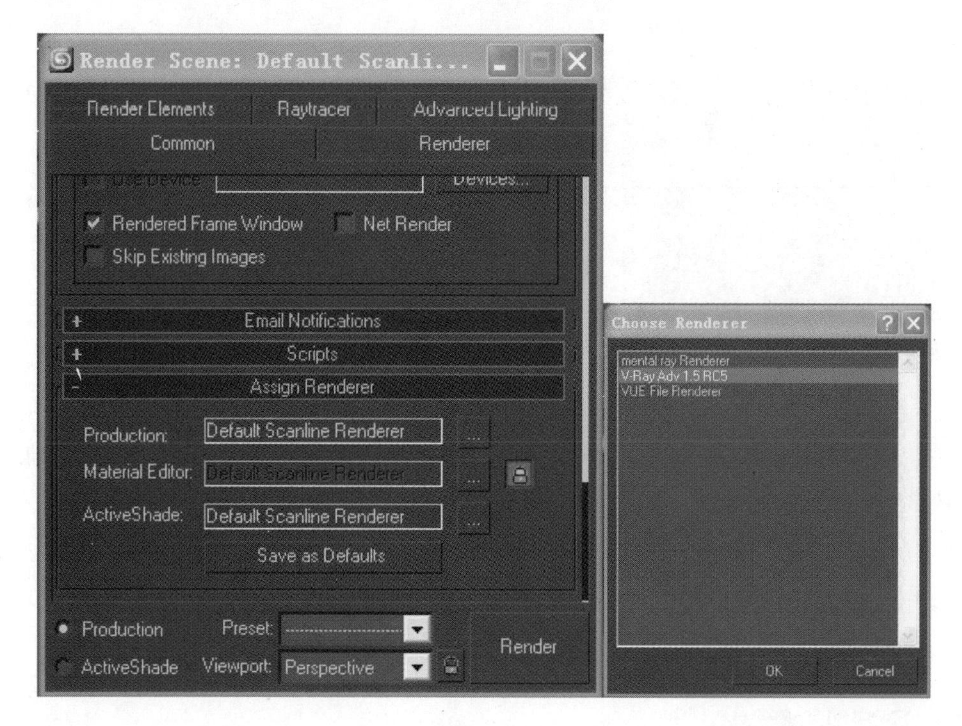

图 4.1.29

打开渲染面板如图 4.1.29 所示，打开“Common”栏下“Assign Renderer”卷展栏 Production: Default Scanline Renderer 后面的按钮，弹出指定渲染器窗口，选择 V－Ray Adv 1.5 Rc5 并单击“OK”按钮。

进入 Vray 面板，选择“Image sampler”(图像采样)→“Type”(图像采样类型)→“Fixed”(固定)类型；“Antialiasing Filter”(抗锯齿过滤)“On”前面的开关要取消打钩，如图 4.1.30 所示。

“Color mapping”(曝光控制)选择“Exponential”(指数曝光)如图 4.1.31 所示。

图 **4.1.30** Image sampler(**图像采样**)**卷展栏**

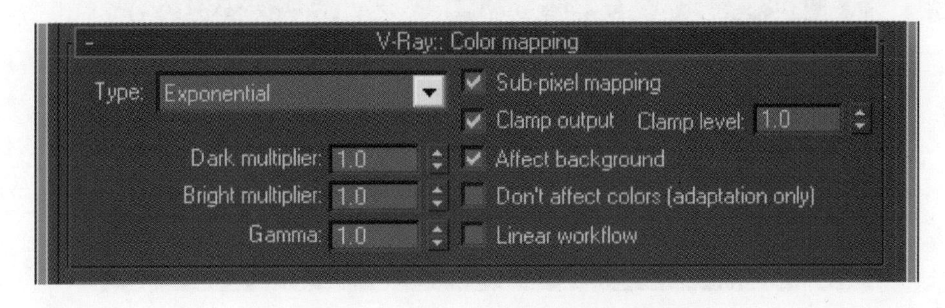

图 **4.1.31** Color mapple(**曝光控制**)**卷展栏**

进入“Indirect illumination”(间接照明)，打钩选择“On”打开“GI caustics”。参数设置如图 4.1.32 所示。

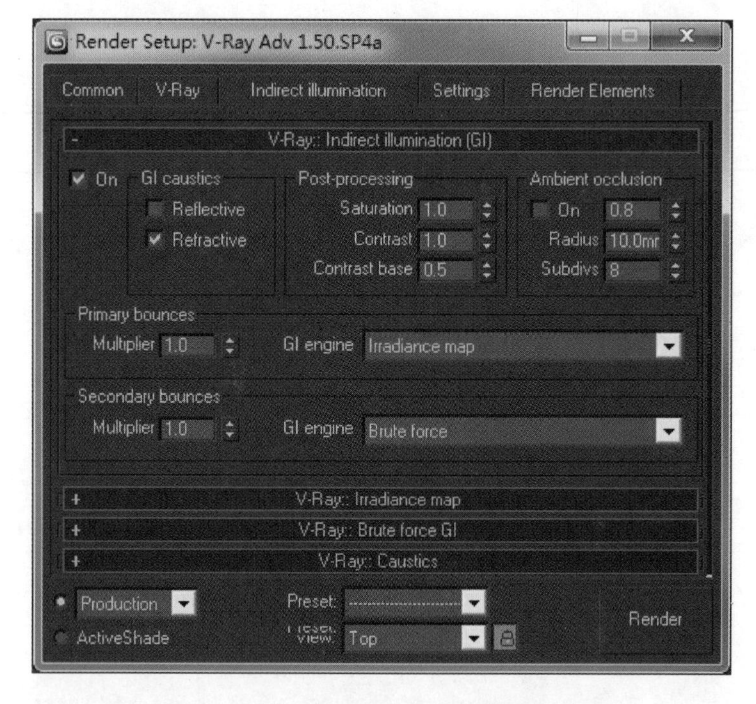

图 4.1.32 Indirect illumination(间接照明)

展开"Irradiance Map"(辐射贴图),"Current preset"(通用预设)选择"Very low"(非常低)如图 4.1.33 所示。

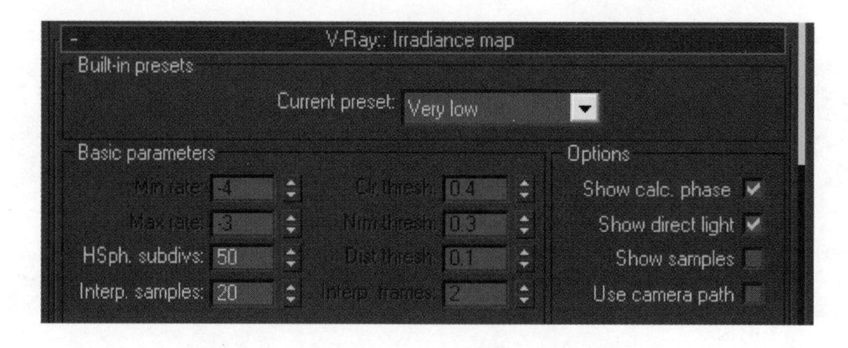

图 4.1.33 Irradiance map(辐射贴图)卷展栏

2. 巩固训练

通过上述工作任务我们学习了楼板、柱子、玻璃和水面材质的调节,在玻璃材质的制作过程中重点讲解了普通玻璃的制作方法。如何制作磨砂玻璃的效果呢?在材质编辑器里"Reflection"(反射)面板里有一项"Glossiness"(光滑度)参数调节,一般类似磨砂玻璃等效果调节此参数。我们试着调节此项参数观察磨砂玻璃效果有什么不同。

任务2　动画调节及产品级渲染设置

☆情景描述

我们在本场景中以后拉镜头为例，进行相机关键帧动画的设置，同时介绍VRay物理相机常用参数的设置方法。

所谓测试渲染就是在反复调整材质、灯光等参数时，需要多次预览调整后的效果，由于频繁的渲染会花费很多时间，我们将渲染参数设置为速度优先来提高制作效率。测试渲染结束后，再将渲染参数的设置提高，使得测试渲染的效率大幅提升。

☆相关知识与技能点

1. VRay物理相机的使用；
2. Vray渲染面板动画应用基础；
3. 测试渲染设置，渲染速度优先；
4. 光子贴图的渲染设置方法；
5. 渲染高质量效果的设置方法。

☆工作任务

1. 实践操作

1)建立VRay物理相机(Vray Physical Camera)

(1)进入创建面板，单击相机，选择Vray，创建VrayPhysicalCamera如图4.2.1所示。

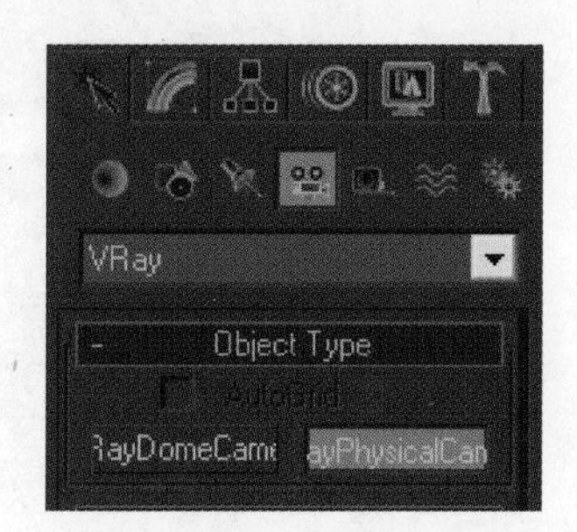

图4.2.1

说明：所谓物理相机，就是模拟真实的物理相机的各种参数：焦距、光圈、快门、感光度等。我们可以根据真实的相机使用方法来设置各个参数，比如快门先决(优先)，或者光圈先决(优先)等。

几个主要参数：

“focal lenght”(mm)(焦距)：设置镜头的广角或者长焦，人眼视觉的透视大概在“35”左右，所以标准镜头的默认值为“40”。

“f-number”(光圈)：数值越小光圈越大，画面越亮，景深越大。一般相机的光圈挡(级)从大到小为f1，f1.2，f1.4，f2，f2.8，f4，f5.6，f8，f11，f16，f22，f32，f44，f64，每个挡都比后一个挡的进光量大一倍，默认值：f8。

“shutter speed(s^－1)”快门：设置曝光的时间，数值越大，曝光时间越短，画面越暗。常见的快门速度为，1，1/2，1/4 ，1/8，1/15 ，1/30 ，1/60，1/125 ，1/250，1/500 ，1/1000 ，1/2000。默认值是“200”(200 分之一秒)。

“fim speed(ISO)”：胶片感光度，数值越大，对光的敏感度越高，但噪点越多。一般感光度为 100，200，400，800，1600，3200，6400，12800。默认值为“100”。

这些数值仅供参考！不是必须按照实际数值来设置！如图 4.2.2 所示。

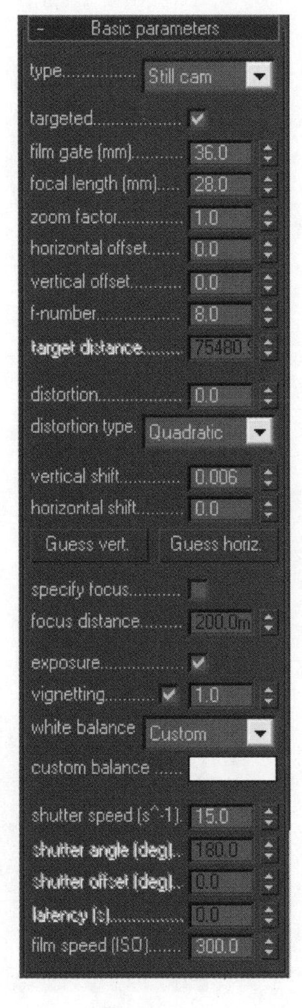

图 4.2.2

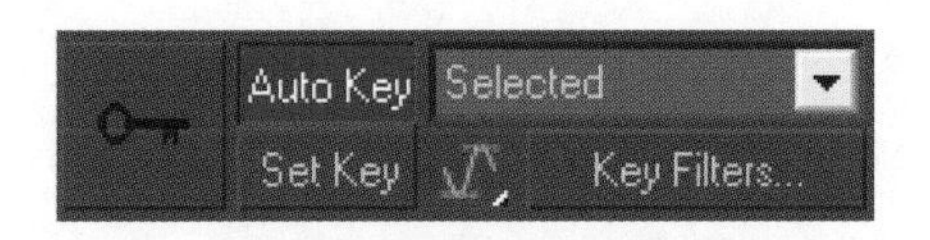

图 4.2.3

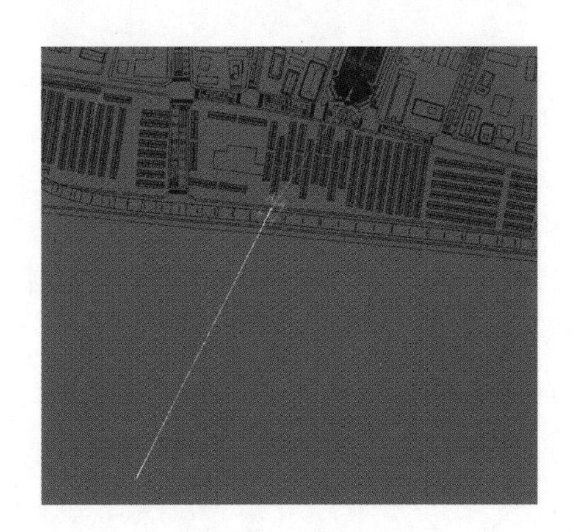

图 4.2.4　相机路径

(2)进入顶视图，设置相机的路径，我们简单设置为后拉镜头，从建筑的近景后拉到人眼视角的水面上。单击“Auto Key”按钮，如图 4.2.3 所示，自动记录关键帧，时间线拖到 200 帧，设置路径。相机路径，如图 4.2.4 所示，起始帧效果如图 4.2.5所示，结束帧效果如图 4.2.6 所示。

图 4.2.5

图 4.2.6

(3)我们使用光圈优先的方式设置相机，保持F－number(光圈)“f8”默认值不变。

设置“focal lenght”(mm)(焦距)：28

“shutter speed(s^－1)”快门：15

“fim speed(ISO)”胶片感光度：300

相机参数设置，如图4.2.2所示。

(4)进入Vray相机(VrayPhysicalCamera)视图，渲染测试。

渲染测试后我们发现整体比较灰，这个可以在后期处理。主题建筑背光面反射有点强，立体感不强，这个在后期就没办法处理了。假如我们降低玻璃材质的反射和明度，势必影响受光面，顾此失彼。我们要人为区分开背光面和受光面的材质！

所有的材质，或者物理属性，都可以用真实的“数值”来表达。但是，我们的工作不只是填写“数值”，而是“表达”，用“数值”来“表达”。

我们用面选择把背光面的玻璃模型分离出来，再复制出一个先前的玻璃材质球，把这个复制的材质球的明度和反射值都降低，再赋予这个背光面的玻璃模型，这样暗面的玻璃就暗下去了，同时也突出了玻璃的质感。

2)成品渲染基础参数的设置

(1)测试阶段完毕，下面介绍成品渲染基础参数。进入“Vray”→“Image sampler”(图像采样)栏。“Type(图像采样类型)”选择“Adaptive DMC”(VRay DMC 适应)类型；选择“Antialiasing Filter”(抗锯齿过滤)复选项，选择“VrayTriangleFilter”(Vray 三角过滤)类型，如图 4.2.7 所示。

图 4.2.7

(2)进入“Global switches”(全局控制)栏，如图 4.2.8 所示，选择“Indirect illumination”(简介照明)栏的“Don't render Final image”(不渲染最终图像)，即只计算光子。

图 4.2.8

(3)进入“Indirect illumination”(间接照明)栏，将 On 打钩选择。

进入“Irradiance map”(高级光照贴图)如图 4.2.9 所示，“Current preset”(通用预设)选择“Very animation”(中级动画)预设。

在“Mode”(模式)选择“Incremental add to current map”(累加贴图)模式。

打钩选择“Auto save”(自动存储)，单击“Browse”设置存储路径(这里设置的是网络路径，动画镜头的渲染，一般是通过网络渲染来完成的，所有的路径都统一为网络路径)。

图 4.2.9

(4)设置好 Vray 渲染器的产品基础渲染参数后，进入“Common Parameters”(通用栏)如图 4.2.10 所示。设置“Every Nth Fram”：“50”，每隔 50 帧渲染一次，间隔帧的设置要根据镜头的路径，而不是时间线的长短。路径越快，帧数的间隔就越小，我们要保证镜头路径上的所有物体面都要计算光子。

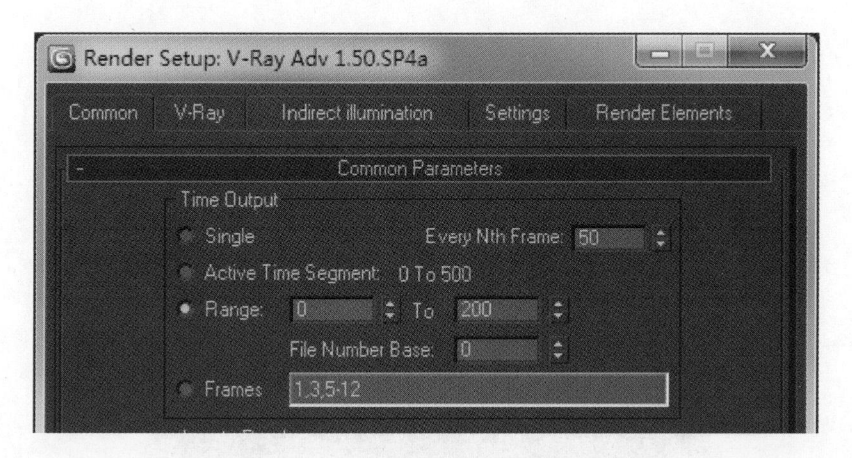

图 4.2.10

单击通用栏右下角渲染按钮，我们开始渲染光子，效果如图 4.2.11 所示。

图 4.2.11

(5)累加光子贴图渲染完毕后，设置最终图像渲染参数。进入“Common Parameters”(通用栏)，设置“Ever Nth Fram”：“1”。在“Render Output”(渲染输出)勾选“Save File(存储文件)”作为存储路径，存储图片格式为 TGA 格式。如图 4.2.12 所示。

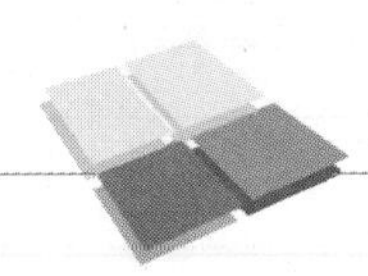

Render Setup: V-Ray Adv 1.50.SP4a
Common V-Ray Indirect illumination Settings Render Elements
Common Parameters
Time Output
Single Every Nth Frame: 1
Active Time Segment: 0 To 500
Range: 0 To 200
File Number Base: 0
Frames 1,3,5-12
Area to Render
View Auto Region Selected
Output Size
Custom Aperture Width(mm): 36.0
Width: 1280 320x240 720x486
Height: 720 640x480 800x600
Image Aspect: 1.77778 Pixel Aspect: 1.0
Options
Atmospherics Render Hidden Geometry
Effects Area Lights/Shadows as Points
Displacement Force 2-Sided
Video Color Check Super Black
Render to Fields
Advanced Lighting
Use Advanced Lighting
Compute Advanced Lighting when Required
Bitmap Proxies
Bitmap Proxies Disabled Setup...
Render Output
Save File Files...
..\project\test cc\201201book\render\c01ZTcc\c01ZTcc.tga
Put Image File List(s) in Output Path(s) Create Now
Autodesk ME Image Sequence File (.imsq)
Legacy 3ds max Image File List (.ifl)
Use Device Devices...
Rendered Frame Window Net Render
Skip Existing Images
Email Notifications
Scripts
Assign Renderer
Production Preset: ----------
ActiveShade View: VRayPhysicalC Render

图 4.2.12

(6)进入“Global switches”(全局控制)栏，关闭“Indirect illumination”(简介照明)栏的“Don't render Final image”(不渲染最终图像)。

进入“Indirect illumination”(间接照明)栏，mode(模式)选择“From file”模式，单击“Browes”按钮，选取上面设置的光子贴图路径，如图 4.2.13 所示。

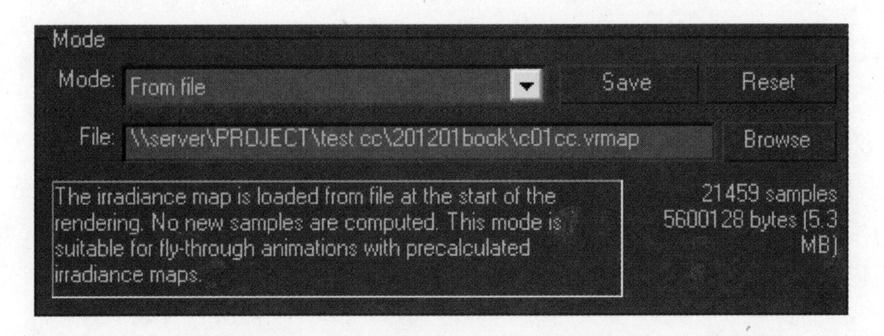

图 4.2.13

单击“Render”按钮，渲染序列。

2. 巩固训练

通过本任务的学习，我们发现要打好动画镜头，不仅技术方面要掌握物理相机参数的设置，也要掌握艺术方面镜头语言的感觉，在这里我们推荐傅正义《电影电视剪辑学》这本书来提高大家对镜头语言运用的艺术修养。其次渲染设置是一项细心的工作，前面我们介绍了测试渲染的设置方法和正式渲染动画镜头的设置方法，这里我们可以将前面讲过的三个项目中的场景加上摄像机动画，进行渲染设置练习。

任务 3　后期合成处理

☆情景描述

在本任务的学习中，我们主要介绍后期软件 DFusion，这款节点式后期软件的操作方法及节点的使用流程。

许多效果在三维软件中的表现，要花费许多时间和精力，效果又往往没有使用后期软件便捷直观。后期处理环节，是整个动画流程不可或缺的一部分。

☆相关知识与技能点

1. 后期合成及校色基础；
2. 添加特效提升视觉效果；
3. 后期调整完成输出动画序列帧的方法。

☆工作任务

1. 实践操作

1)后期校色

本任务主要介绍使用 DFusion 软件进行后期校色的基本操作流程。打开 DFusion 软件，如图 4.3.1 所示。

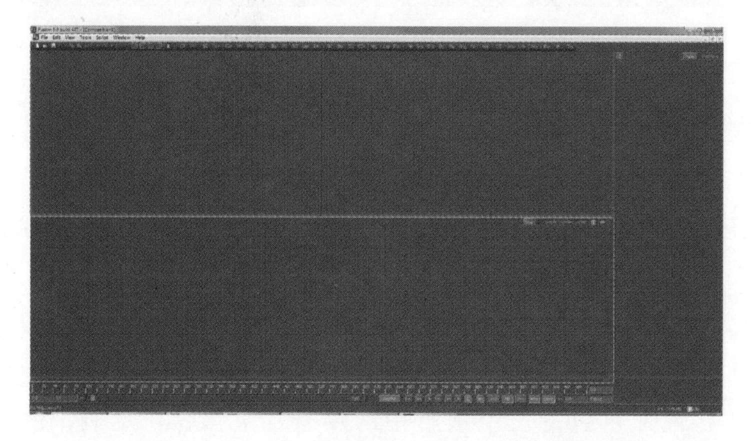

图 4.3.1

(1)把渲染好的 TGA 图像序列的第一帧拖到 Flow(节点)面板后，自动生成 Loader 节点，序列路径也自动生成。如图 4.3.2 所示。

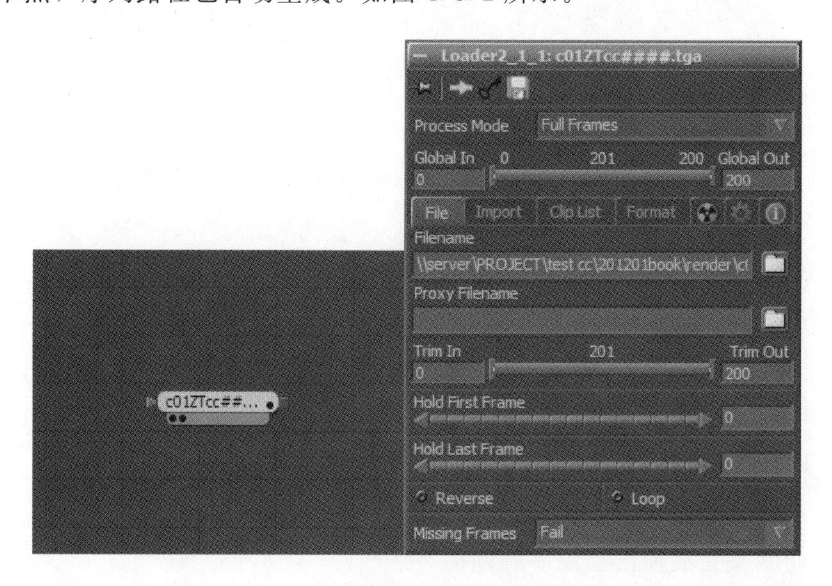

图 4.3.2

图 4.3.3

(2)把此节点拖入视图后，如图 4.3.2 所示，发现它的天空是半透明的，效果如图 4.3.3 所示。这是因为 alpha 通道默认设置有问题，问题原因是 VraySky 是自带 alpha通道的。我们需要把通道关掉。进入“Import”(导入) File Import Clip List Format 栏打钩选择“Make Alpha solid”. Make Alpha solid 图像正常了，设置如图 4.3.4 所示，效果如图 4.3.5 所示。

图 4.3.4

图 4.3.5

(3)我们开始校色，在上方节点栏 BC Bol CC CCv 添加CC颜色控制节点(全称Color Correct)，如图4.3.6所示。

图 4.3.6

单击“Shadows”(阴影)也就是暗面的控制，把颜色倾向紫红色，如图4.3.7所示。

单击“Highlights”(高光)，也就是亮面，颜色倾向黄色，如图4.3.8所示。

(暗面，亮面或者是中间色，都是由色阶阈值控制范围的)效果如图4.3.9所示。

(4)色调调整完，我们再添加SGL节点(Soft Glow软光晕)，以增加亮度和泛光效果。

“Threshold”(阈值)意义是Glow作用的范围：0.4。

“Gain”(增益)：1.6。

“Blend”(混合)：0.4。

图 4.3.7

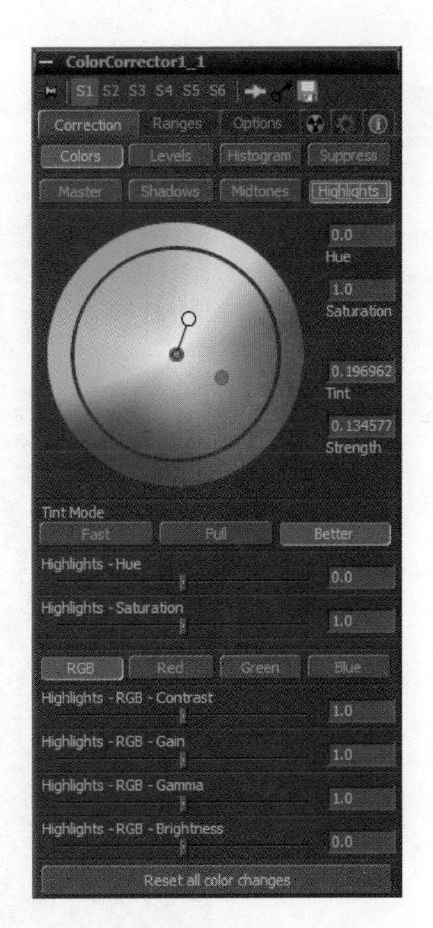

图 4.3.8

图 4.3.9

展开“Color Scale”设置 RGB 颜色缩放值：1.3 ；1 ；0.03，(加强整体色调)，参数设置如图 4.3.10 所示，效果如图 4.3.11 所示。

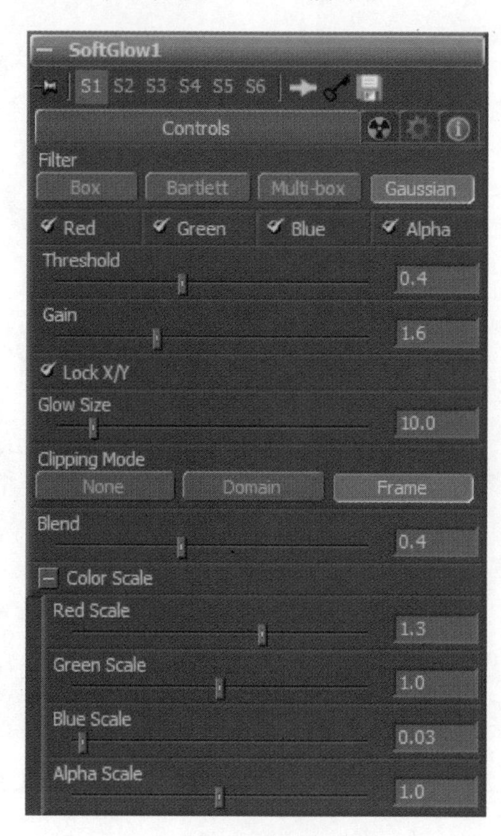

图 4.3.10

图 4.3.11

(5)添加 SGL 节点后画面变虚了，我们再添加一个 Sharp 锐化节点(Sharpen)。

最后添加“Light (Light Factory)”光工厂，其实是镜头光晕效果，它是 AE 的一个插件，同时也完美支持 DFusion 节点提彩。效果如图 4.3.12 所示。

图 4.3.12

(6)最后添加输出节点“SV(Saver)”，设置输出路径和图像类型，如图 4.3.13 所示。

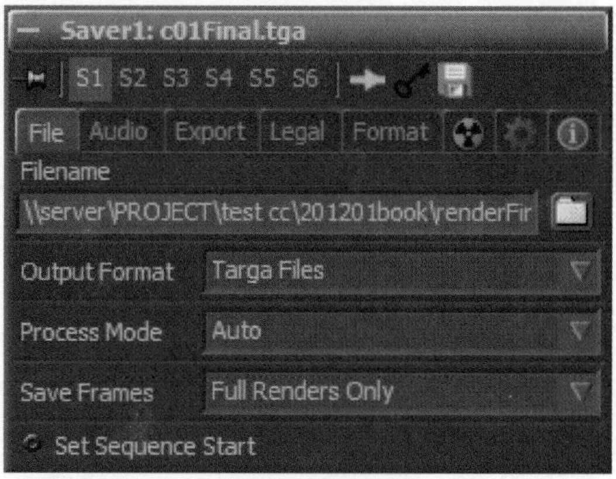

Saver1: c01Final.tga
S1 S2 S3 S4 S5 S6
File Audio Export Legal Format
Filename
\\server\PROJECT\test cc\201201book\renderFir
Output Format Targa Files
Process Mode Auto
Save Frames Full Renders Only
Set Sequence Start

图 4.3.13

2. 巩固训练

通过本任务的学习我们了解了后期处理的一般操作方法。大家可能感觉 DFusion 很像我们常用的 Photoshop 等图像处理软件所起的作用。其实在室内外效果图等静帧作品的后期处理中一般都使用 Photoshop 来实现，DFusion 等后期软件既可以对静帧作品进行处理又可以对动画镜头进行后期处理。这样讲可能更有助于大家对后期软件的理解。在我们平时训练中静帧图片资源非常广，大家可以用 DFusion 等后期合成软件来处理静帧图片来提高自己的后期处理能力。后期处理静帧和动画的操作方法是一样的。下面我们提供一张未经过后期处理的图片，如图 4.3.14 所示。大家试着根据所学内容将这张图片进行后期合成处理。

图 4.3.14

知识探究

DFusion 软件的主要功能及目前公司使用状况

Digital Fusion 是一款功能强大的专业级后期合成特效软件之一。它用于影视后期、独立的图像处理特效合成平台，一般简称 DFustion 或者 Fusion。DFusion 里的工具都是由专业特效艺术家和编辑者根据影视制作需要，专门研发产生的。这些工具可以满足未来影视合成发展要求，适合高端广播视频，WEB，DVD 以及多种视频格式。这款软件的节点式操作，流程非常明晰，遮罩功能使用极为方便，可以很容易给每一个特效加遮罩，可以做出丰富多彩的动态效果，而且还有匹配的强大插件。由于 DFusion 面向实际应用的设计，软件的各种构件能够被有效地与不同路径的任何项目结合。任何操作都能够设置关键帧从而形成动画。运动跟踪系统能够像建立运动路径那样非常容易地对一个点实施跟踪，并且能通过想像得到的任何方法使用这些工具，从而使更多炫目、不寻常的效果成为可能。DFustion 在《精灵鼠小弟》、《乌龙博士》、《世纪风暴》、《极度深寒》等大量特技影片中承担了合成任务。

目前行业内合成师常用的有 After Effects、DFustion、Combustion、nuke、shake 等影视后期合成软件。随着电影电视技术以及计算机硬件的不断发展，影视娱乐产业对后期合成制作的要求越来越高，后期合成软件的应用趋势也产生了新的变化。对于一名合成师来说，除了应该熟悉 After Effects 这样的层级式合成软件，更应该掌握像 DFustion 这样的节点式合成软件。这样才能够在工作中根据不同的情况，发挥不同软件的优势，相互配合，提高效率。

知识拓展

运动镜头 20 项基本准则

运动镜头虽然给影片带来新的空间和自由，但在运用的过程中它也可能成为一种危险的武器。它会轻易破坏幻觉。不恰当地使用运动镜头，很快就会造成干扰；它会影响影片的节奏，甚至和故事的脉络发生矛盾。要获得成功的画面调度，不仅要知道如何去创造它，而且要知道调度的时机和目的。

基本准则：

(1)当拍摄一个激烈的动作时，运动镜头可以从剧中人的角度表现，使观众身临其境地体验剧中人的强烈感受。

(2)把摄影机当成一个演员的眼睛(主观手法，不大容易获得成功的镜头)。

(3)摇摄或移动摄影可以用来直接或是通过一个演员的眼睛来表现场景(纪实风

格，直接报导）。

(4)摇镜头或移动镜头可以在动作结尾时揭示出一种预料中或意外的情况。

(5)直接切入要比运动镜头快些，因为它立即转入一个新的视角(避免摇移浪费大量时间表现无关紧要的东西）。

(6)摇移镜头可以跟着一个次要的人物，从一个兴趣中心转移到另一个中心。

(7)镜头从一个兴趣中心转移到另一个中心，它的动作可以分三段：开始摄影机是静止的，中间是运动部分，最后摄影机重新停下来(避免视觉的跳动)。

(8)摇移镜头经常结合起来去拍摄活动的人物或车辆。

(9)跟着一个做重复性动作的对象移动或大范围的摇摄，其长度不限，可以根据剪辑的需要而定。

(10)以摇移镜头接到一个有活动的人和物的静止镜头时，把对象保持在画面上的同一部位是有好处的。画面上的运动方向也要保持不变。

(11)人物、镜头的运动，不论是摇移，都可以有选择地删去多余的东西，并且可以在跟着主要运动时，在场景中引进新的人物，实物或背景。

(12)摇移要有把握和准确，动作要得心应手。痉挛式的摇摄，或镜头的运动拿不定主意表现出业余的水平。

(13)人物的动作可以使观众不去注意镜头的运动。

(14)当连续摇移时，摄影机要走简单的路线，让人物或车辆在画面范围内作各种复杂的运动。

(15)摇移的起幅，落幅，在构图上保持画面的平衡。

(16)静态镜头的有效剪辑长度取决于镜头内的运动；运动镜头的长度取决于摄影机运动的持续时间，过长或过短的运动都会妨碍故事的发展。

(17)摇移经常用来重新平衡画面的构图(这种摄影机的运动很慢，位置调整不大）。

(18)把对象置于从背景放映或前景反映的摄影屏幕前可以得到运动的幻觉。

(19)推拉镜头经常用来在整个镜头拍摄过程中保持固定的画面构图。

(20)运动常常是假定性的。

镜头的运动任何时候都必须有正当的理由。

很多要素是以拍电影为前提，我们的建筑动画也可以借鉴。作为新的记录手段，三维动画有自身的特点与优势。但基本的观众视觉感受同样是有规律的。

思考与练习

1. 怎样才能提高自己后期校色的水平?

答：动画本身是艺术与技术的结合，这一点体现在动画的各个模块中，包括后期校色也是如此。一方面，要学习后期软件操作技术；另一方面，还要提高自己的色彩感觉。技术方面我们可以多看一些教程方面的书籍，加强操作训练，积累制作经验和技巧；艺术方面我们可以多练习色彩写生，提高视觉对细微颜色差别的敏感度，同时增加自身阅片量多关注经典影片的后期处理，提高审美意识。

2. 将自己渲染好的静帧作品或动画序列帧作品用后期软件进行校色并添加特效，比较参数的变换对视觉效果的影响。

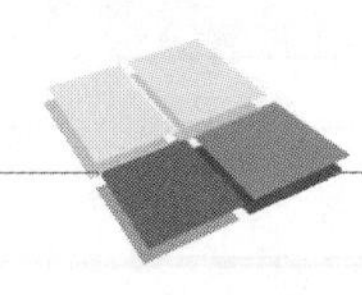

项目5　士兵模型及走路动画制作

学习目标

1. 能熟练掌握角色模型的基本布线方法；
2. 能根据角色模型合理编辑UV；
3. 能够根据原画要求，绘制相应的贴图；
4. 能熟练为角色模型进行骨骼绑定；
5. 掌握人体运动基本规律，能熟练运用关键帧技术制作角色走路动画。

技能要求

1. 掌握角色模型制作的流程及方法，了解角色布线规律；
2. 掌握UV拆分的方法及规律；
3. 能够按照原画要求进行贴图绘制；
4. 掌握Biped骨骼设置及绑定方法；
5. 初步掌握KEY关键帧动画，了解一般角色走路运动规律。

任务1　大兵模型的创建

☆情景描述

根据原画特征，分析角色结构、比例等特征，并应用三维多边形建模知识逐步完成人物模型，在模型制作过程中，学会各部分模型的布线规律。

☆相关知识与技能点

掌握角色模型制作的流程及方法，了解角色布线规律。

☆工作任务

1. 实践操作

1)导入参考图

(1)用 photoshop 打开角色设定原画图“大兵原画 . tif”，如图 5.1.1 所示，原画中设定了角色的正视图、左视图以及各部分的颜色、纹理等信息。

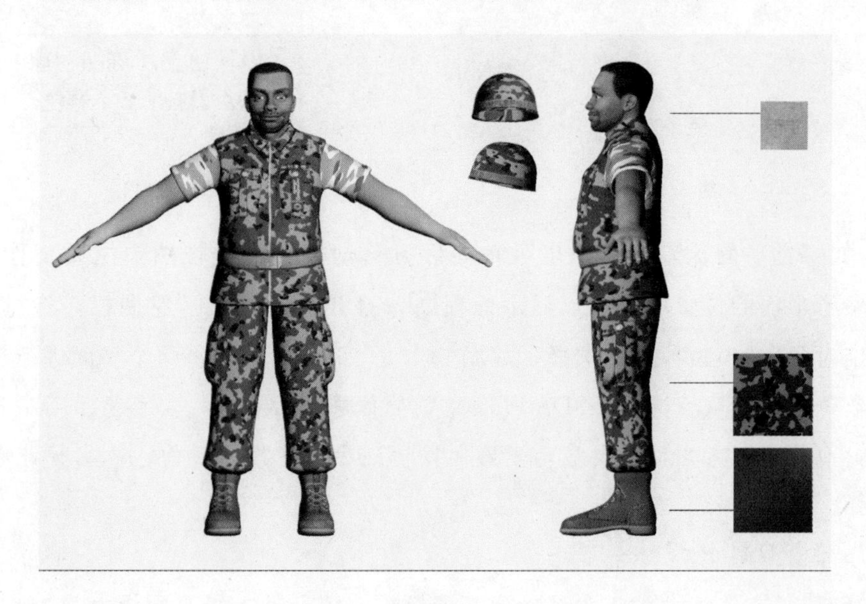

图 5.1.1

(2)将大兵原画正视图、左视图截取成两张图片并分别保存为“front. jpg”和“left. jpg”，以便制作模型时作为参考图片使用。

(3)导入参考图。打开 3DS Max，在正视图中创建平面并命名为“frontPlane”，在左视图中创建平面并命名为“leftPlane”分别将刚刚截取的两张原画图片“front. jpg”和“left. jpg”作为漫反射贴图赋予相应平面，调整平面大小及位置，如图 5.1.2 所示。

注意：正视图与左视图导入以后，一定要反复检查两张图各部分高度是否一致，可新建一平面作为水平标尺进行检查，如发现不一致，通过缩放平面进行调整。

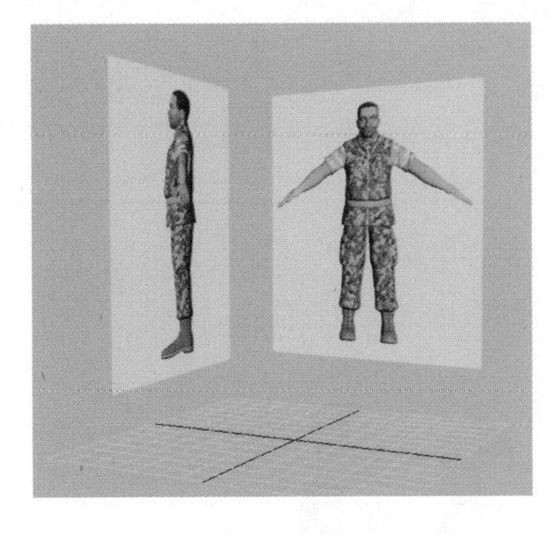

图 5.1.2

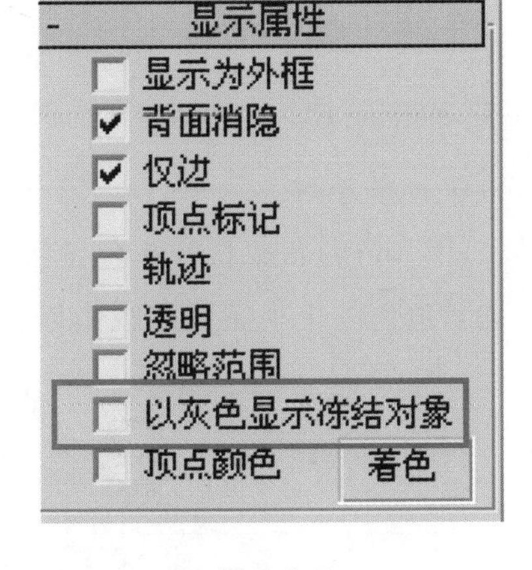

图 5.1.3

(4)如感觉平面比较碍事，也可稍向后方移动以避开透视图中主要工作区域，调整好参考平面的位置后，进入显示面板，打开“显示属性”卷展栏，将“以灰色显示冻结对象”一项去掉打钩选择，如图 5.1.3。最后，分别将两个平面进行冻结。

参数说明：默认情况下，3DS Max 中的物体冻结后都会以灰色显示而不显示自身贴图，而作为参考平面需要显示出贴图以达到参考建模的目的，故去掉此参数的打钩选择。

2)头部模型制作

(1)创建长方体，大小与头部接近。选择长方体，进入修改面板，加入“网格平滑”修改命令。然后，右键单击物体→“转化为”→“可编辑多边形”，如图 5.1.4。转化可编辑多边形后，布线效果如图 5.1.5。

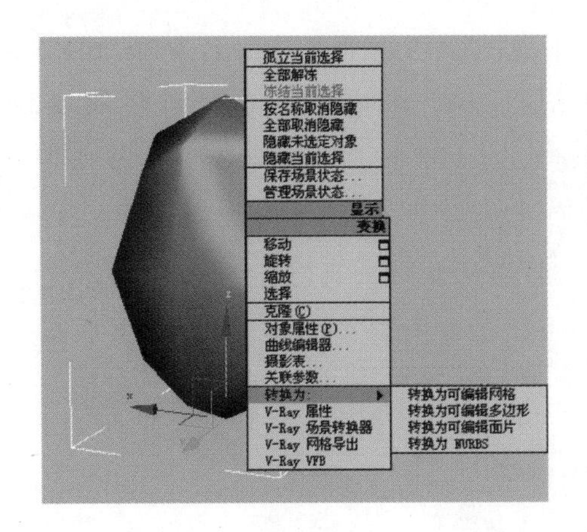

图 5.1.4

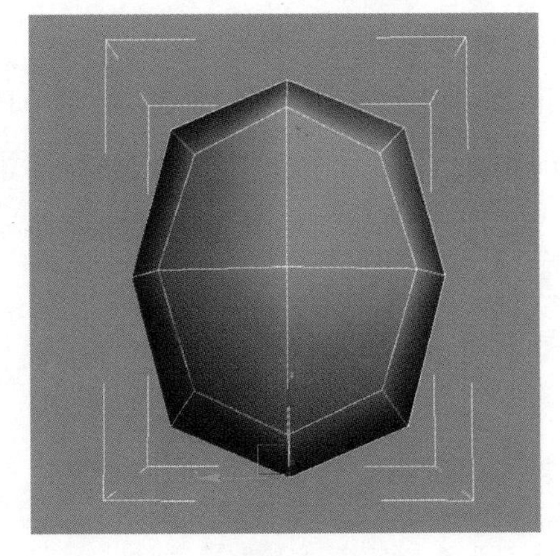

图 5.1.5

(2)进入到模型边级别，选择“修改面板”→“编辑几何体”→“切割”命令，为模型增加一些结构线，如图5.1.6，同时进入点级别参考正、左参考图对模型进行调整，如图5.1.7。

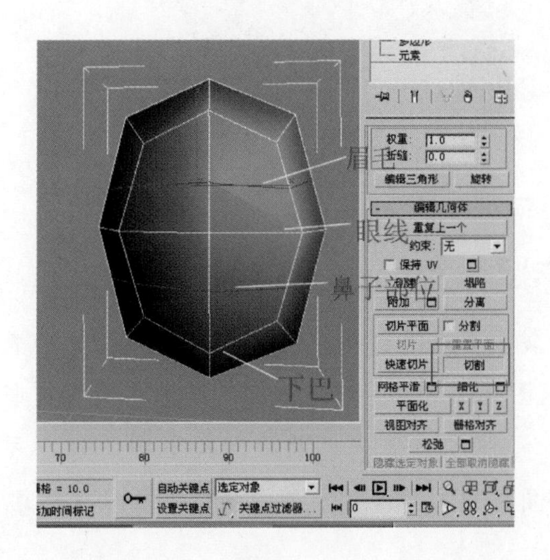

图5.1.6

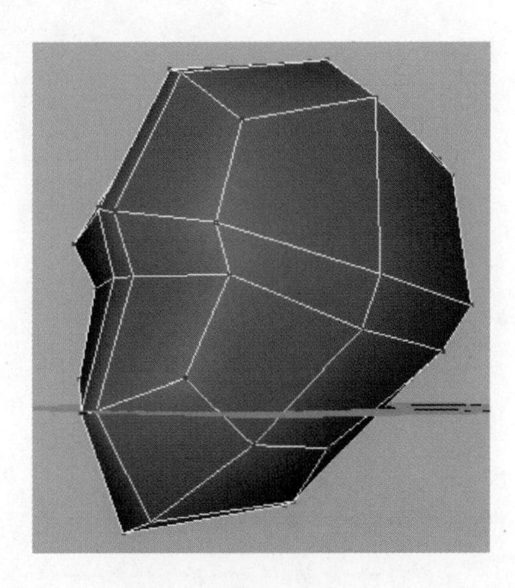

图5.1.7

(3)进入到多边形级别，在正视图中选中左半边模型，按“Delete”键删除，回到物体级别，选中模型物体，单击工具栏中镜像按钮，在弹出的对话框中如图5.1.8设置参数。

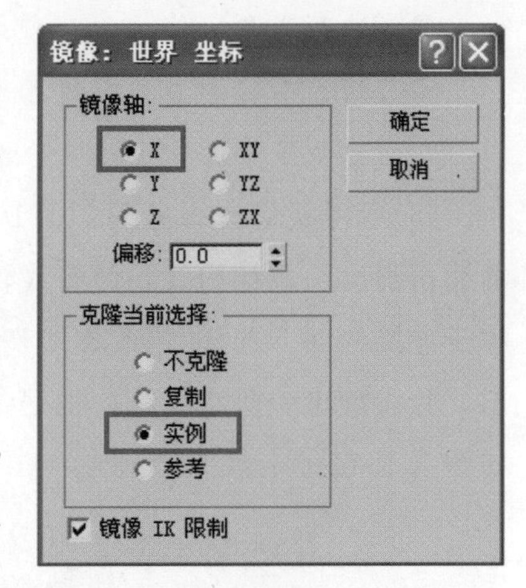

图5.1.8　镜像参数设定

参数说明：本例以 X 轴作为镜像轴；将“克隆当前选择”参数设置为“实例”是便于建模时，调整右半边模型的同时，左边可同步进行修改。

(4)进入到模型边级别，继续选择“修改面板”→“编辑几何体”→“切割”命令，为模型口部划分出更多的结构线，如图5.1.9所示。口部的结构线要与面部肌肉走向相一致，由于围绕口部周围分布着口轮匝肌，布线时应按照圆形辐射状布线，嘴角切勿相交于一点。划分结构线应该逐步划分，不要一次划分过多的结构线，这样不利于调整顶点。划分结构线后，按照参考图在三维空间中调整顶点，使模型尽可能与原画一致。

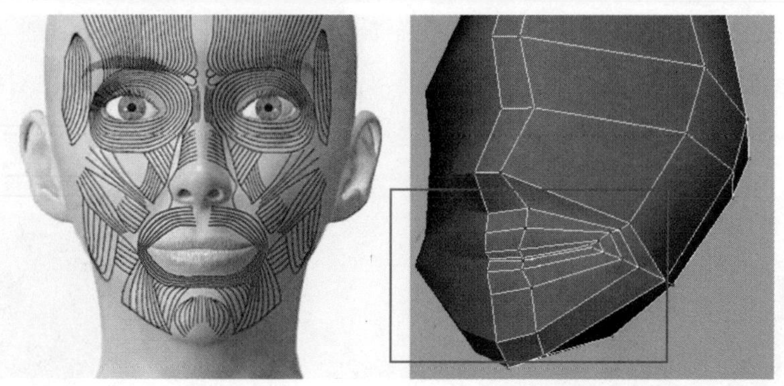

图 5.1.9

注意：在角色建模中，脸部的布线比较重要，布线是否合理决定了面部动画表情是否自然平顺。脸部的初步布线可参考图 5.1.10 中的模型布线方法，需要说明的是布线并不是固定的，根据不同角色、不同项目要求以及不同模型师的制作习惯，布线都各不相同，作为动画项目中的角色模型布线，总体遵循以下几点规律：

①布线走势与面部的结构相符合；

②布线尽可能在三维各空间方向上平滑顺畅；

③多边形面积可能均匀分布；

④眼睛、嘴部周围的布线尽可能为环状布线；

⑤面部明显位置尽可能避免出现三角面、五星点及多于四边面等不规则的结构。

(5)参考头部布线见图 5.1.10，进行布线塑造结构，在脸部距离较大的面之间继续切割出一些结构线，使布线较为均匀，并调整点。进入到多边形级别，选择与脖子连接的面，选择“修改面板”→“编辑几何体”→“挤出”命令，将角色的脖子挤出，并切割出一些结构线，根据参考图进行调点。将脖子底面进行删除。完成效果如图 5.1.11。

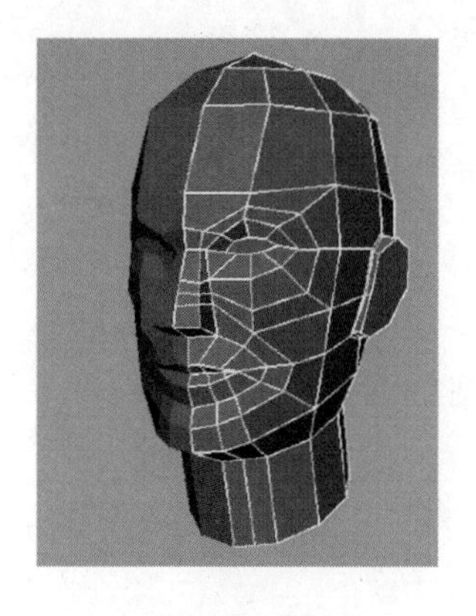

图 5.1.10

图 5.1.11

(6)将眼睛周围切割出环状布线结构，以符合眼睛周围眼轮匝肌结构。并将眼球位置的面进行删除，如图 5.1.12 所示。

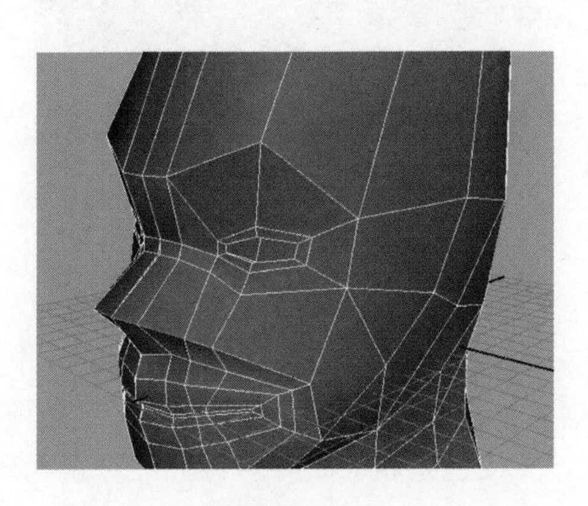

图 5.1.12

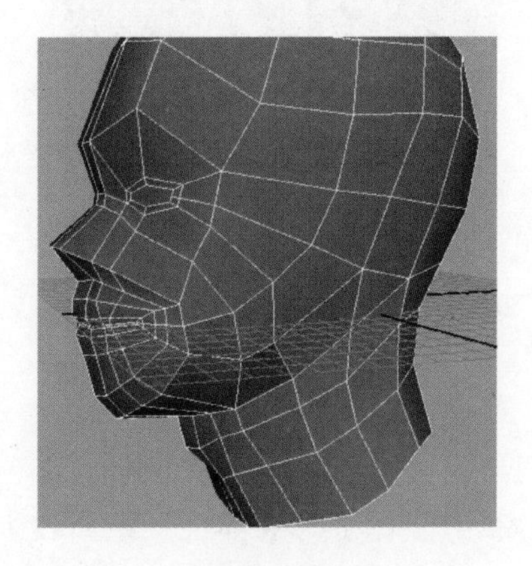

图 5.1.13

(7)将脸部不顺畅的布线结构进行删除，重新划分布线，使结构更加平顺，调整顶点，使每条结构线在三维各个方向上尽可能平顺，如图 5.1.13，头部基本大的形体完成。

(8)创建眼球。创建一个球体，沿 *X* 轴旋转 90°，使球体符合眼球的布线方式，调整球体的大小和位置，使之与正视图、左视图相吻合，斜右键击球体，选择"冻结当前选择"命令，如图 5.1.14。

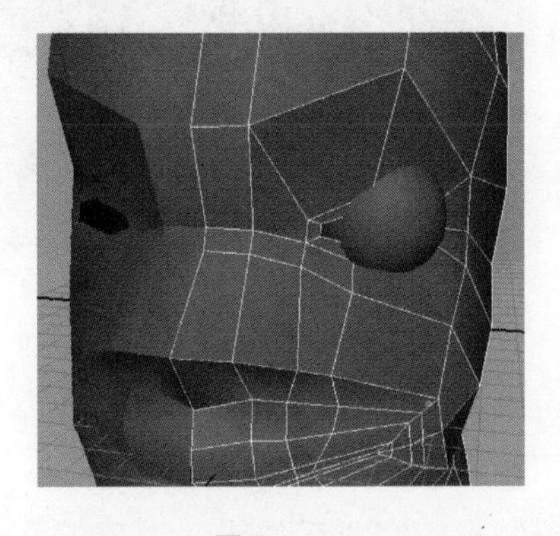

图 5.1.14

图 5.1.15

(9)在眼皮周围继续切割出环状结构线，并在垂直方向切割出一些纵向结构，形成经纬交叉的布线方式，调整眼部控制点以符合原画结构并使眼皮能够包裹住眼球，如图 5.1.15。

(10)进一步细化模型，继续加入环状结构线，调整每个控制点，以符合角色结构特征，并尽可能使每条线在三维各方向上平顺，如图 5.1.16。

(11)调整鼻子部分的控制点，使鼻子大体分出前、侧、底面，如图 5.1.17。

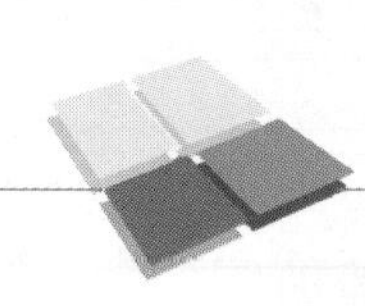

图 5.1.16

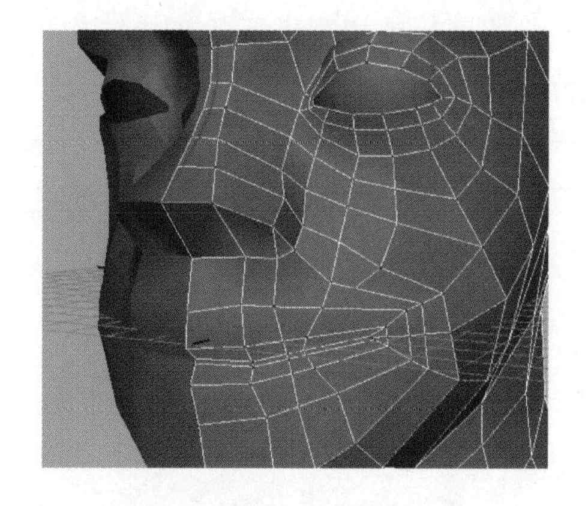

图 5.1.17

(12)由于鼻子与嘴部位置距离较近，布线也是相互贯穿，因此在鼻子大致形体出来以后，应该将嘴部的大致形体进行细致调整，嘴部大致形体调整布线如图 5.1.18所示。

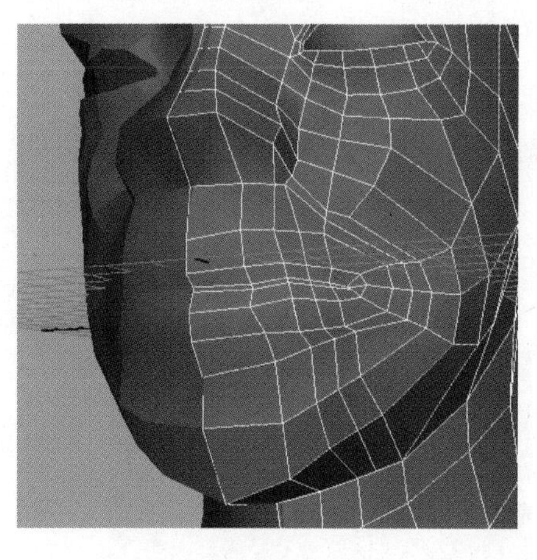

图 5.1.18

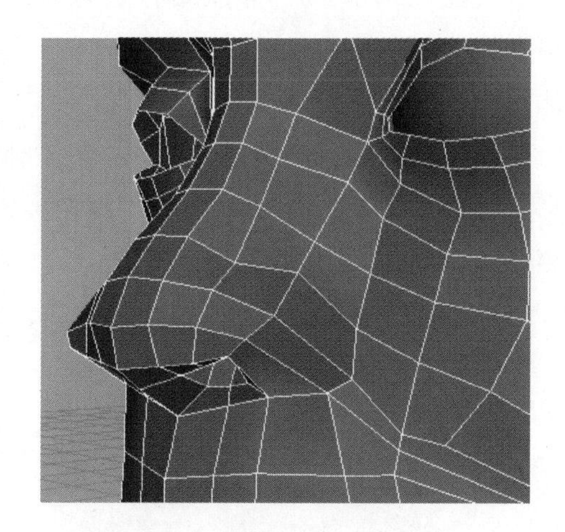

图 5.1.19

(13)鼻子深入刻画。将鼻底面进行向内挤压，调整控制点使其形成鼻孔，将鼻翼的控制点向内移动，形成鼻翼阶梯状的结构，如图 5.1.19。

(14)进一步为鼻子添加结构线，调整控制点，完成后如图 5.1.20。注意鼻骨的转折变化，鼻翼与脸部衔接结构的虚实变化，使模型更加生动逼真，结构更加圆润、结实、严谨。

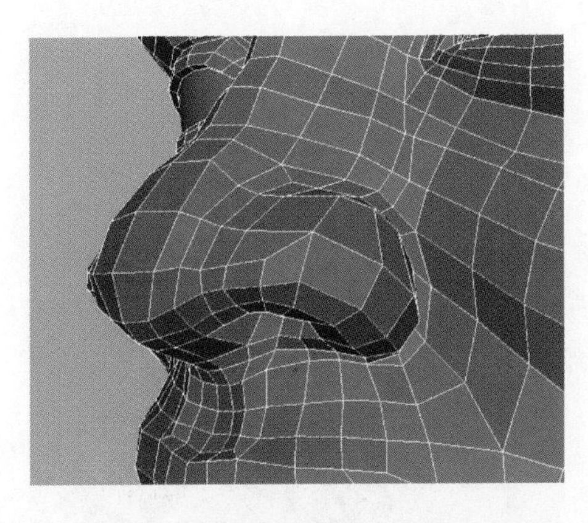

图 5.1.20

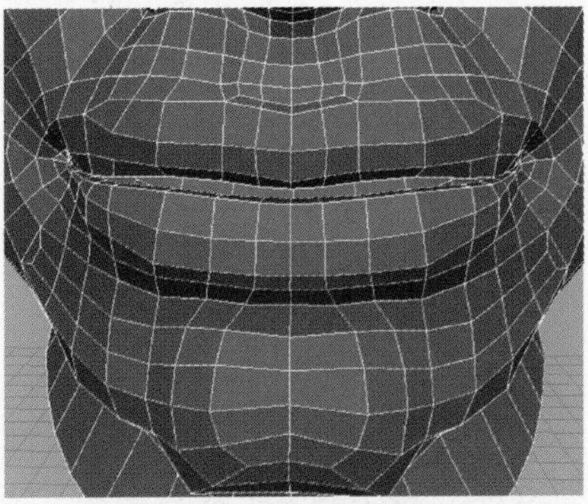

图 5.1.21

(15)添加嘴部结构线，调整控制点，注意嘴唇的肌肉变化，使结构线尽可能顺畅自然。将口缝处的面向内进行多次挤压并调节内部顶点，形成内部的口腔结构，完成后如图 5.1.21。

(16)深入调整眼部结构，注意眼皮、眼睑的结构变化以及虚实转折，眼皮的厚度、泪囊的结构等都应该仔细刻画，完成效果如图 5.1.22 所示。

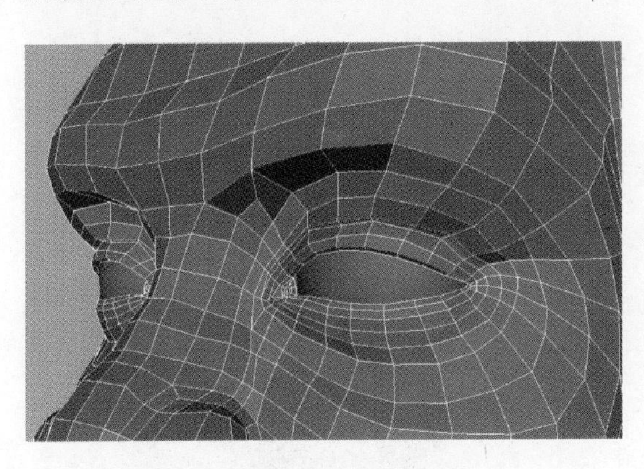

图 5.1.22

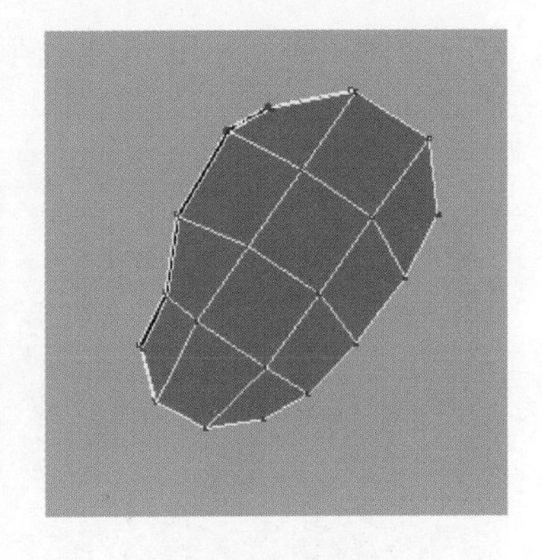

图 5.1.23

(17)制作耳朵大致形体。耳朵在头部建模中属较难表现的结构，其结构复杂，变化丰富，想要做好耳朵的结构，必须仔细研究耳朵特征。耳朵的制作方式既可以直接从头部挤出面，也可单独制作好后再与头部连接，这里选用单独制作，然后与头部连接的方法。首先，在左视图中对照耳朵的位置建立立方体，将“长度分段”设置为 4，将“宽度分段”设置为 3。右键单击物体→“转化为”→“可编辑多边形”，旋转立方体角度以匹配原画中耳朵的角度，调节控制点形成耳朵的基本形状，如图 5.1.23。

(18)进入到多边形级别，选择正面的多边形面，单击修改面板中“编辑多边形”→“倒角”命令，从而挤出耳朵轮廓结构线，如图 5.1.24。

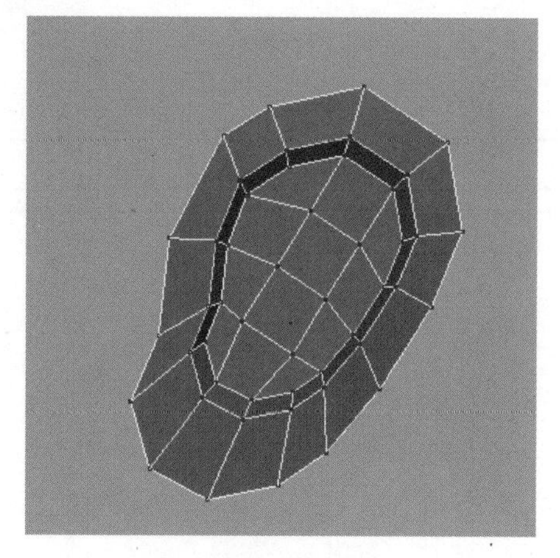

图 5.1.24

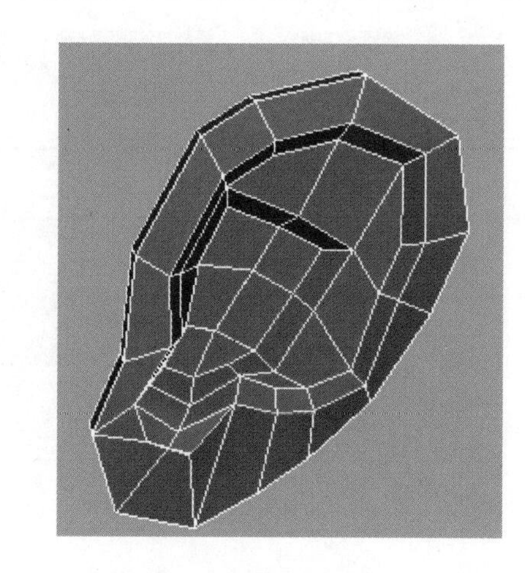

图 5.1.25

(19)选择耳朵眼部分的面，单击修改面板中“编辑多边形”→“倒角”命令，从而挤出耳朵眼结构，如图 5.1.25。

(20)选择最里面的四个多边形面，继续向内挤压，形成耳朵眼内部的形态，如图 5.1.26。

(21)如图 5.1.27，选择多边形面，挤压出三角窝结构。

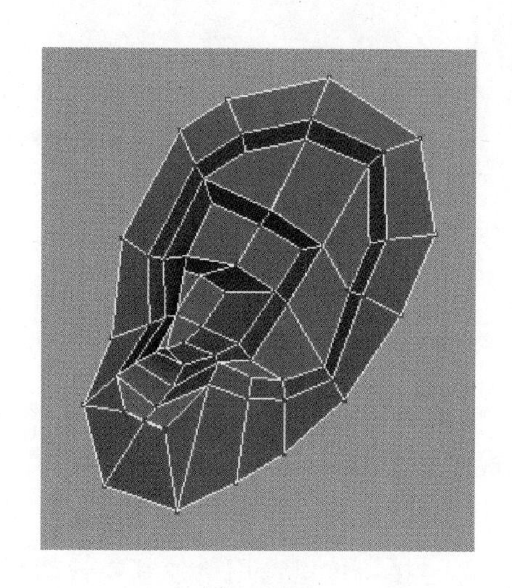

图 5.1.26

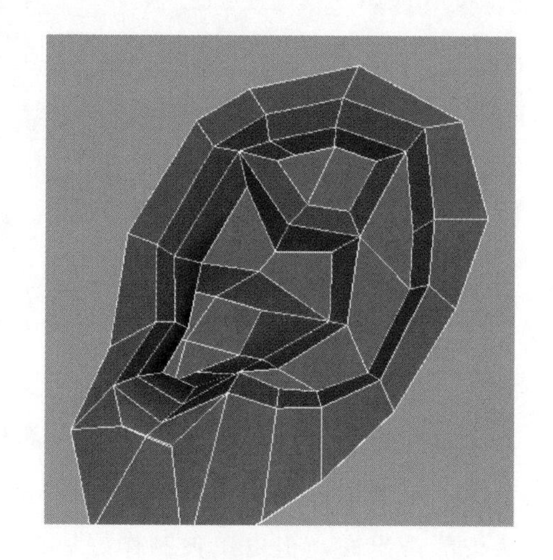

图 5.1.27

(22)在耳轮结构上切割结构线，调整耳轮及耳垂的控制点，如图 5.1.28 所示。

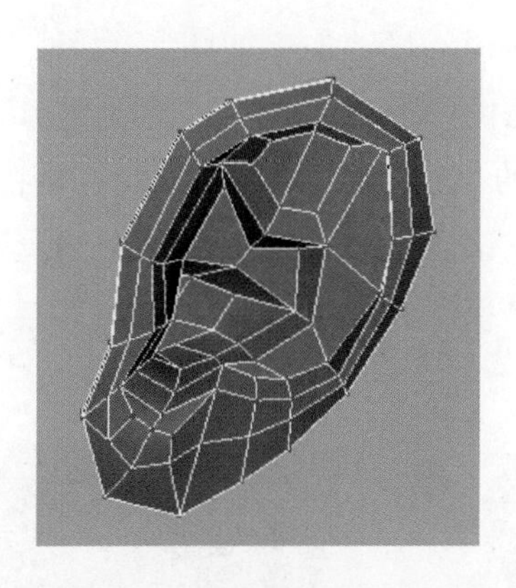

图 5.1.28

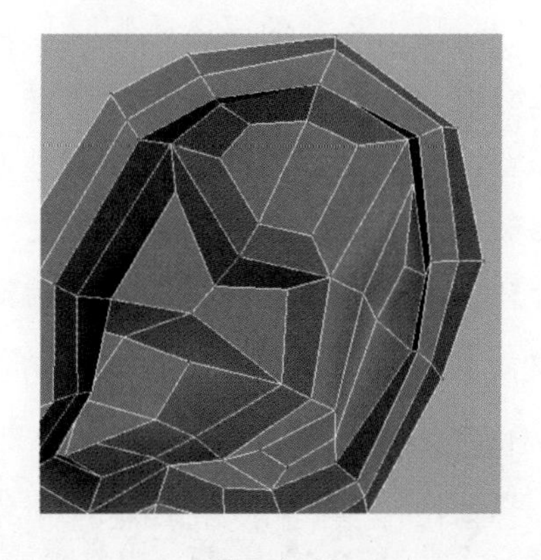

图 5.1.29

(23)继续切割出结构线，调整出耳轮结构，如图 5.1.29。

(24)耳轮绕到前面会形成耳轮脚的结构，耳轮脚向内连接在耳窝结构中，如图 5.1.30，切割出耳轮脚的结构。

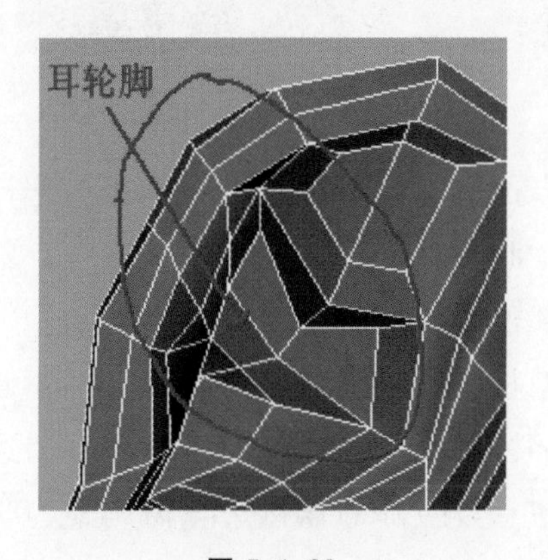

图 5.1.30

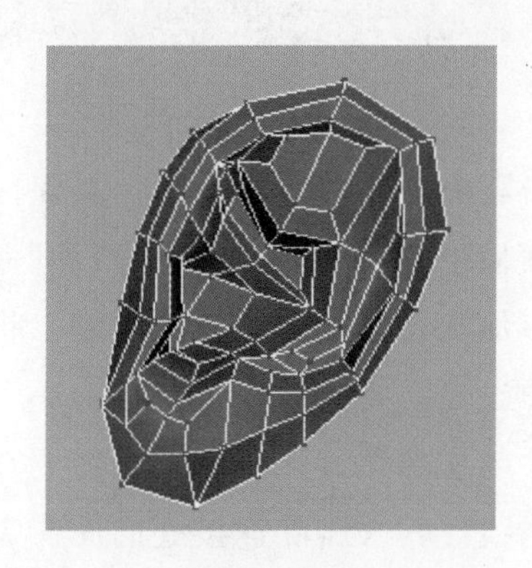

图 5.1.31

(25)进一步细化、整理整体耳朵结构布线，使耳朵结构线顺畅、平滑，结构严谨而富有变化，如图 5.1.31。

(26)切割出耳朵背面结构线，如图 5.1.32。

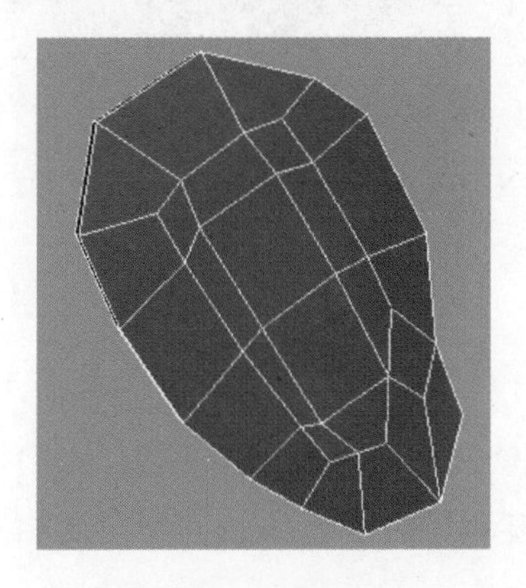

图 5.1.32

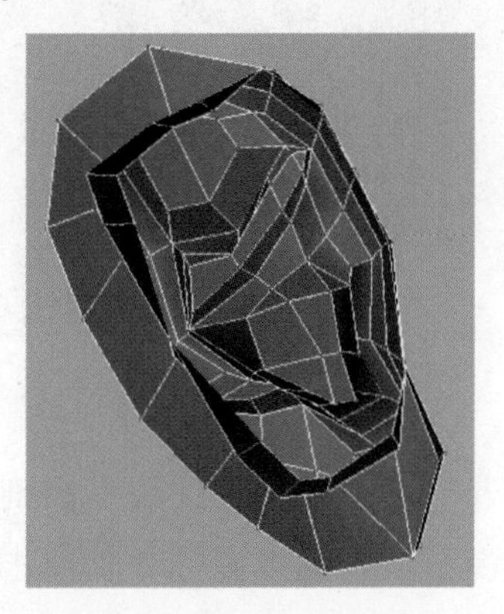

图 5.1.33

(27)挤压出耳朵的厚度，删除耳朵与头部相连接的面，如图 5.1.33。

(28)将耳朵放到头部合适的位置，调整比例、位置与角度，如图 5.1.34。

需要注意的是，我们不仅仅调整左视图的比例、位置、角度，还要在正视图、透视图的各个方向中检测耳朵的角度。特别应该注意，从正面看耳朵与脸部的角度关系。初学者很容易将耳朵的方向调整成与左视图完全平行，实际上耳朵与左面视图是呈一定角度关系，如图 5.1.35 是正视图中耳朵的角度。

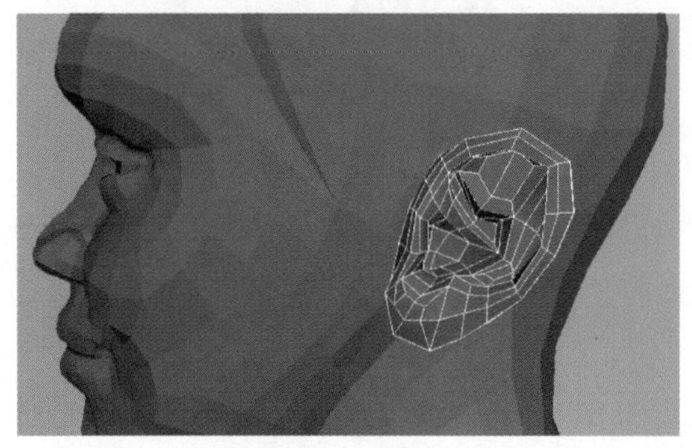

图 5.1.34

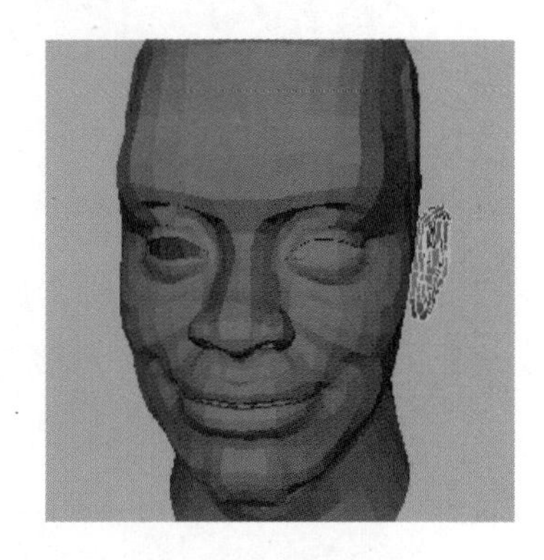

图 5.1.35

(29)删除左半边头部模型，只保留右半边头部模型，选中右半边头部模型，单击修改面板中“编辑几何体”→“附加”命令，此时移动鼠标到视图区域中，鼠标图标变成十字形状，单击选择耳朵模型，将头部模型与耳朵合并为一个物体。

(30)虽然已将头部和耳朵合为一个模型物体，但彼此并没有缝合到一起。想完全将耳朵与头部无缝连接，首先需要在头部模型相应的位置切割出与耳朵边缘相吻合的结构线，其次删除连接处的面。需要注意，脸部的连接边缘需调整为与耳朵的连接边缘结构一一对应，如图 5.1.36。

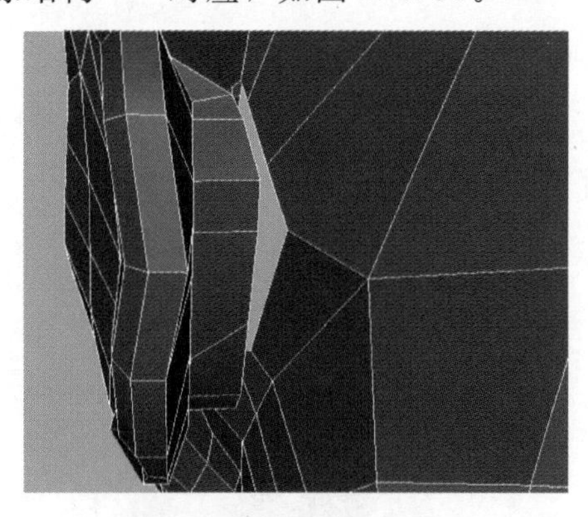

图 5.1.36

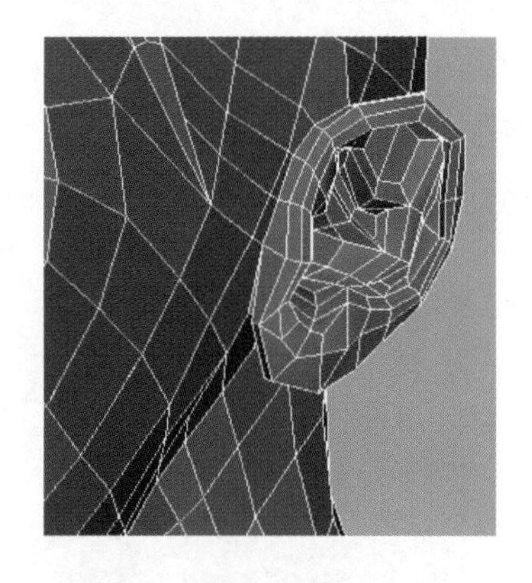

图 5.1.37

(31)选中模型，进入到顶点级别，选择“修改面板”→“编辑顶点”→“目标焊接”命令。在视图中，鼠标左键分别单击选择并拖动耳朵边缘的点，到与之相连接的脸部边缘所在的点处松开鼠标，即可使耳朵与脸部进行连接，完成效果如图5.1.37。

(32)最后，需要将模型进行对称操作。在对称之前首先需要将对称边缘上的点对齐到一条线上，其方法是在正视图中，选中模型边缘接缝处的所有顶点，然后在水平方向上进行多次缩放，这样所有的顶点都可对齐到一条直线上。然后需要将模型的轴心点对齐到模型边缘，因为后面的对称操作是以轴心为对称轴。其方法是首先鼠标右键单击工具栏中的捕捉开关，这时在弹出的“栅格和捕捉设置”对话框中打钩选择“顶点”选项，如图5.1.38。关闭“栅格和捕捉设置”鼠标左键单击捕捉开关，打开捕捉。

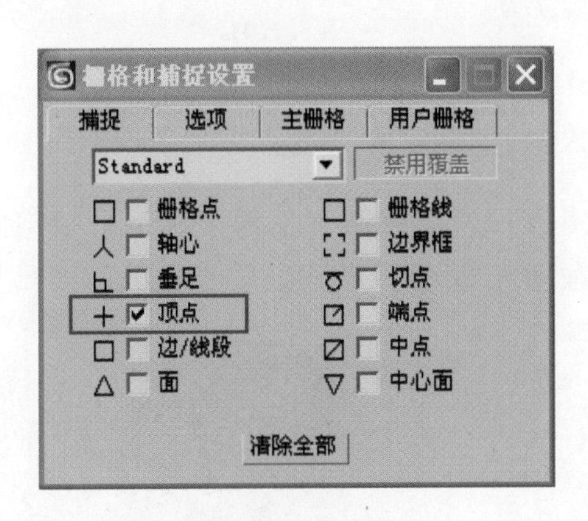

图5.1.38

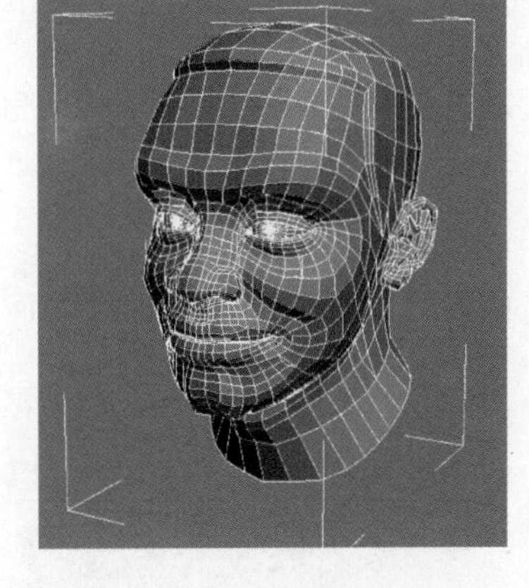

图5.1.39

(33)选中模型，进入层次面板，选择“调整轴”→“仅影响轴”，这时移动轴到模型对称边缘处，轴心将自动吸附到轴心边缘处的顶点。然后关闭“仅影响轴”按钮，关闭“捕捉开关”选择模型，在修改器下拉菜单中选择“对称”修改器，在修改面板参数中选择水平方向的“Y”方向。如果轴向是反方向，则同时打钩选择“翻转”即可。最终头部模型效果如图5.1.39。

3)身体模型制作

(1)制作上身模型，创建长方体，大小与上体接近，设置参数“长度分段”为“3”，“宽度分段”为“4”，“高度分段”为“4”，右键单击物体→“转化为”→“可编辑多边形”。进入多边形级别，框选左半边模型全部多边形面，按“Delete”键删除，回到物体级别，用“实例”方式镜像模型，具体参考头部建模方法。调节模型顶点使之符合上体特征，如图5.1.40。

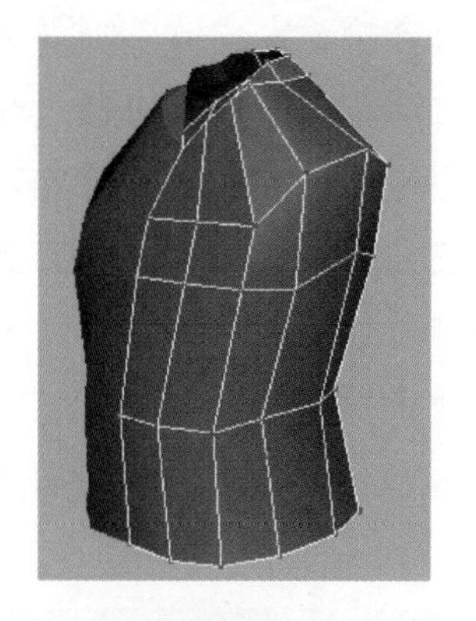

图 5.1.40

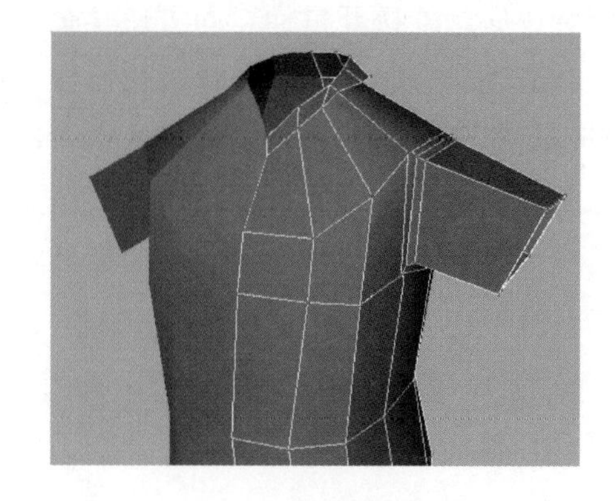

图 5.1.41

(2)选择袖口部分的面，进行挤压，挤出短袖的结构，如图 5.1.41，注意关节位置的布线，如肩部至少需要三条平行结构线。

(3)细化上体模型，切割出更多结构线，调节控制点使模型圆润，结构完善。挤压出口袋、皮带等细节处的结构面，如图 5.1.42。

图 5.1.42

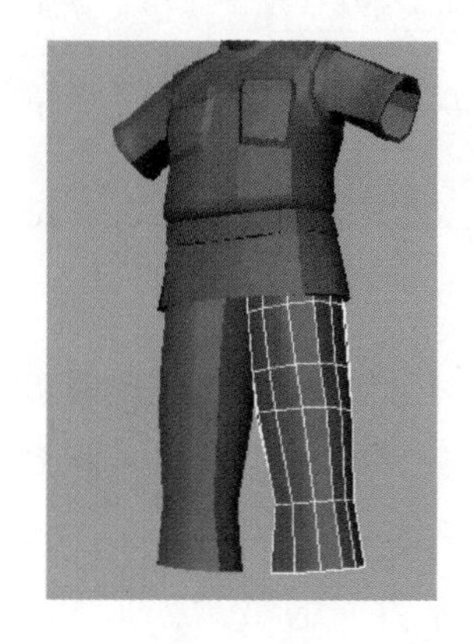

图 5.1.43

(4)删除左半边模型，对右边模型进行对称修改操作，具体方法不再赘述，请参考头部对称操作步骤。

(5)制作腿部大致形体。创建长方体，大小与腿部接近，设置参数“长度分段”为“3”，“宽度分段”为“3”，“高度分段”为“5”，调整其位置、比例、角度与原画相匹配，右键单击物体→“转化为”→“可编辑多边形”，调节控制点，使模型结构符合腿部特征。如图 5.1.43。

(6)增加腿部结构线，膝关节部位至少三条平行结构线，挤压出口袋，裤脚边缘等细部结构，完成效果如图 5.1.44。

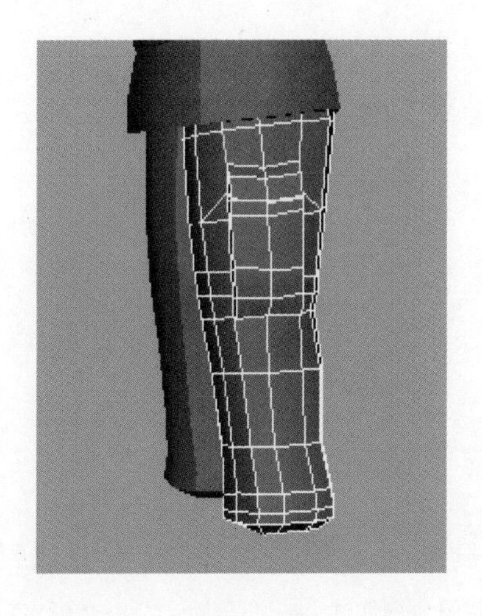

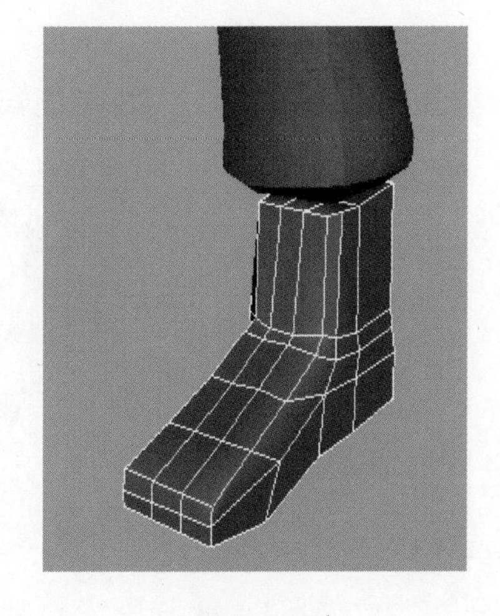

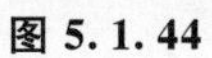

图 5.1.44

图 5.1.45

(7)建立长方体，制作鞋子基本形体模型，如图 5.1.45。

(8)切割出鞋子的细节布线，调整鞋子的控制点，使鞋子形体更加平滑，鞋子上面的起伏结构应该适当仔细刻画，如图 5.1.46。

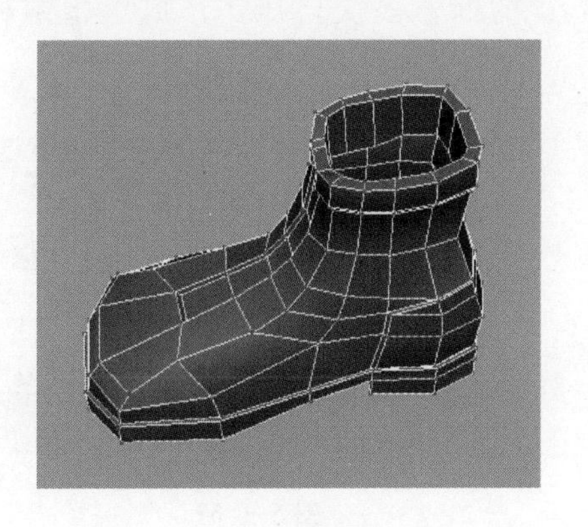

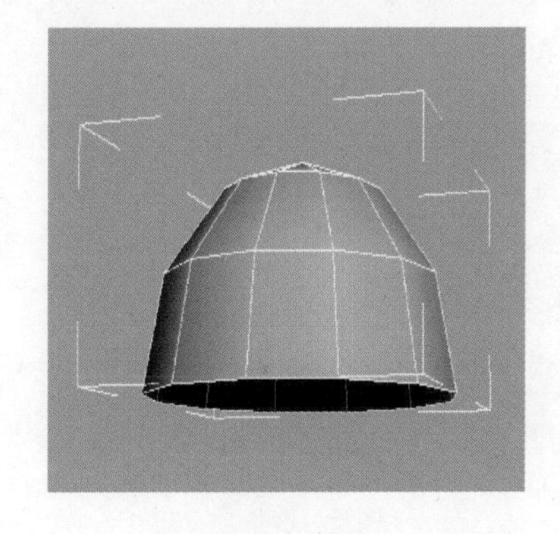

图 5.1.46

图 5.1.47

(9)制作帽子，创建一个球体，将“分段数”设置为“12”，右键单击物体→“转化为”→“可编辑多边形”。进入到面子层级，选中下半部分的面删除，保留上半部分，作为帽子的基本形状，如图 5.1.47。

(10)调整帽子的控制点，进一步添加结构线，细化帽子的结构，挤出帽子边缘的厚度，调整帽子边缘的形态，形体调整好以后，选择帽子模型物体，选择“修改器列表”→“涡轮平滑”，完成效果如图 5.1.48。

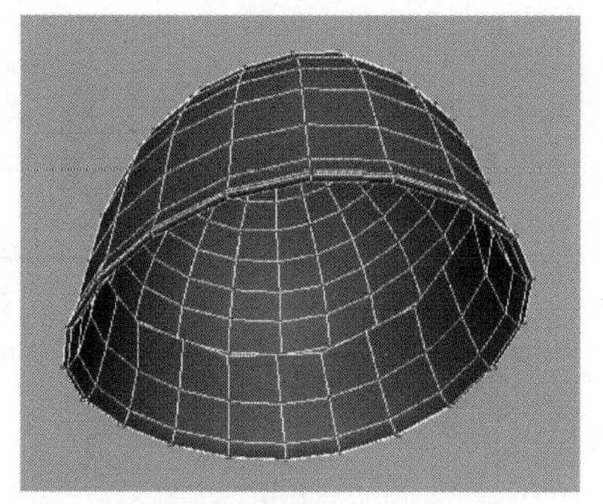

图 5.1.48

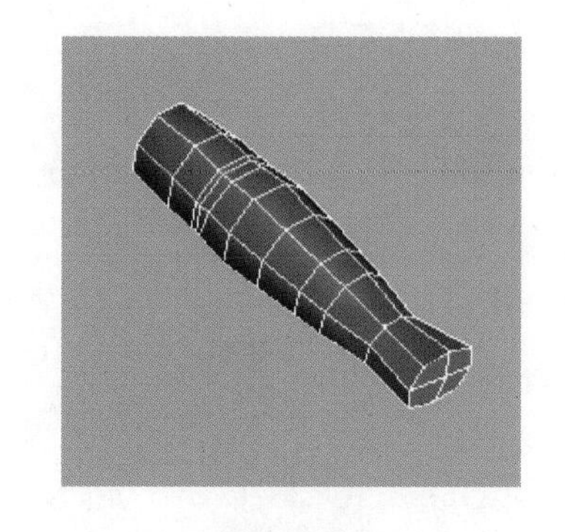

图 5.1.49

(11)制作胳膊，创建长方体，大小与胳膊接近，设置参数“长度分段”为“2”，“宽度分段”为“2”，“高度分段”为“4”，右键单击物体→“转化为”→“可编辑多边形”。调整控制点以符合胳膊结构，如图 5.1.49。

(12)制作手部，创建长方体，大小与手接近，设置参数“长度分段”为“4”，“宽度分段”为“3”，“高度分段”为“1”，右键单击物体→“转化为”→“可编辑多边形”。调整控制点以符合手掌结构，选择食指位置的面，多次挤压，形成手指结构，如图 5.1.50。

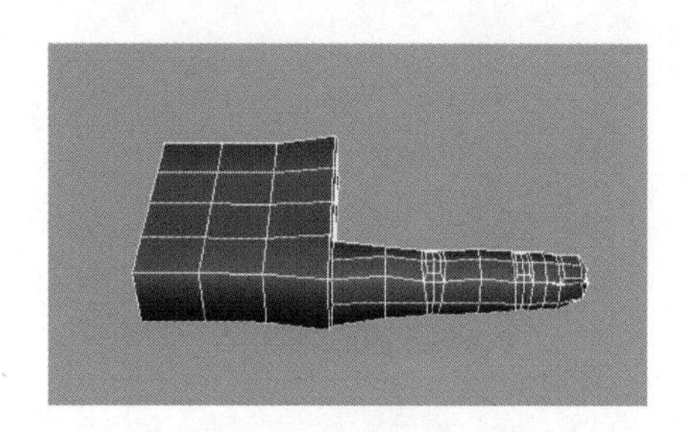

图 5.1.50

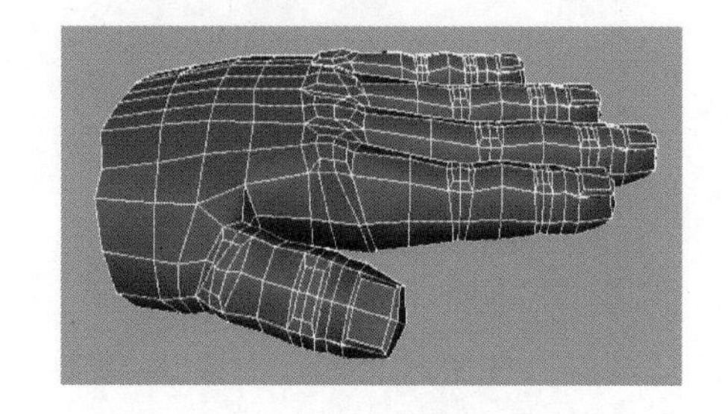

图 5.1.51

(13)按照上一步骤的方法制作出其他四个手指，需要注意的是拇指的方向与其他手指方向不在同一个平面上，而是与其他手指呈对握结构，调整手指、手掌布线如图 5.1.51。

(14)将手与胳膊连接，具体方法参考耳朵与脸部连接的方法，不再赘述，完成效果如图 5.1.52。

(15)将模型进行整理，胳膊、腿、鞋子进行镜像复制，此时选择克隆的模式进行镜像复制，最终完成模型，渲染后如图 5.1.53。

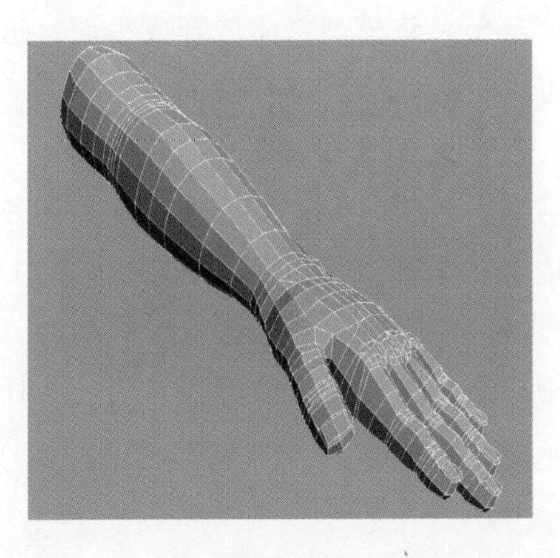
图 5.1.52

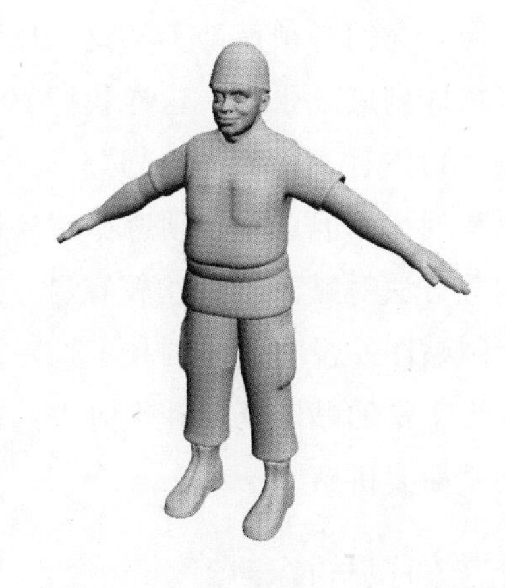
图 5.1.53

2. 巩固训练

根据所提供的参考正、左视图原画，如图 5.1.54，进行角色模型制作练习，要求比例准确，结构严谨，布线合理。

图 5.1.54　巩固训练参考图

任务 2　UV 编辑与材质贴图

☆情景描述

在三维制作中，模型的材质贴图是一项比较重要的工作环节。为了使模型作品更加生动、逼真，达到原画设定的效果，我们需要根据设计方案，为模型绘制出符合要求的贴图纹理。而模型物体是三维立体的，为了能让平面二维的贴图精确的赋在模型表面，我们必须借助UV这一中间环节，将模型物体展开成平面，这个过程就如同将物体剥成一张皮，这样我们就可以精确地绘制材质纹理。对于UV编辑来说，同一个物体有不同的UV划分方式，每个人按照习惯不同，划分UV也都有自己的方法和规律，但总体必须遵循对绘制贴图有利的UV编辑规则，本任务所提供的UV划分方法对贴图绘制比较容易，适合初学者学习，但并不是唯一的UV编辑方法。绘制贴图并没有过多的技术性，更多的需要依靠制作者的绘画功底、审美修养以及较为丰富的贴图资源和平时点滴的积累，作为完整的流程介绍，本任务就上一项实例做简要讲解。

☆相关知识与技能点

1. 掌握UV拆分的方法及规律；
2. 能够按照原画要求进行贴图绘制。

☆工作任务

1. 实践操作

1)UV编辑

(1)为头部进行UV展开，选择头部模型物体，单击“修改面板”→“修改器列表”→“UVW展开”。如图5.2.1，为头部加入UVW展开修改器，加入此修改器后可以为其进行UV的展开、划分、编辑等操作。

(2)在修改面板的子菜单列表中选择“UVW展开”修改器，在下面参数中选择“参数”→“编辑”如图5.2.2，可打开UV编辑器，默认物体的UV是非常混乱的，我们难以利用这样的UV来绘制贴图纹理，如图5.2.3。

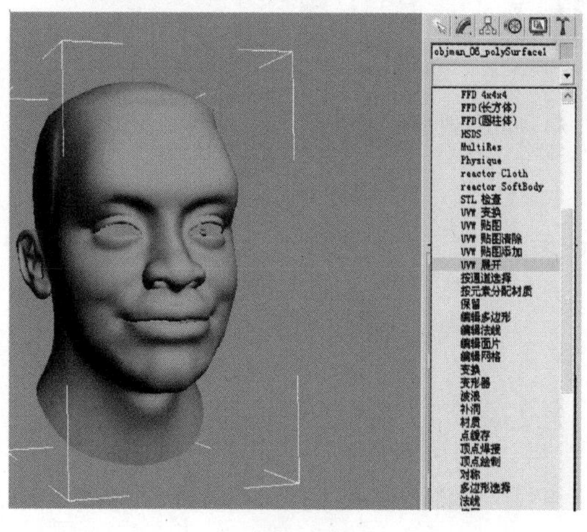
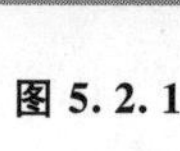

图5.2.1

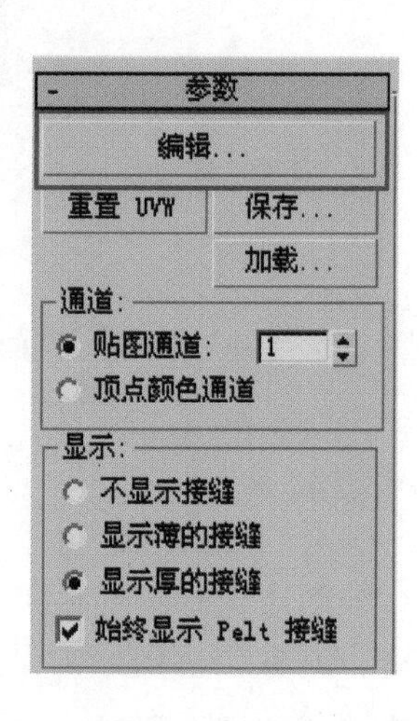

图5.2.2

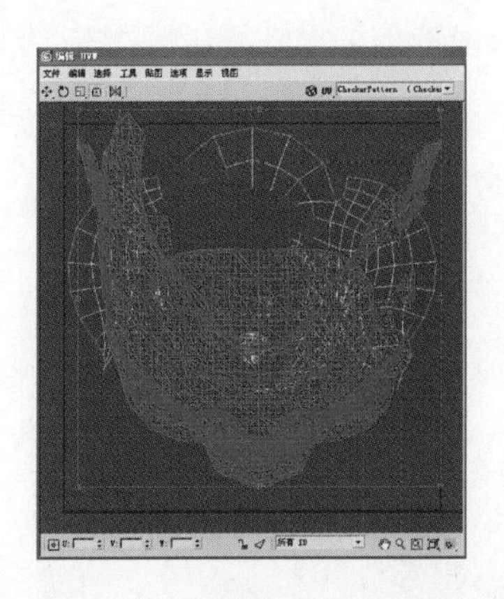

图 5.2.3

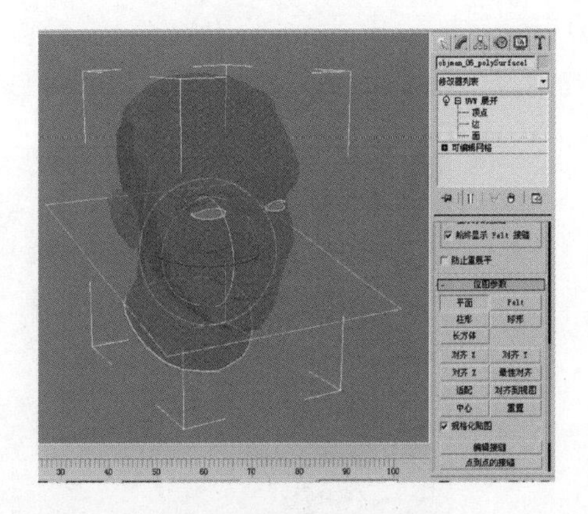

图 5.2.4

(3)编辑 UV 的方法一般是进入到“UVW 展开”修改器的面级别中，选择相应的面，(可以是整个物体所有的面，也可以是一部分)，然后选择相应的展开方式。对于头部来说，在 3DS Max 中使用“Pelt”展开贴图非常方便。首先在修改面板中展开“UVW 展开”修改器，选择面级别，在场景中选择整个头部所有的面，然后在“UVW 展开”修改器下面参数中选择“参数”\“平面”，这时默认会以平面向模型进行投射，从而将 UV 投射出来，同时场景中出现黄色的矩形控制器，此控制器是用来规定从哪个方向上对物体进行平面投射，这里我们旋转此控制器，使控制器与模型正面面部平行，如图 5.2.4。此步骤是为了下面步骤做准备的，并不是为了以平面方式投射物体展开 UV。

(4)打开材质编辑器，为头部模型添加一个棋盘格贴图，如图 5.2.5，此操作是为了查看 UV 展开的效果是否理想，UV 展开的效果越好，整个棋盘格越均匀整齐。

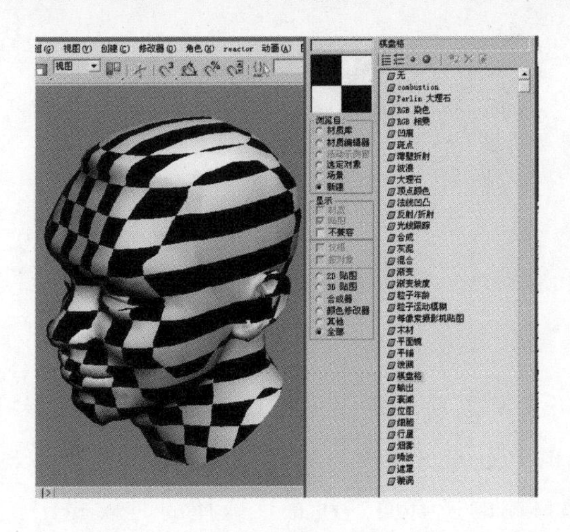

图 5.2.5

(5)在修改面板中展开“UVW 展开”修改器，选择边级别，在模型中选择相应的边，如图 5.2.6，被选择的边以红色实线显示，后面将以此为边界展开模型 UV。

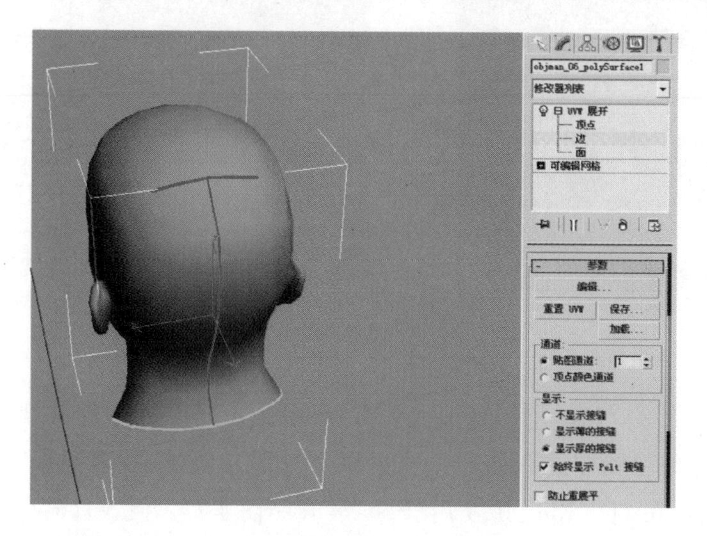

图 5.2.6

(6)选好边以后，单击“UVW 展开”修改器参数面板中“选定的边到 Pelt 接缝”，此时被选定的边以蓝色实线显示，说明此边已定义为接缝，如图 5.2.7。

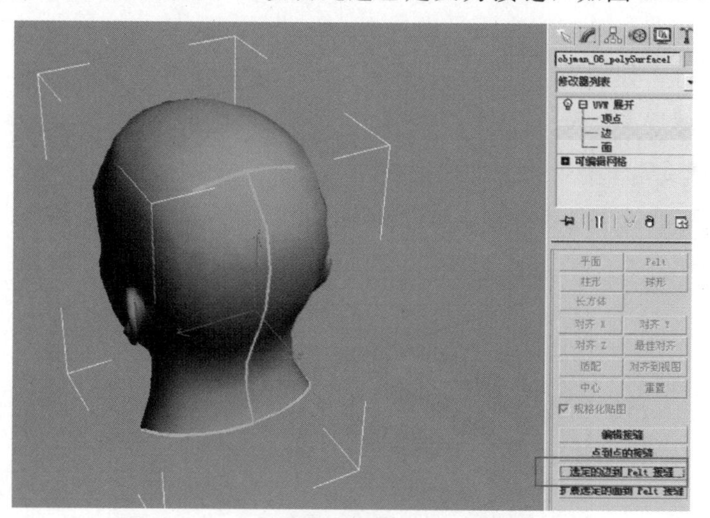

图 5.2.7

(7)在做 Pelt 展开 UV 之前，我们先将口腔处的面单独展开 UV，这样口腔内部的面将不参与后面的 Pelt 展开 UV。展开“UVW 展开”修改器，选择面级别，在场景中选择模型内部口腔的所有面。注意，选择的时候要比较耐心，不要多选出面，也不要漏选面，如图 5.2.8 所示。

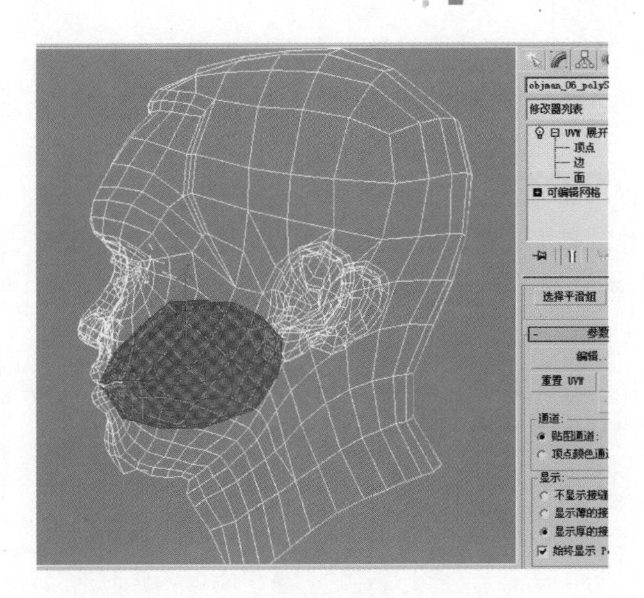

图 5.2.8

(8)由于整个口腔的形体接近为球体，所以在“UVW 展开”修改器参数面板中选择“参数”\“球形”如图 5.2.9，从而以球形方式展开口腔内部面。此时场景中出现球形控制器，可运用移动、缩放、旋转等操作，使此控制器尽可能包裹口腔，与口腔模型相吻合。单击“参数”\“编辑”按钮打开 UV 编辑器，在场景中移动控制器的同时，可观察 UV 编辑器中的 UV 变化，当 UV 分布比较平整时即完成口腔的 UV 展开操作，如图 5.2.10。

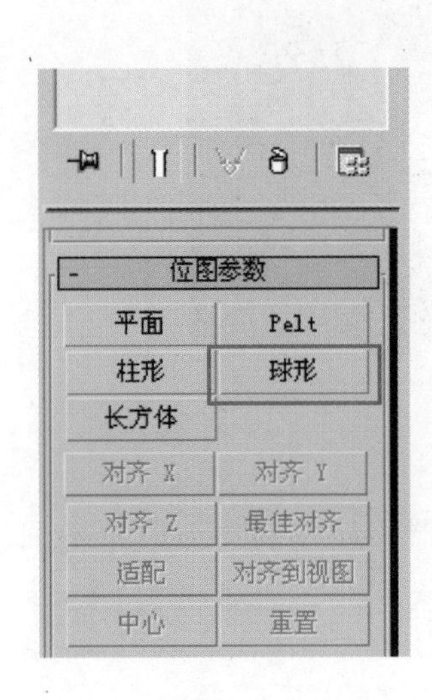

图 5.2.9

图 5.2.10

(9)观察展开的口腔 UV，检查是否有 UV 叠加在一起没有被展开的地方，如有个别地方不理想可进入到“UVW 展开”修改器的顶点级别中，然后在 UV 编辑器中手动逐点调整。

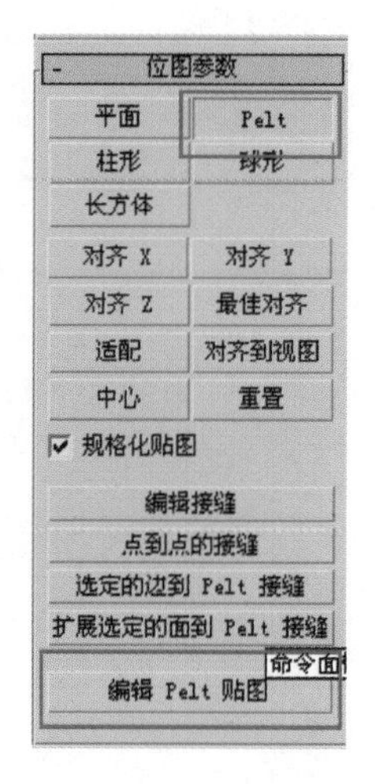

图 5.2.11 以“Pelt”方式编辑 UV

(10)将展好的口腔部分 UV 暂时移动到工作区域以外，以避免影响后面的操作。接下来对头部模型进行 UV 展开。首先选择除口腔外的头部所有面。如果在场景中不易选择，可进入到“UVW 展开”修改器的面级别，然后在 UV 编辑器中直接选择除口腔以外的所有面，这样非常方便容易。

(11)选好面以后，点选“UVW 展开”修改器参数中的“Pelt”按钮，如图 5.2.11，此时按钮以橙黄色显示，同时面板最下面出现“编辑 Pelt 贴图”按钮，这是 Pelt 的专用 UV 编辑器按钮，此时单击“编辑 Pelt 贴图”按钮，弹出“编辑 UVW”面板，此时所显示的 UV 形式与原先有一些区别，在模型 UV 的外侧，出现一个圆环，并且引出很多虚线连接到模型上的各个点，同时视图中弹出“Pelt 贴图参数”面板，如图 5.2.12。

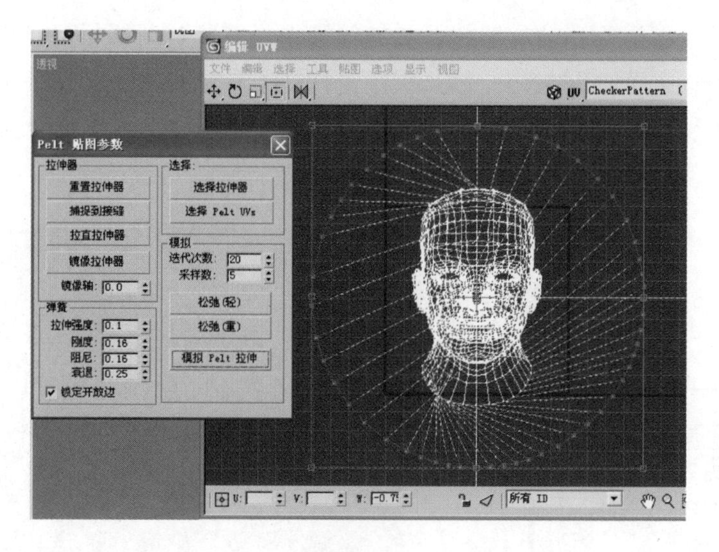

图 5.2.12

(12)将鼠标放在圆环控制器外侧，旋转整个控制器，使控制器与模型中间的虚线旋转到比较正的位置，并且将圆形控制器向外缩放大一些，如图 5.2.13。

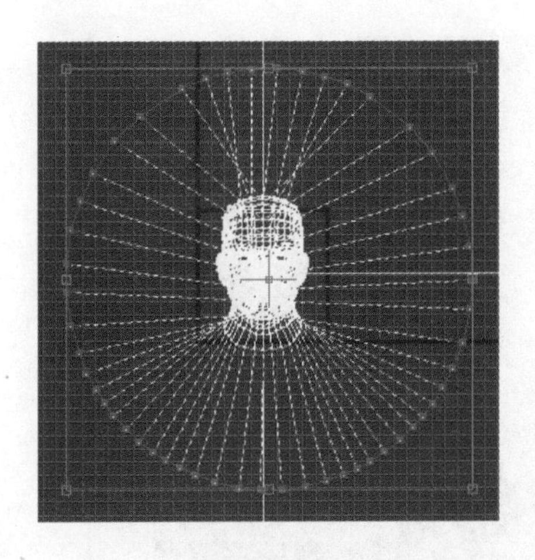

图 5.2.13

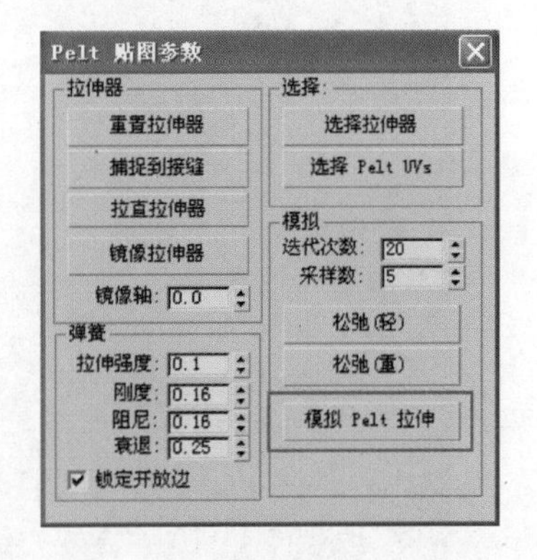

图 5.2.14

(13)在“Pelt 贴图参数”面板中执行“模拟 Pelt 拉伸”命令将开始展开模型 UV，如图 5.2.14。我们可以看到整个 UV 被拉伸成平面的过程，通过多次单击“模拟 Pelt 拉伸”按钮，大体可以将模型 UV 展开，如图 5.2.15。

参数说明：通过调整“迭代次数”和“采样数”的数值大小来控制拉伸的力度。

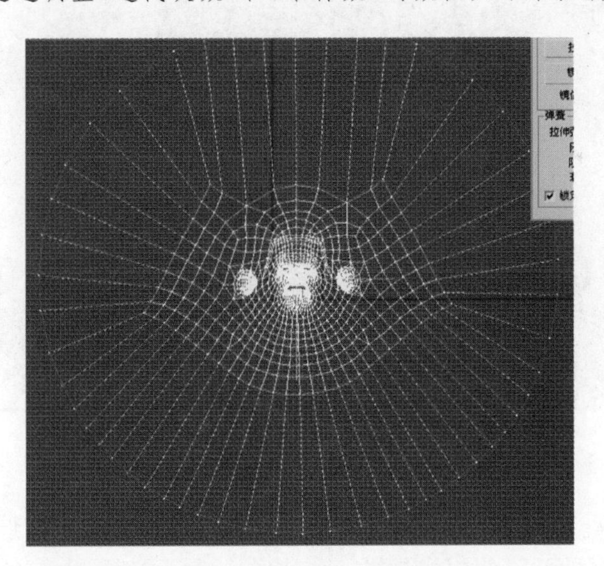

图 5.2.15

(14)此时，头部模型 UV 已经展开，将 UV 放大检查，发现眼睛、鼻子等地方存在重叠的问题，可以选择重叠位置的 UV 顶点，然后点选编辑 UVW 对话框中的“工具”下拉菜单，选择“松弛对话框”。这时弹出松弛工具对话框，将参数设置为“由中心松弛”。勾选“保持边界点固定”选项，以保证边缘不随便移动，单击“应用”执行操作，如图 5.2.16，图 5.2.17。

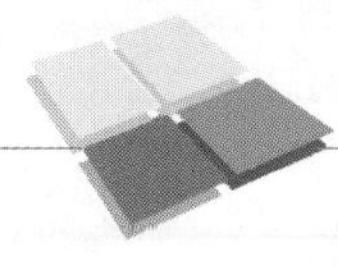

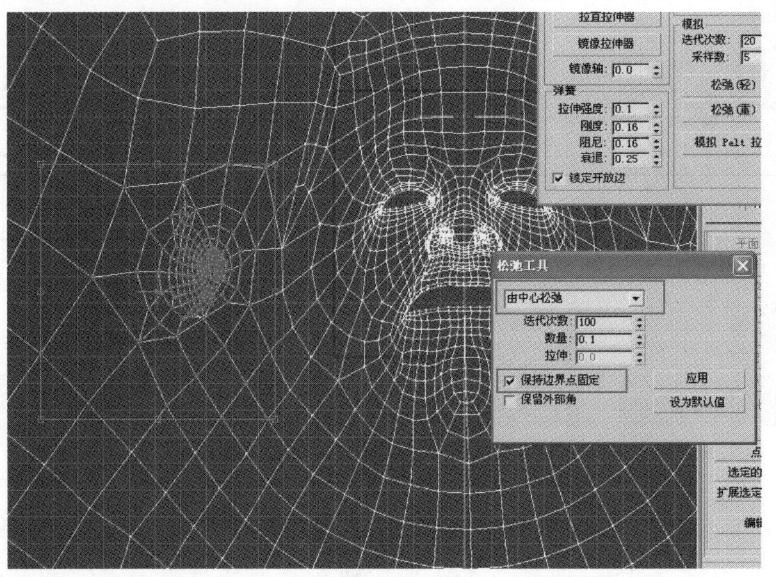

图 5.2.16

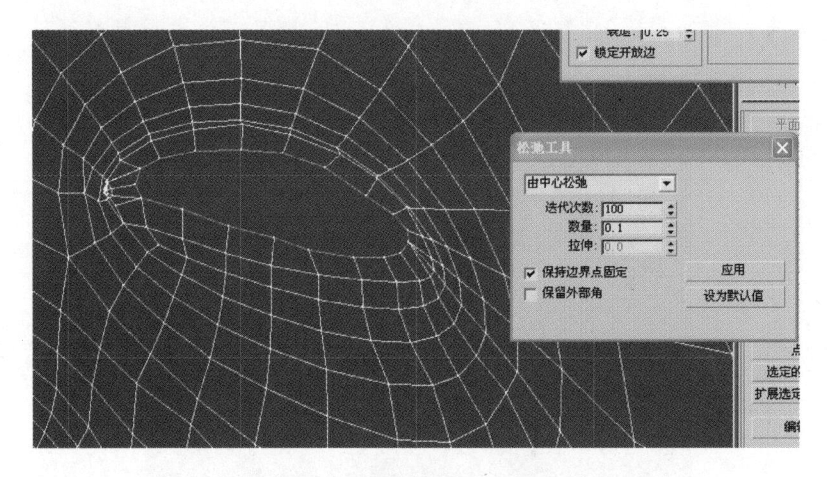

图 5.2.17

(15)可通过逐点进行 UV 移动来更精细的调整 UV，调整的同时要观察模型棋盘格贴图的变化，尽可能使棋盘格方正、均匀。最后将耳朵与脸部的 UV 进行移动，排列到“UVW 编辑”窗口的蓝色粗实线区域中。注意尽可能大的占用这个区域，但不可超出边界，完成效果如图 5.2.18，此时模型的棋盘格贴图效果如图 5.2.19。

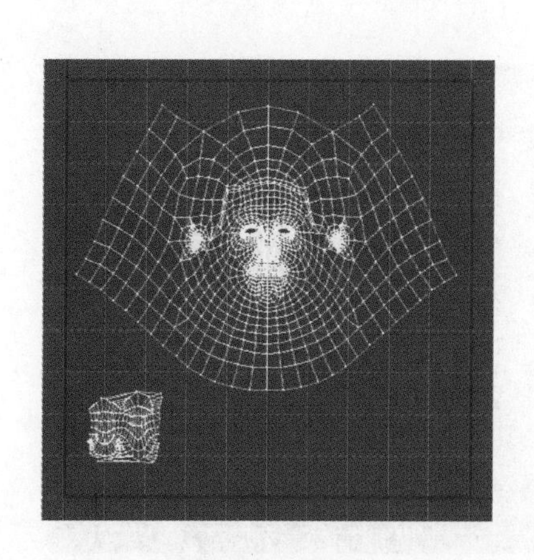

图 5.2.18

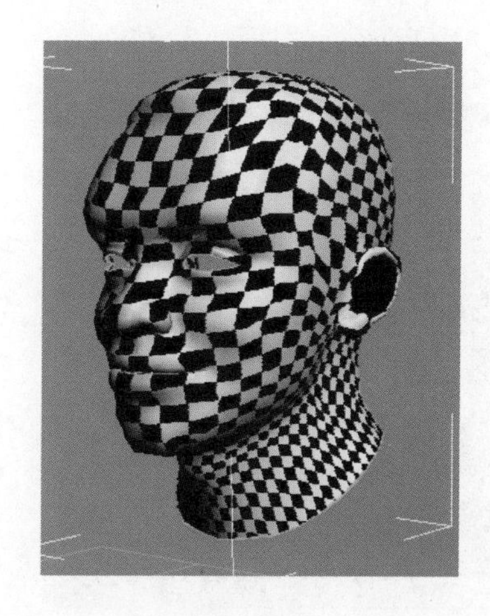

图 5.2.19

(16)进行上衣的 UV 编辑。首先，选择衣服物体，单击“修改面板”→“修改器列表”→“UVW 展开”，为上衣模型加入“UVW 展开”修改器。其次进入到“UVW 展开”修改器的面级别，分别选择衣服前后片的面(这里由于袖子材质与衣服不同，固不选袖子的面)，如图 5.2.20。用“平面”投射方式分别对前后片衣服进行投射，在场景中调整投射控制器的比例、位置、角度，其次在 UVW 编辑器中调整重合的点，完成如图 5.2.21。

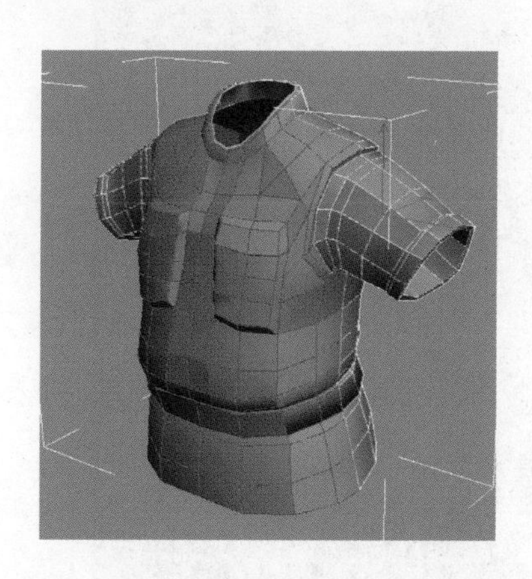

图 5.2.20

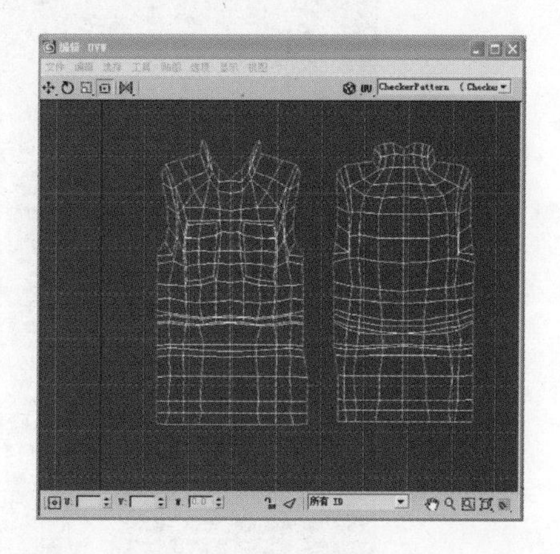

图 5.2.21

(17)在三维纹理绘制过程中，比较困难的地方是处理贴图的接缝处，所以对于 UV 来说，尽可能地使 UV 比较整，一般情况下，能拼合起来的尽量使之成为一体。对于不可避免的接缝，尽可能出现在不明显的位置，以保证绘制贴图时比较容易。这里我们将衣服前后片的 UV 从侧缝处进行缝合。首先，进入到“UVW 展开”修改器，选择边级别，最后在“UVW 编辑器”中选择衣服侧缝处的边缘，最后在“UVW 展开”修改器窗口中执行“工具”下拉菜单中的“缝合选定项……”命令，如图

5.2.22，缝合后效果如图 5.2.23。

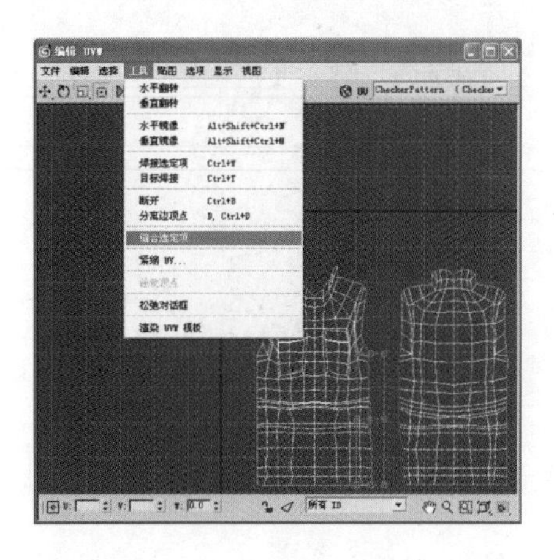

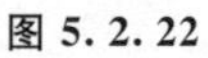
图 5.2.22

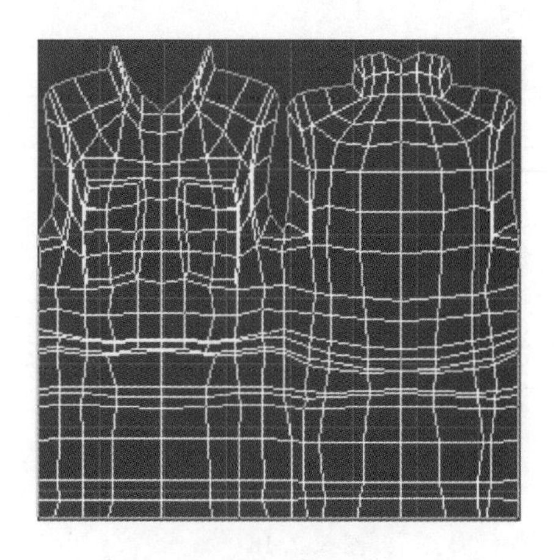

图 5.2.23

(18)选择袖子的面，以柱形方式进行投射，通过移动、旋转、缩放操作对投射控制器进行调整，使之尽可能与模型的位置相吻合，最后将袖子、衣片的 UV 在“UVW 编辑器”的有效区域内(蓝色粗实线区域)进行合理的排放，尽可能多的利用空间，完成效果如图 5.2.24。

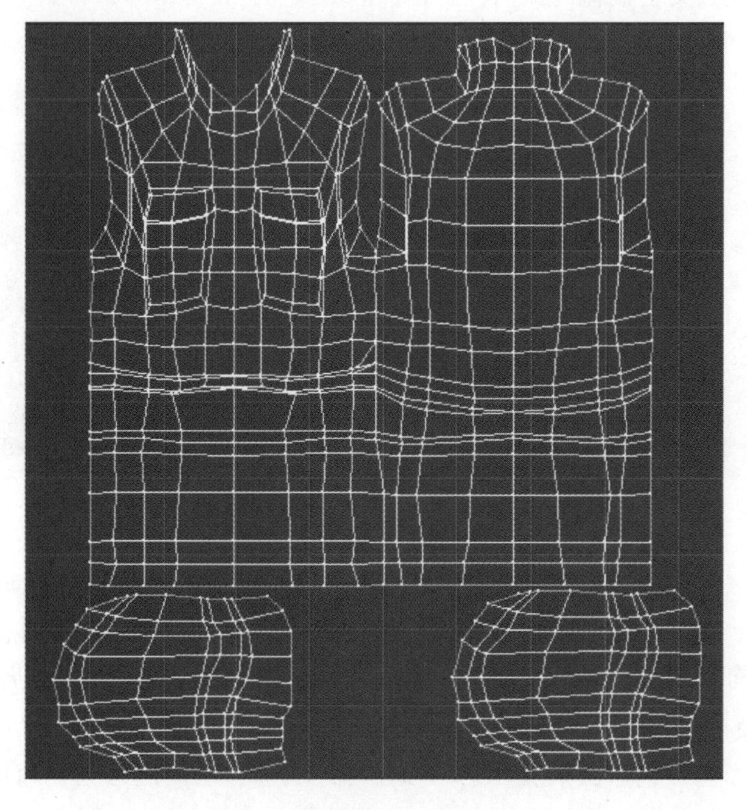

图 5.2.24

(19)进行手臂的 UV 编辑。首先，选择衣服物体，单击“修改面板”→“修改器列表”→“UVW 展开”，为上衣模型加入“UVW 展开”修改器。然后进入到“UVW 展开”修改器的面级别，分别选择手臂正面和背面的面，如图 5.2.25。用“平面”投射方式分别对手臂正面、背面进行投射，需要注意的是，由于胳膊类似一个圆柱体，在进行平面投射后，侧面的 UV 必然会有重合的现象，这就需要投射后进一步对 UV 进行逐点移动操作，完成效果如图 5.2.26。

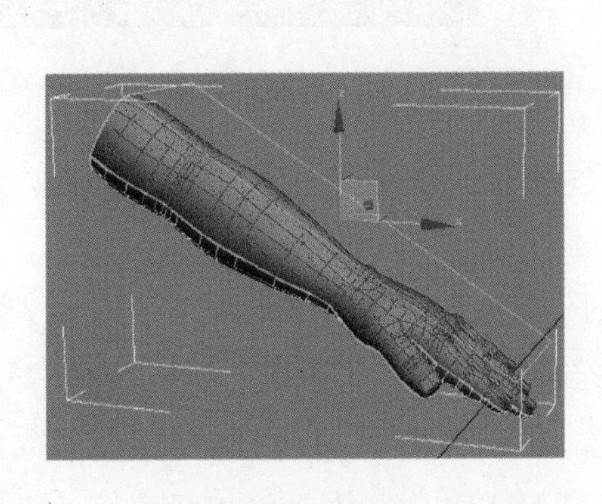

图 5.2.25

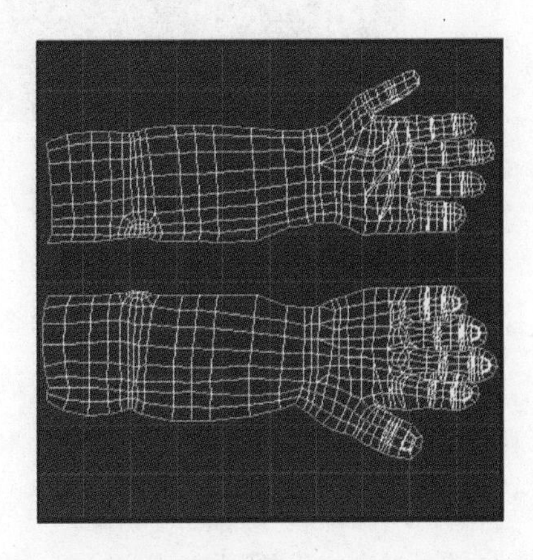

图 5.2.26

(20)为了便于绘制贴图，我们将正反两片手臂的 UV 进行缝合，其方法与上衣 UV 缝合方法一致，此处不赘述，完成效果如图 5.2.27。

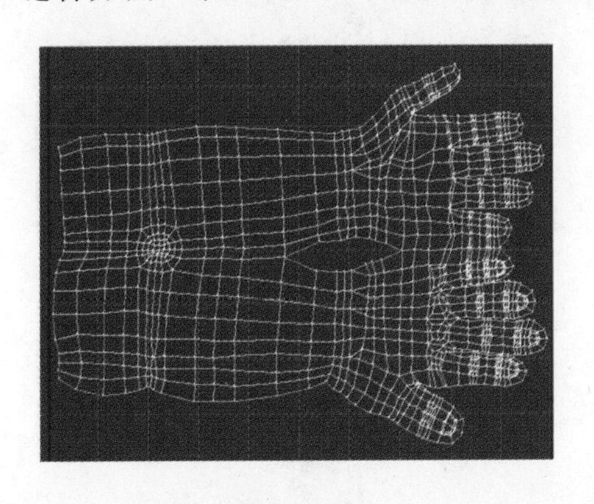

图 5.2.27

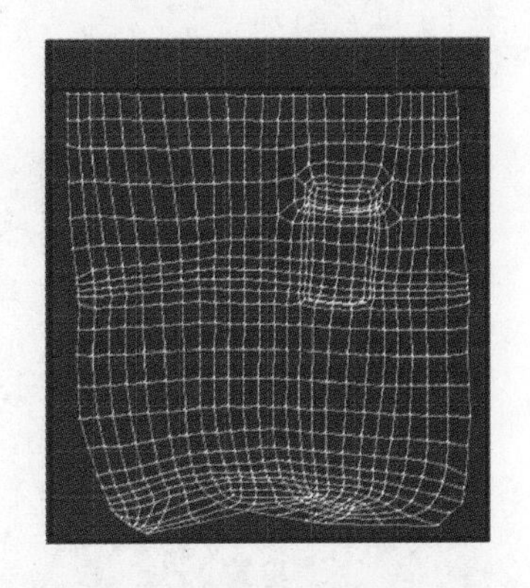

图 5.2.28

(21)编辑腿部 UV。以柱形方式投射腿部模型，展开 UV 效果如图 5.2.28。

(22)编辑鞋子 UV。鞋子底部面用平面投射，用 Pelt 方式展开鞋体剩下部分的面。注意在 Pelt 展开之前，先对鞋体的面从正面进行平面投射，并且将鞋子后面定义一条边缘线作为展开 UV 的接缝，UV 编辑完成效果如图 5.2.29。

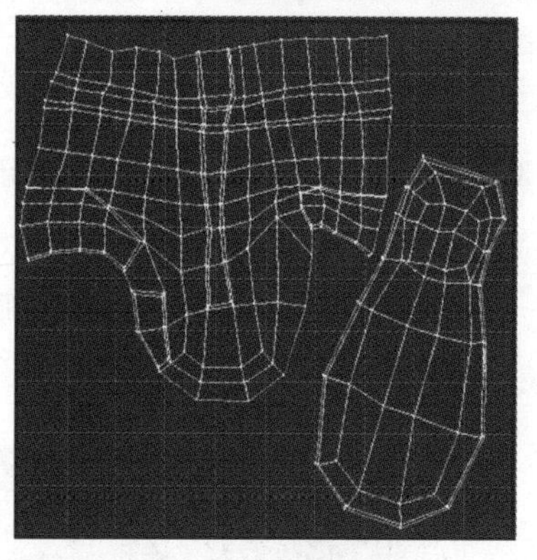

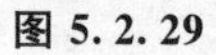

图 5.2.29

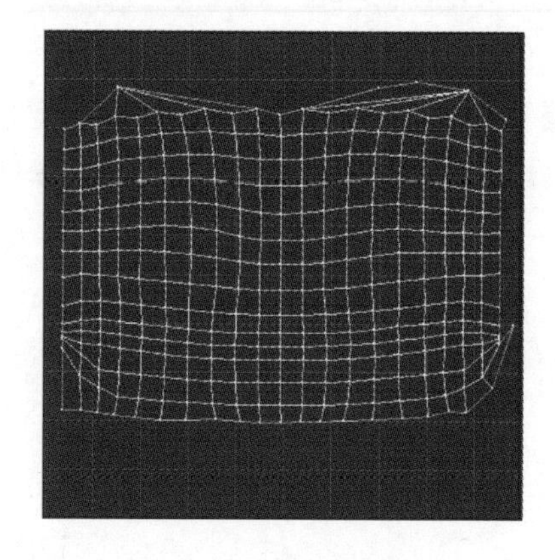

图 5.2.30

(23)编辑帽子 UV。使用球形方式进行投射，展开 UV 效果如图 5.2.30。最终整体角色赋棋盘格贴图效果如图 5.2.31。

(24)将 UV 渲染为图片。为了进行贴图绘制工作，需要将制作好的 UV 渲染为可利用的图片。在“编辑 UVW”窗口中，选择“工具”下拉菜单，执行“渲染 UVW 模板”，此时弹出“渲染 UVs”对话框，如图 5.2.32。其中“高度”与“宽度”参数比较重要，它控制着渲染图片的分辨率。一般情况下这两个参数使用相同的尺寸，设置的尺寸越大，将来贴图的分辨率就越高，模型细节越精细，但渲染时所耗费的硬件资源也越大。本次使用的渲染参数为 1024，渲染为图片后，可在渲染窗口中单击保存，进行存储 UV 图片。

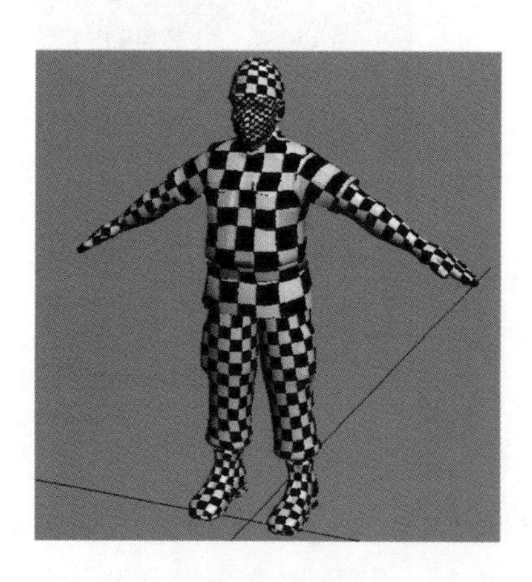

图 5.2.31

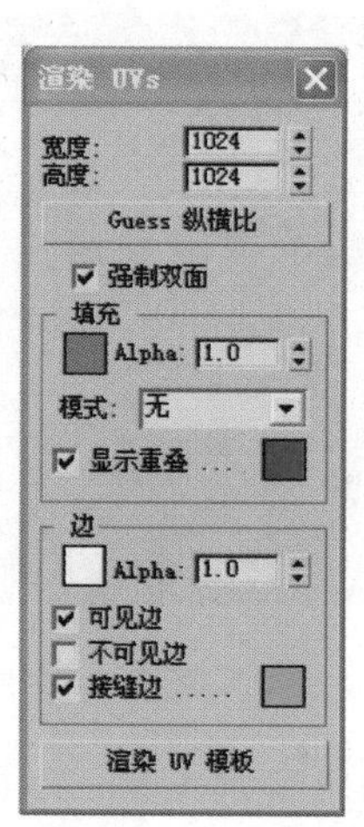

图 5.2.32

2)材质贴图绘制

(1)绘制头部贴图。用 Photoshop 打开渲染好的头部 UV 图片“tou _ UV. bmp”。新建一层并在新建图层上用皮肤接近的颜色填充，将 UV 层放置在顶层，图层叠加模式用“滤色”模式。

(2)寻找一些清晰度较高的人物照片，我们需要利用这些图片中的贴图纹理进行修改以达到我们的要求，这里打开“man.jpg”图片，如图 5.2.33。

图 5.2.33

图 5.2.34

(3)将素材图片复制到 UV 图片中，放置到 UV 层下面，将素材图片进行位置、缩放等对位操作，使二者相吻合，并使用画笔、图章等工具进行绘制，效果如图 5.2.34。

(4)选择合适的头发素材图片，贴到相应的位置。注意头发与皮肤衔接的边缘不宜太生硬。选择一个深红色，平涂到口腔的位置。由于角色没有过多暴露口腔内部的动画要求，故口腔部分不做细致处理，最终头部贴图完成效果如图 5.2.35。

说明：修改素材图片完成贴图的过程是一个反复修改的过程，需要不断的贴到三维物体上查看效果，并做相应修改，这里只做简要方法讲解，初学者需要耐心和细心，反复实践才能做出较为优秀的作品。

图 5.2.35

图 5.2.36

(5)其他部分的贴图绘制方法相同，此处不赘述。各部分贴图完成效果如图 5.2.36～图 5.2.39。

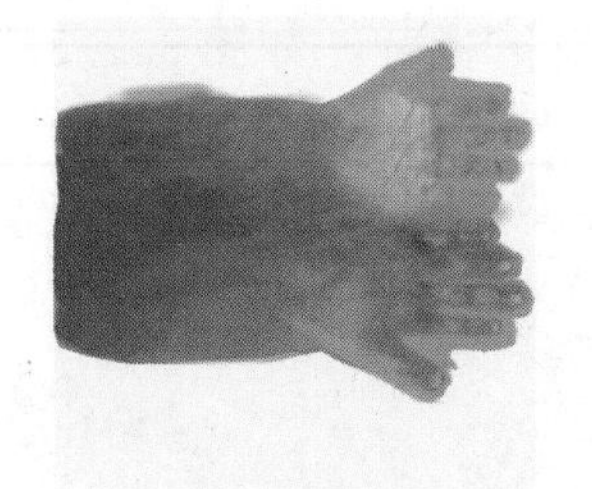

图 5.2.37

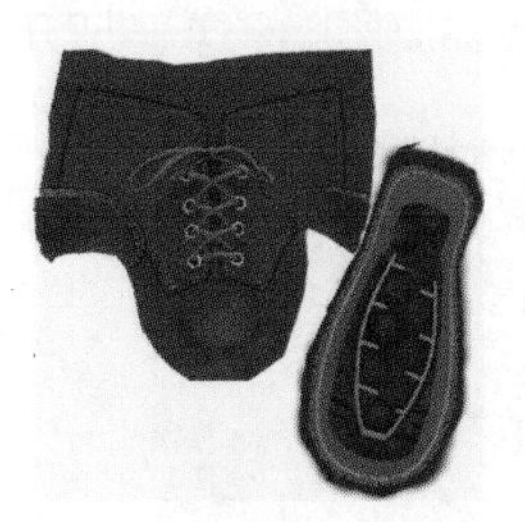

图 5.2.38

图 5.2.39　帽子贴图

2. 巩固训练

利用任务 1 巩固训练中完成的角色模型，将其进行 UV 划分，并绘制纹理贴图，要求与原画相符合，各部分纹理质感突出，清晰度较高。

任务 3　大兵角色骨骼绑定

☆情景描述

骨骼是角色动画的重要组成部分，任何角色都是由骨骼带动身体进行运动，所以要想制作角色动画，必然先进行骨骼绑定。我们可通过 Character Studio 骨骼插件，创建一组完整的骨骼，为角色蒙皮后设置关键帧动画，制作出角色的各种动作。

☆相关知识与技能点

掌握 Biped 骨骼设置及绑定方法。

☆工作任务

1. 实践操作

(1)选择“创建面板”→“系统”→“Biped”，如图 5.3.1。在场景中拖动鼠标创建出骨骼，如果 5.3.2。

图 5.3.1

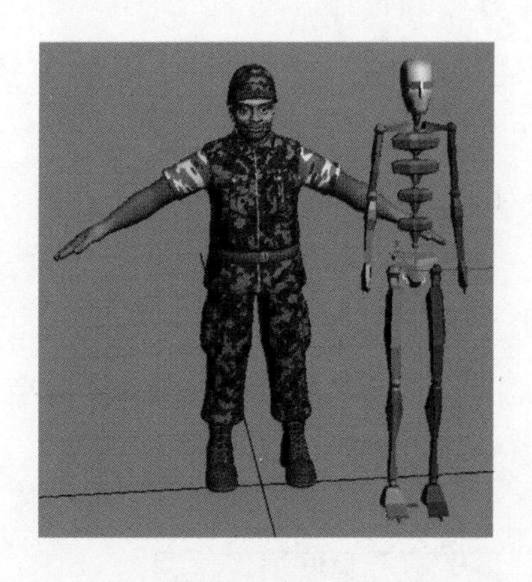

图 5.3.2

(2)创建出的骨骼需要与模型进行绑定操作，所以骨骼必须和模型进行匹配，对骨骼进行编辑、修改等操作需要进入运动面板中的体型模式中，选择骨骼，单击“运动面板”→“Biped”卷展栏→“体型模式”按钮，如图 5.3.3。

图 5.3.3

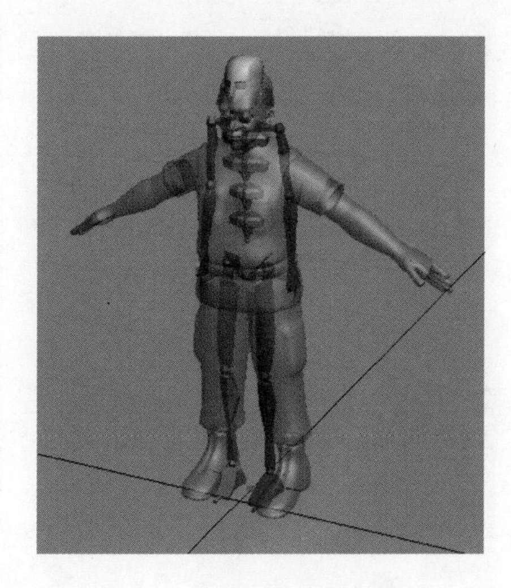

图 5.3.4

(3)首先将骨骼整体的位置与模型进行匹配，选择 Biped 骨骼，在运动面板中单击“轨迹选择”卷展栏→“躯干水平”按钮。这时骨骼的盆骨部分会被选中，在场景中移动骨骼，使之与模型位置进行匹配，如图 5.3.4。

(4)下面设置各部分骨骼数目。进入“结构”卷展栏中，将“脊椎链接”设置为“2”，将“手指”设置为“2”，将“脚趾链接”设置为“1”，将“躯干类型”设置为“标准”，这样便于观察和操作，如图 5.3.5。

(5)通过对骨骼进行缩放、旋转等操作将角色的盆骨及左腿与模型进行匹配，如图 5.3.6。

(6)对于完全对称的角色，右边的骨骼可通过复制来完成对位。选中 Biped 中的任意一骨骼，在打开“运动面板”→“复制/粘贴”卷展栏。单击“创建集合”按钮，然后选中左侧腿部所有骨骼(可通过双击大腿骨骼完成整条腿的选择)，在“运动面板”→“复制/粘贴”卷展栏中单击“复制姿态”，这时运动面板中会出现以红颜色显示的左腿缩略图，如图 5.3.7。

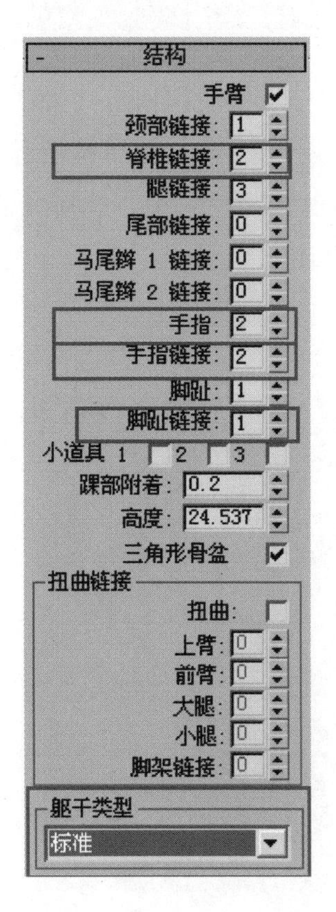

图 5.3.5

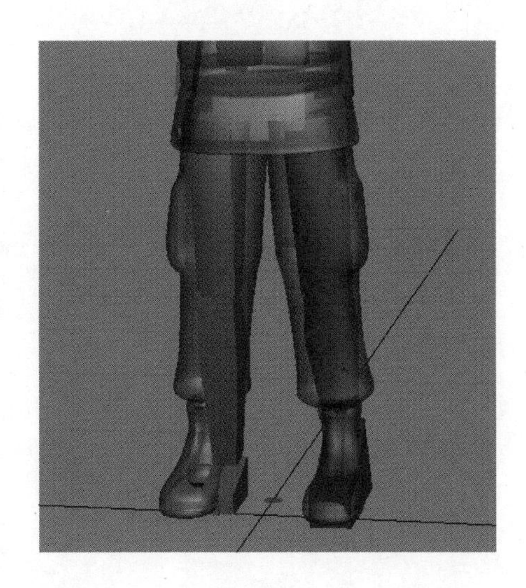

图 5.3.6

图 5.3.7

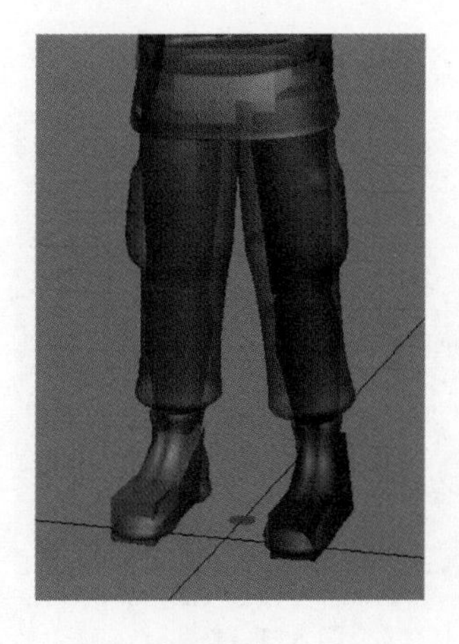

图 5.3.8

(7)单击“向对面粘贴姿态”按钮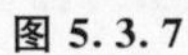，完成腿部的姿势复制，如图 5.3.8。

(8)将其他骨骼同样与模型进行匹配，手臂仍然通过调整好一条手臂，复制姿势到另一条手臂来完成，由于角色没有过多手指动画，这里将骨骼进行简要设置，完成效果如图 5.3.9。

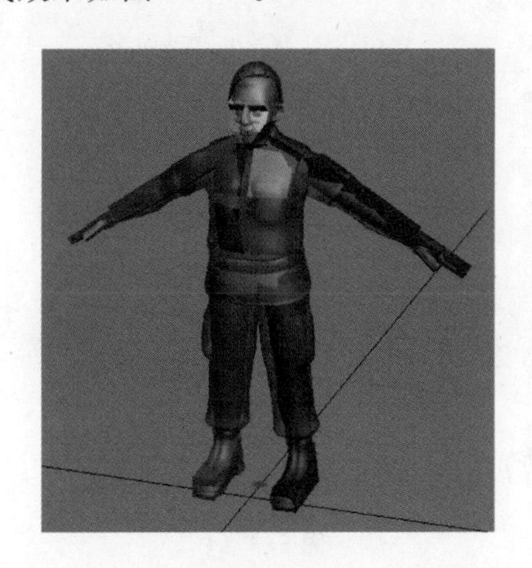

图 5.3.9

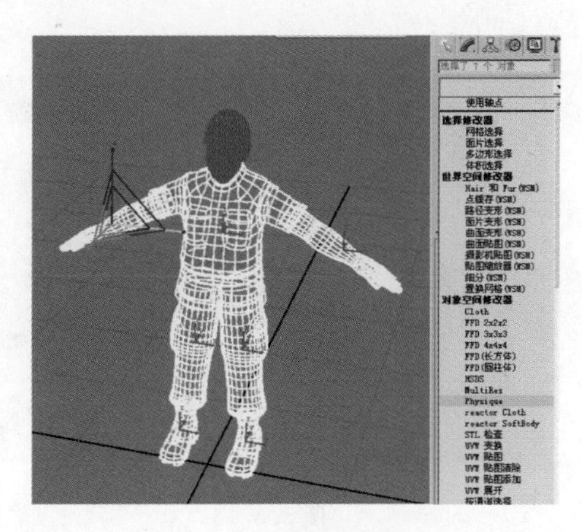

图 5.3.10

(9)单击“体型模式”按钮，关闭体型模式。选择除头部以外的所有模型(为方便选择可先将骨骼进行隐藏)，并在“修改面板”→“修改器列表”中加入“Physique”修改器，如图 5.3.10。

(10)在“Physique”卷展栏下单击“附加到节点”按钮，将骨骼显示出来，按键盘“F3”以线框显示，用鼠标单击根部菱形的骨骼，如图 5.3.11，注意尽量将窗口放大一些，以避免勿选其他骨骼。

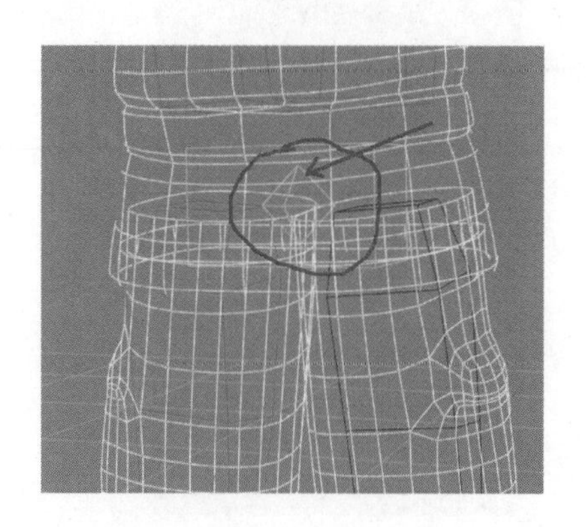

图 5.3.11

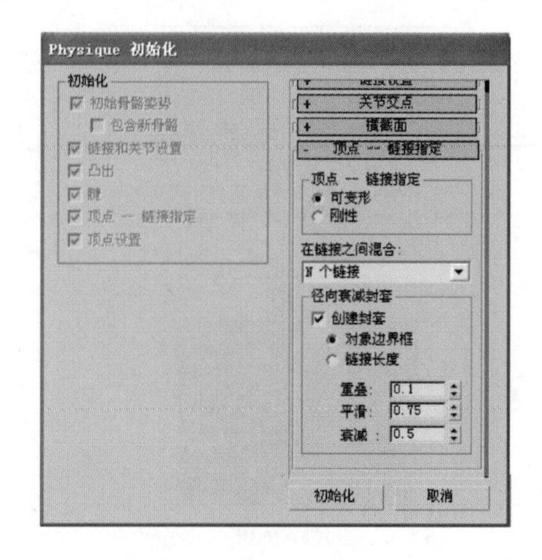

图 5.3.12

(11)选择根骨骼后，会自动弹出“Physique 初始化”面板，如图 5.3.12，直接单击初始化按钮。这时骨骼已经与模型进行了蒙皮操作，选择骨骼进行旋转，会发现模型已经受骨骼控制，但此时一些地方会不自然，这就需要进一步调整。

(12)以胳膊为例，讲解蒙皮权重调整。首先旋转胳膊，会发现胳膊模型的运动不自然，如图 5.3.13。

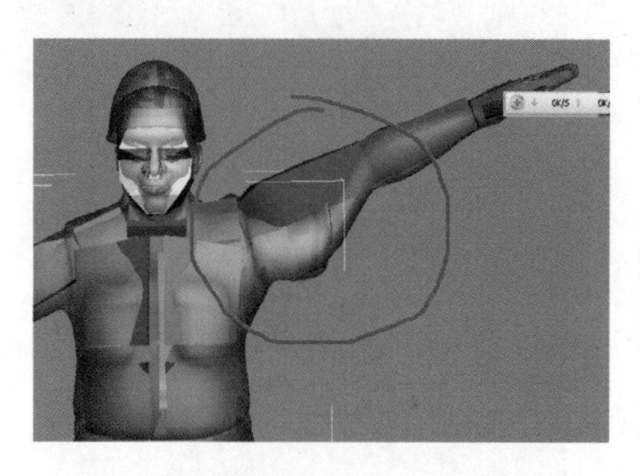

图 5.3.13

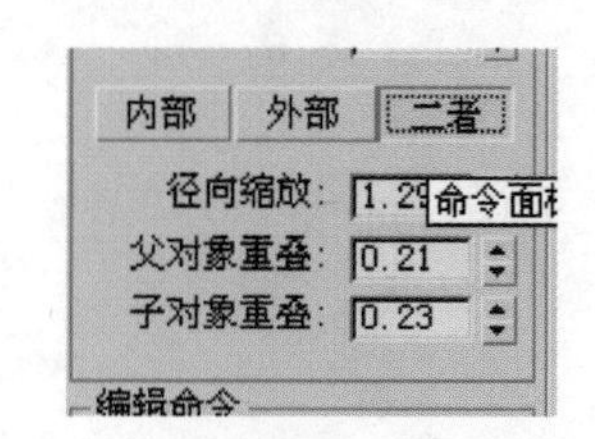

图 5.3.14

(13)选择“Physique”修改器下的“封套”级别，然后单击相应需要调整的位置，会显示出当前的封套。封套分为“内部封套”和“外部封套”，一般情况下，明显受骨骼控制的点用内部封套包裹住，一些同时受其他骨骼共同作用的模型点用外部封套包裹。在修改面板中通过“内部”、“外部”、“二者”三个按钮可实现对“内部封套”和“外部封套”控制切换，如图 5.3.14。调节“径向缩放”、“父对象重叠”、“子对象重叠”来调整封套的形状。

(14)如需仔细调整封套的形状，可进入更细致的级别，在修改面板中的“混合封套”卷展栏中，包含了“链接”、“横截面”和“控制点”三个级别。默认是“链接级别”，也就是整体控制封套，进入到“横截面”及“控制点”级别，选择相应的横截面或控制点，通过移动、缩放可进行调整。对于大臂来说，除需要修改大臂部分的封套外，还需要选择胸腔部分的封套进行调整，才可使模型变形自然，如图 5.3.15。

(15)按照此方法，逐一检查每一节骨骼变形是否自然，并调整每一节骨骼控制模型的封套，调整完成后恢复骨骼初始的状态，可通过单击进入“运动面板”\“体型模式”来恢复骨骼的初始状态，恢复后关闭“体型模式”按钮。

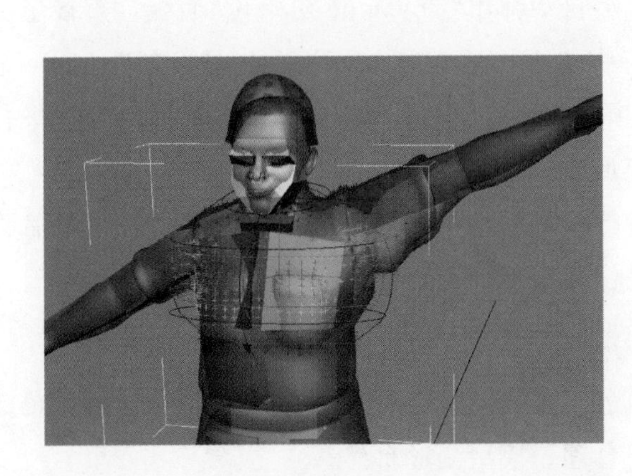

图 5.3.15

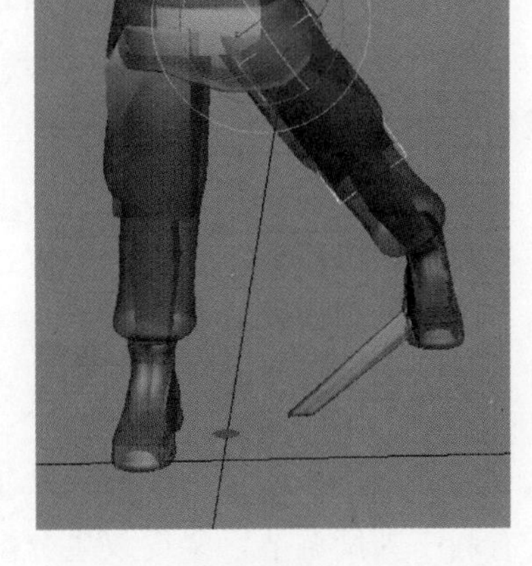

图 5.3.16

(16)有一些模型的点，并不能通过调整封套变的自然，如图 5.3.16，这就需要对这些点进行更精细的权重调整。

(17)图 5.3.16 中的鞋子是由于受到了对面骨骼的影响，所以我们需要去掉右边腿对左边鞋子的影响。选择不自然的点所在的模型，选择“Physique”修改器下的“顶点”级别，在视图中选择相应的顶点，单击修改面板中“从链接移除”，然后单击右腿部的链接，再从修改面板中单击“指定给链接”，单击鞋子部分的链接，这样不自然的控制点就恢复自然了，如图 5.3.17。

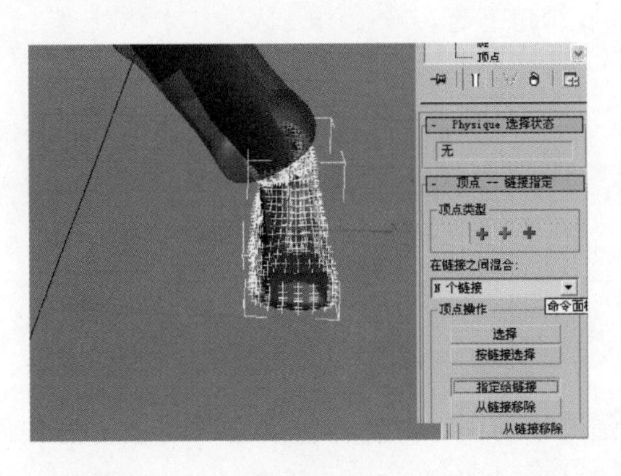

图 5.3.17

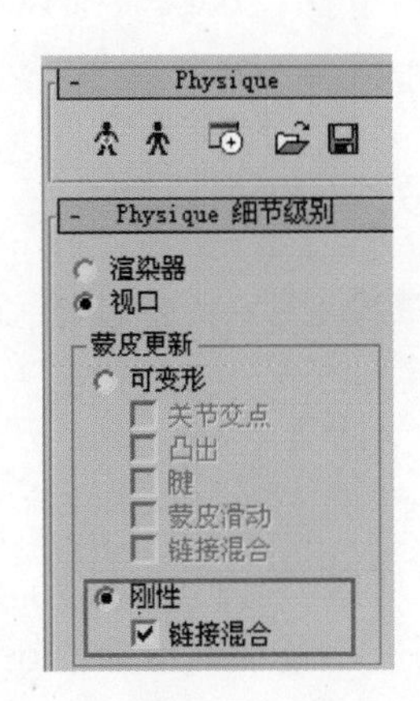

图 5.3.18

(18)对于一些会受到多个骨骼控制的点，可通过调整每个骨骼对该点的影响权重值来调整权重。其方法是选择相应控制点，单击“锁定指定”(调整权重之前必须将该控制点锁定指定)。然后单击“输入权重”，会弹出“输入权重”对话框，通过手动调整每个骨骼对控制点的控制权重值来完成精细的调整。

(19)选择头部模型，并在“修改面板”→“修改器列表”中加入“Physique”修改器，在“Physique”卷展栏下单击“附加到节点”按钮，将骨骼显示出来，按键盘“F3”以线框显示，用鼠标单击脖子骨骼，会自动弹出“Physique 初始化”面板，直接单击初始化按钮，这样将头部与骨骼进行绑定，然后在修改面板中，展开“Physique 细节级别”卷展栏，打钩选择“刚性”选项，如图 5.3.18。这样单独对头部的蒙皮进行刚性的控制就不会出现头部严重的变形效果。

(20)对头部运动不自然的地方进行权重调整，方法参照身体调整方法。最后将眼睛、帽子分别链接到头部骨骼上，作为头部的子物体。

2. 巩固训练

利用任务 1 巩固训练中完成的角色模型，将其进行骨骼绑定，要求骨骼设置合理，有利于动画调节，蒙皮权重分配合理，模型变形自然。

任务 4　大兵走路动画

☆情景描述

角色通过语言和动作进行交流，动作通过表现传递意图并能超越语言的功能和种类界限进行交流。动画艺术主要是以角色的动作来传达情意的。并且通过动作来体现角色的个性，这就需要设计与制作人员用心观察，才能将生活中一些基本动作，如行走、跑、跳、转身、坐下、蹲下等，准确的表达并艺术化处理。

☆相关知识与技能点

初步掌握 KEY 关键帧动画，了解一般角色走路运动规律。

☆工作任务

1. 实践操作

(1)无论是做二维动画，还是三维动画，对动作的理解远比技术上如何去制作重要得多。因此我们初学者在进行动画制作之前，必须亲自进行表演，并且反复表演，在自己做动作的同时研究运动规律。走路的过程可以看做是由于重心的前倾，导致了身体不平衡。为了能让身体保持平衡，双腿不断的交替前移，使身体保持平衡不会摔倒。走路可以看做是控制摔倒的一系列过程，下面我们以半个走路循环为例，来分析走路中的几个关键状态，如图5.4.1。

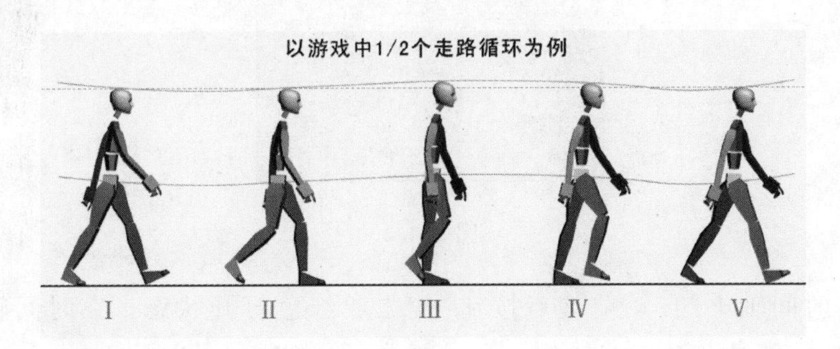

图5.4.1

1. 前脚后跟刚刚着地，后脚脚后跟抬起一定角度，此时身体重心处于两腿正中间，胳膊与异侧的腿保持方向上的一致来保持平衡，产生力量。

2. 重心向下加速释放能量，前脚脚掌完全着地，前腿弯曲，重心向前腿移动，此状态是整个走路状态中的最低点。

3. 重心继续向前移动，此时弯曲腿伸直，成为走路循环中的最高点，后腿自然由大腿带动小腿向前移动，这时后腿抬起的高度不宜过高，符合人走路时自然的特点。

4. 身体重心继续前移，后腿经过中心位置，向前迈进。

5. 后腿继续向前迈进以保持平衡，此时姿势与第一个姿势完全相反，完成半个循环。

(2)理解了走路中的各个关键姿势，我们就可以在3DS Max中进行动画制作。三维中的动画制作方法很多，这里向大家讲解先用POSE TO POSE的方法进行整体调节，然后局部调整动作细节，最后根据角色特点进行整体调节的制作流程。

(3)打开显示面板，在“按类型隐藏”卷展栏中，勾选“几何体”选项。这样将模型物体进行了隐藏，我们先按照骨骼进行动作的调整。

(4)单击时间线上的“时间配置”按钮，弹出时间配置面板，如图5.4.2进行时间范围的设置，或者同时按下Ctrl＋Alt键，配合鼠标左右键在时间轴上进行拖动进行设置。

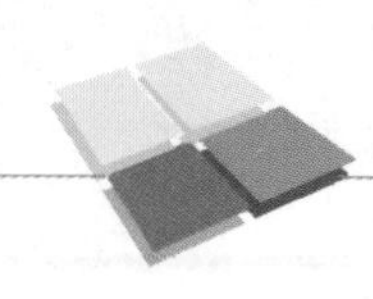

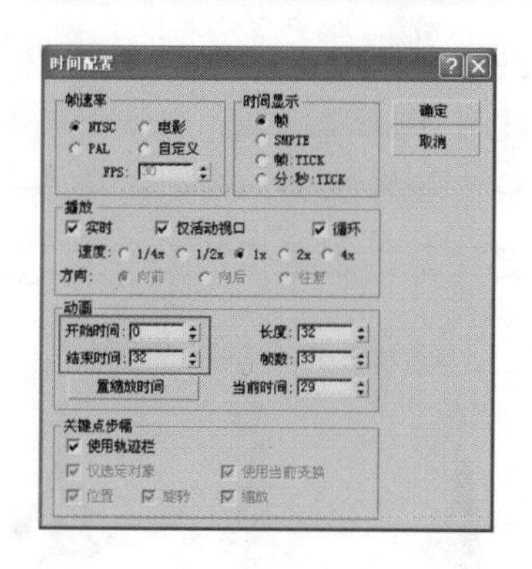

图 5.4.2

(5)单击时间轴上“自动关键点按钮”使之成红色打开状态。在时间轴中的第 0 帧将骨骼摆好走路的起始姿势，图 5.4.3 是第 0 帧从正视图、左视图观察骨骼调整的状态。图中红色标注的地方是调整的时候角度和位置都应该注意的，人在自然摆臂时，总是向前摆臂的角度略大于向后摆臂的角度，左右脚的状态应该注意区别。此外不要忽视从正面看整体的走路状态，尤其是整个身体的曲线。

图 5.4.3

(6)需要注意的是不要忘记对重心进行关键帧的设置，需要在运动面板中的“轨迹选择”卷展栏下逐一检查“躯干水平”、“躯干垂直”、“躯干旋转”是否在时间轴上均已设置了关键帧。

(7)由于走路可以看做是一个对称性的循环动作，走路的起始动作与结束动作是一致的，完成半个循环走路的状态又正好与起始姿势是相反动作，因此我们可以将第一帧的动作复制给最后一帧，用对称方式复制给中间帧(这里是第 16 帧)。用光标框选所有骨骼，在运动面板中，打开“复制/粘贴”卷展栏，单击“创建集合”按钮，然后单击“复制姿态”按钮，如图 5.4.4。

(8)将时间滑块移动到第 16 帧，单击“向对面粘贴姿态”按钮。注意此时仍然需要自动关键帧按钮处于打开状态，这时第 16 帧就记录上了关键帧信息，将时间滑块移动到第 32 帧，单击“粘贴姿态”按钮，这时第 32 帧也记录上了关键帧信息。这时单击播放动画按钮，已经有了初始的动作。

图 5.4.4

(9)接下来需要细致调整走路动画，我们先调整前半个走路循环(0 至 16 帧)，按照前面 5.4.1 图的状态进行调整。第一个状态即第 0 帧，第五个状态即第 16 帧，我们已经调整出来。下面我们将前面图 5.4.1 中的第二个状态调整到第 2 帧位置，将第三个状态调整到第 9 帧左右的位置，将第四个状态调整到第 12 帧左右的位置，这样就将半个走路循环状态调整出来。

(10)用前面复制姿态的方法，将第 2 帧的姿势用“向对面粘贴姿态”方式复制给第 18 帧；将第 9 帧的姿势用“向对面粘贴姿态”方式复制给第 25 帧；将第 12 帧的姿势用“向对面粘贴姿态”方式复制给第 28 帧。这样就将各走路关键状态均设置出来。下面单击时间线中“播放动画”按钮，观察角色的走路状态，对于不自然的地方再进行调整，使整个动作自然、速度平均，调整时注意从各个视图中观察。

(11)在显示面板，“按类型隐藏”卷展栏中，去掉“几何体”选项，显示出角色模型，播放动画观察效果。我们会发现尽管动作比较自然，平滑，但是总觉得缺少一些色彩，这就需要我们仔细研究角色特征，抓住角色的性格、年龄、职业、性别等特点，加入个性化的元素，使得整个动作更加生动、有趣。

(12)角色的特征是一个大兵的形象，这样走起路来应该比较有力度。首先我们将时间缩短一些，使得整个走路循环更快一点。可以通过在时间线上右键鼠标，在弹出的快捷菜单中选择“配置”→“显示选择范围”，然后在场景中框选所有骨骼，在时间线中框选所有关键帧，这时通过滑块即可整体缩放时间线长度，这里我们将时间线缩放到 28 帧。并通过 Ctrl＋Alt 键同时在时间线上右键鼠标拖动，将“结束时间”设置为 28 帧。播放动画，整个动画感觉节奏快了一些，但力度还是欠缺。

(13)加大走路时腿部的力度。为了表现大兵这个角色的走路特征，可将他的前腿抬高，在前腿同样的落地时间里，腿部抬的高一些，速度就显得比较快，给人感觉能量较足，自然就会有力度感，符合角色的职业特征和性格特点。如图 5.4.5。此外，前面的脚落地时间段是非常短的，大概一到两帧的时间，如果这个过程超过三帧，就会显得动作软绵绵的，没有力度。

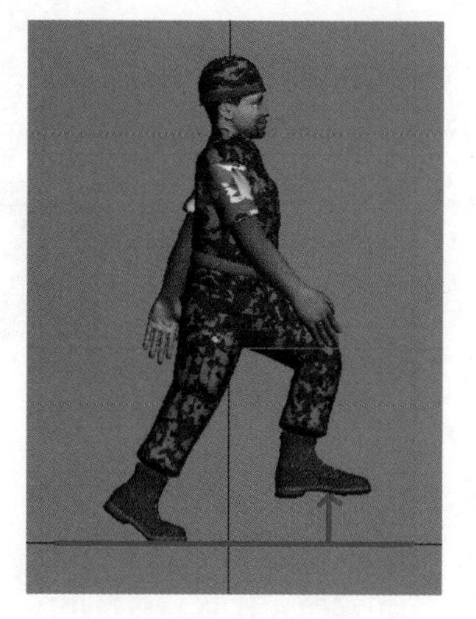

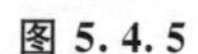

图 5.4.5

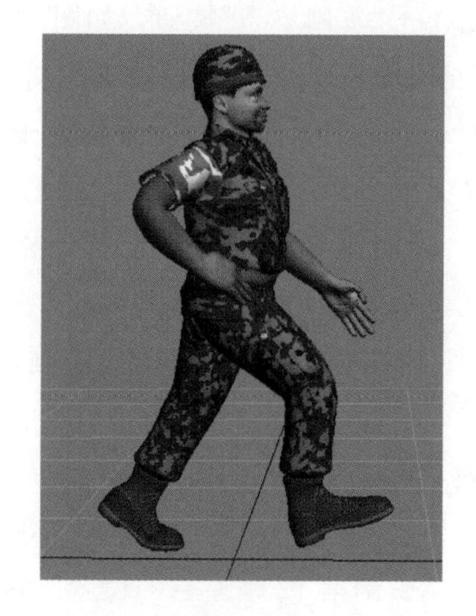

图 5.4.6

(14)播放整个动画，会发现动画的力度感明显增大了。此时为了突出角色的个性，使角色更生动，我们将角色进行一些细节动作的变化调整，这里我们选择右臂骨骼，删除原有的关键帧，更改成叉腰的动作，并根据摆臂的感觉进行调整，使动作自然、协调，如图 5.4.6。建议调整动作时，自己亲自进行表演，体验动作要领。

(15)对于动画来讲，适当加大一些夸张的成分，可增强动画的趣味性。这里选择角色的帽子作为夸张的部分，给帽子增加跟随动画，注意可以适当加大惯性的感觉，使整个动画更有意思。如图 5.4.7，显示了半个走路循环中，帽子随身体重心的变化，而产生的位移、角度等跟随运动，总体上的规律是帽子的运动要晚于身体重心运动 2 帧左右。例如，身体重心下降的时候，帽子不会一起下降，而是在 2 帧以后开始加速下降。在运动过程中，帽子也会产生一些角度的变化，注意细节的运动调整。

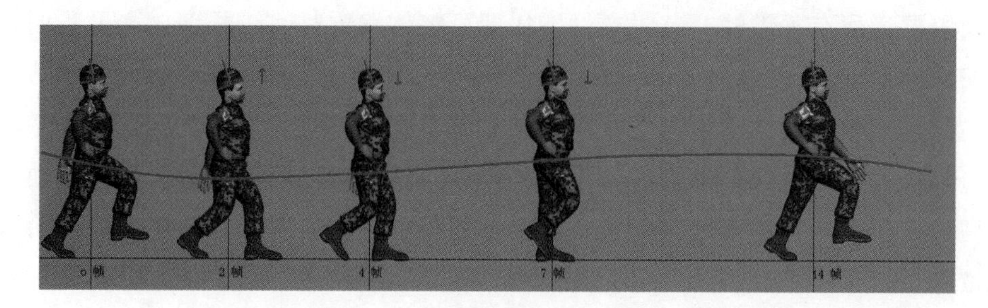

图 5.4.7

(16)播放动画，观察走路循环效果，会发现脚有时会穿到地面以下。解决的方法是将脚落到地面时的关键帧修改为“滑动关键帧”，修改的方法是选择脚部骨骼，单击“运动面板”→“关键点信息”卷展栏→“设置滑动关键点”按钮。如图 5.4.8，将所有落在地面的脚部关键帧都设置为“滑动关键帧”即可解决脚部穿到地面以下的问题。

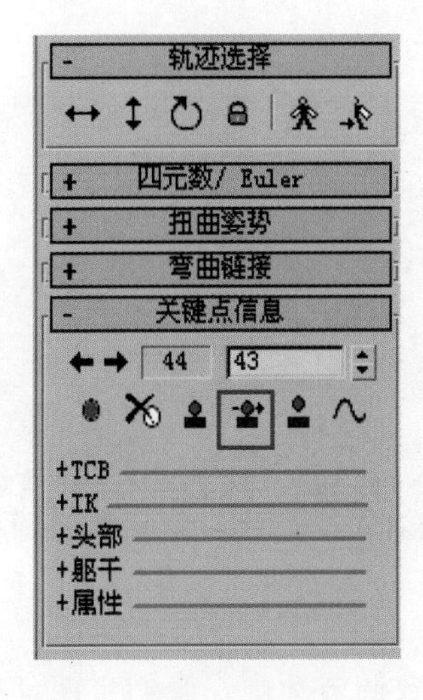

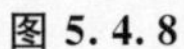
图 5.4.8

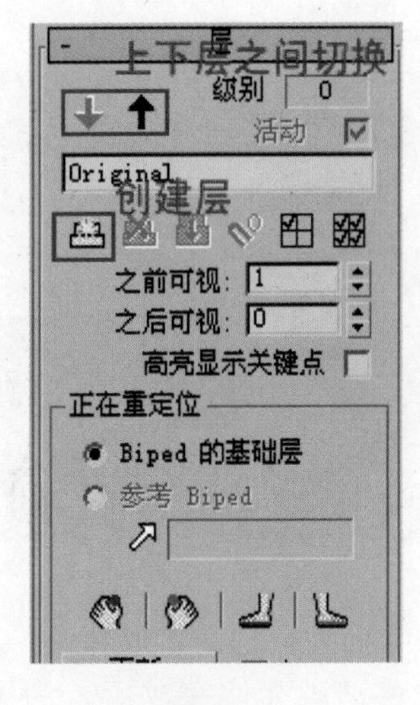

图 5.4.9

(17)我们完成了一个完整的大兵走路原地循环动画，如果是应用在游戏中的动画，按照原地循环行走即可。如果需要应用在动画中，使角色行走一段距离，首先将时间滑块范围设置的长一些，具体根据角色需要行走的步数而定，选择角色所有骨骼，框选所有关键帧，然后按 Shift 键的同时用鼠标左键拖动进行关键帧的复制，复制到原有关键帧的后面。我们需要让角色走几步，就照此方法复制几个走路循环，这里我们复制出 4 个走路循环，让角色前进四步。

注意：这时就完成了多个原地走路循环，但两个走路循环衔接的首尾两帧是完全相同的，我们需要删除每两个循环的首尾其中一帧关键帧，并将后面的关键帧整体向前移一帧。否则 2 个相同关键帧地方会出现停顿不连贯的现象。

(18)播放动画，现在大兵可以连续原地走四步，接下来我们让他移动起来。选择任意骨骼，单击“运动面板”→“层”卷展栏→“创建层”按钮，这就如同 Photoshop 中的图层一样，我们在原有关键帧之上创建出来新的层，原有的所有关键帧已经看不到，我们可以在新的层中设置关键帧，从而将上下两层关键帧叠加起来共同作用。如果需要对下层进行调整，我们可以通过“下一层”和“上一层”按钮进行动画层的切换，如图 5.4.9。

(19)打开自动关键帧，在 0 帧上移动质心位置到角色走路的起始点，将时间滑块移到最后一帧位置并移动质心位置到角色走路的目的点，这时播放动画就完成了角色的走路位移。

注意：移动的距离不能过大或过小，否则在走路过程中会出现滑步现象，为精确移动质心距离，我们可事先在两个脚下面建两个长方形物体，大小与鞋的长度相等，然后按照两个物体的间距进行复制，从而计算出走到最后一步的距离就比较容易了，如图 5.4.10。

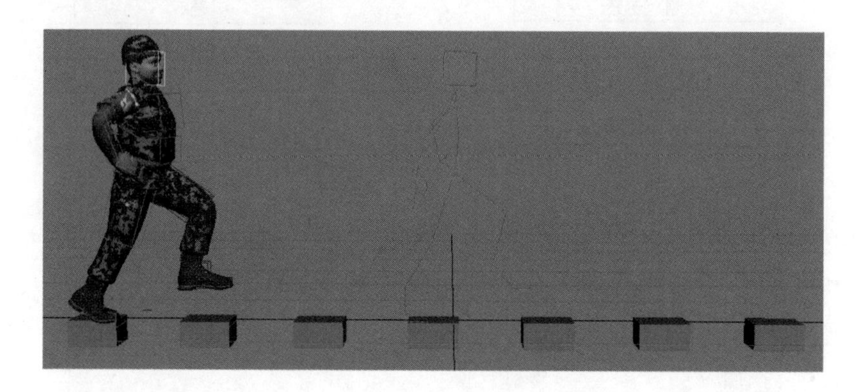

图 5.4.10

(20)位移动画大体完成后，为了进一步细致调节动画，我们将两动画层进行合并，选择任意骨骼，单击“运动面板”→“层”卷展栏→“塌陷”按钮，这时创建的动画层与原有关键帧层进行合并，合并后可继续进行细部动画的调整，最终完成动画。

2. 巩固训练

利用任务 3 巩固训练中完成的角色骨骼设置文件，为其制作走路动画，要求符合走路运动规律，动作平滑、顺畅、速度均匀，无跳帧、丢帧现象，动作应符合角色特点。

知识探究

人体建模的几点注意事项

1. 在 3DS Max 中导入参考图，需将参考平面进行冻结，然后进入显示面板，打开“显示属性”卷展栏，将“以灰色显示冻结对象”一项去掉勾选。

2. 角色模型布线的几点规律：

①布线走势与面部的结构相符合；

②布线尽可能在三维各空间方向上平滑顺畅；

③多边形面积可能均匀分布；

④眼睛、嘴部周围的布线尽可能为环状布线；

⑤面部明显位置尽可能避免三角面、五星点及多于四边面等不规则的结构出现。

3. 耳朵与脸部连接时应注意调整正确角度。

4. 使用“UVW展开”修改器进行UV编辑时，需根据模型的形体状态，灵活选择不同展开方式进行UV编辑。

5. 骨骼设置时，骨骼的位置、大小、角度应尽量与模型匹配好，骨骼绑定以后通过封套调整、顶点权重调整使模型变形自然。

6. 动画制作时必须亲自表演体会动作，研究每个关节的运动状态。

7. 灵活使用动画层对动作进行叠加，从而制作较复杂动画。

知识拓展

怎样才能设计制作出符合人物特征的动作?

以人走路动画为例，人在走路时的情况是多种多样的，速度上有可能是加速或者减速；路径上有可能是直线或者曲线，还有可能无规律行走，如酒醉的状态；走路的过程中可能会夹杂一些其他的小动作等，这些情况在动画制作的过程中都会出现，这就需要我们在制作动画时细致入微的分析角色、分析项目、分析动画情境，并在平时多练习、多观察、多思考，才能在实际项目中做到灵活多变的应对不同设计要求，做出高水平的动画作品。

思考与练习

根据走路动画的制作方法和制作流程，研究体会其他动作，如跑步、跳跃、攻击等动作的运动规律，亲自进行动作表演，并试着进行动画制作。